采油生产现场故障诊断与处理

《采油生产现场故障诊断与处理》编委会 编

石油工业出版社

内 容 提 要

本书收集整理了设备类、工艺类、仪器仪表类、安全环保类共计 90 余项采油生产现场故障与处理方法。内容紧密联系油田生产现场，以采油生产设备、工艺为主线，总结了生产现场中常见设备和工艺领域故障种类、故障现象、原因分析、解决措施等。

本书适合从事采油生产管理的操作技能员工、技术人员、设备维修保养人员和管理人员阅读。

图书在版编目（CIP）数据

采油生产现场故障诊断与处理/《采油生产现场故障诊断与处理》编委会编. —北京：石油工业出版社，2020.4

ISBN 978-7-5183-3813-9

Ⅰ. ①采…　Ⅱ. ①采…　Ⅲ. ①石油开采-生产设备-故障诊断②石油开采-生产设备-故障修复　Ⅳ. ①TE93

中国版本图书馆 CIP 数据核字（2020）第 006206 号

出版发行：石油工业出版社
　　　　（北京安定门外安华里 2 区 1 号　100011）
　　　网　　址：www.petropub.com
　　　编辑部：（010）64255590
　　　图书营销中心：（010）64523633
经　　销：全国新华书店
印　　刷：北京晨旭印刷厂

2020 年 4 月第 1 版　2020 年 4 月第 1 次印刷
710×1000 毫米　开本：1/16　印张：28.5
字数：520 千字

定价：98.00 元
（如出现印装质量问题，我社图书营销中心负责调换）
版权所有，翻印必究

《采油生产现场故障诊断与处理》
编审委员会

主　　任：王新喜（新疆油田）　　高　峰（华北油田）
副 主 任：马　宁（新疆油田）　　刘　浩（华北油田）
委　　员：（按姓氏笔画排列）
　　　　　丁　蕾（新疆油田）　　王　辰（新疆油田）
　　　　　王东华（新疆油田）　　史培林（新疆油田）
　　　　　朱　荟（华北油田）　　张金力（新疆油田）
　　　　　张军利（新疆油田）　　张建民（新疆油田）
　　　　　谷海峰（新疆油田）　　宫　玉（华北油田）
　　　　　柏玉明（新疆油田）

《采油生产现场故障诊断与处理》
编 审 组

主　　编：张　军（新疆油田）

副 主 编：吕玉兰（新疆油田）　　杨培伦（华北油田）

编审人员：（按姓氏笔画排列）

　　　　　王振东（华北油田）　　朱安江（新疆油田）

　　　　　李海军（新疆油田）　　陈其亮（新疆油田）

　　　　　闻　伟（华北油田）　　徐龙伟（新疆油田）

　　　　　魏昌建（新疆油田）

前 言

为深入贯彻落实党和国家关于加强产业工人队伍建设相关要求，持续加强技能人才队伍建设，中国石油天然气集团有限公司及各地区公司积极为高技能人才搭建技术技能交流平台，总结推广新时期石油工人劳动价值和经验成果。近年来，各油田企业广泛开展一线员工现场疑难问题征集与攻关活动，在活动中涌现出一批优秀的技术成果和先进的解决方案。为更好地推广成熟工作经验和先进操作方法，共享智力成果，促成技能知识显性化，新疆油田公司与华北油田公司联合编撰了以采油开发生产单元为主要内容的《采油生产现场故障诊断与处理》一书。

本书收集整理了57名高技能人才根据现场生产经验编写的设备类、工艺类、仪器仪表类、安全环保类共90余项采油生产现场故障与处理方法。内容紧密联系油田生产现场，以采油生产设备、工艺为主线，总结了生产现场中常见设备和工艺领域故障种类、故障现象、原因分析、解决措施等。鉴于采油生产现场的相似性，许多故障诊断与处理方法都具有较强的现实指导意义，在解决故障的过程中，提供的路线脉络和技术方案也具有很高的参考价值。适合从事采油生产管理的操作技能员工、技术人员、设备维修保养人员和管理人员阅读。

本书在编写过程中得到中国石油天然气集团有限公司人事部、新疆油田公司、华北油田公司、石油工业出版社各级领导和两家油田投稿专家的大力支持，在此一并表示感谢！

由于编者水平有限，书中难免有疏漏之处，敬请读者提出宝贵意见。

编者

目录

设备类

测调防喷管液压举升装置故障原因及处理/王 革 姜新红 李海燕 …… 3

抽油机刹车保险装置故障及改进/张玉华 曾志强 张 浩 …… 8

抽油机底座压板松动位移故障及处理/范新忠 王 卉 李 剑 …… 12

抽油机后驴头框响振动故障分析与处理/张 军 …… 16

抽油机基础压板螺栓断裂故障快速处理/张 军 …… 22

抽油机减速箱传动部位渗漏故障处理/林 伟 张少江 濮玉成 …… 26

抽油机井口上窜故障及处理/闻 伟 王海涛 周 瑞 …… 32

抽油机连杆拆卸故障与处理/马志强 郭丽莉 熊艳静 …… 37

抽油机驴头销子拆卸难的故障与处理/李海军 赵亚峰 米立和 …… 42

抽油机毛辫子打扭故障与处理/姚兴福 …… 45

抽油机毛辫子断脱故障及处理方法/吴桂强 李 明 宋志刚 …… 50

抽油机内张式刹车凸轮轴故障与处理/张 军 …… 54

抽油机曲柄销断裂、松脱故障及处理/魏昌建 樊 升 李新明 …… 60

抽油机曲柄销子及衬套拆卸困难及处理/马志强 郭丽莉 曾晓华 …… 64

抽油井光杆断脱故障分析及对策实施/张 军 覃 勇 杨 鹏 …… 70

抽油井光杆密封器格兰故障及处理/陈其亮 闫 成 蔡婷婷 …… 79

抽油井光杆密封器故障分析与改进/张 军 杨 鹏 姚经宇 …… 82

抽油井光杆碰驴头故障与处理/王新期 …… 88

稠油两用泵故障原因及对策/寇秀玲 …… 93

储罐浮标装置常见故障处理/何新飞 叶长新 黄立新 …… 98

单螺杆泵定子脱胶故障与处理/陈 伟 张 辉 肉孜麦麦提·巴克 …… 101

电动机顶丝座故障与处理/徐龙伟　曾志强 ……………………………… 105
井口电加热器故障及处理/樊　升　魏昌建　杨勇新 ………………… 111
螺杆泵井口机械密封装置泄漏故障与处理/李培斌　李阳超　刘敬龙 … 118
螺杆泵井驱动头漏机油故障与处理/李秉军　李　明　董立超 ……… 122
曲柄孔与衬套损伤的原因与处理/王振东　冯　松　郭连升 ………… 127
燃油加热炉积灰故障原因及处理/冯　松　王振东　郭连升 ………… 130
三型抽油机悬挂盘故障分析与处理/肉孜麦麦提·巴克　杨雪峰
　王　成 ……………………………………………………………… 136
调径变矩抽油机过平衡故障分析与处理/覃　勇 ……………………… 139
真空加热炉效率低的故障原因及处理/杨培伦　陈长运　付国艳 …… 142
注水泵泵头压盖拆卸故障原因与处理/兰成刚　王爱法　王春洁 …… 146
注水泵柱塞密封故障处理/许　杰 ……………………………………… 151

工艺类

玻璃钢油水管线刺漏故障与处理/李秉军　吴桂强　周　燕 ………… 159
常用阀门密封故障与处理/徐立东　何志刚　郭丹婷 ………………… 162
抽油机井单井加药效率低故障原因与处理/方　群　余　刚　王新亚 … 167
抽油机井口偏磨故障与处理/曾庆伟　张文超　李海军 ……………… 172
抽油井光杆断后联锁故障分析与预防/杨勇新　林文峰　魏昌建 …… 180
抽油井口偏斜故障原因与处理/张　军　李小方 ……………………… 186
稠油井套管放气故障及配套技术/杨文学　朱建雄　朱安江 ………… 191
储油罐罐基故障与处理/李培斌　李阳超　刘敬龙 …………………… 195
单井原油储罐加热系统故障原因及处理/郭连升　陈彦军　王振东 … 199
电动球阀阀杆渗漏故障与处理/柏晓东　曹　晔　刘　涛 …………… 203
冬季测压阀门冻堵故障原因与处理/方　群 …………………………… 208
干化池污油污水回收泵故障与处理/王爱法　曾庆伟　李进川 ……… 212
高气油比井水化物淤塞故障分析与处理/覃　勇 ……………………… 217
管线法兰错位故障与处理/陈　伟　吕玉兰　肉孜麦麦提·巴克 …… 221
计量分离器磁浮子液位计故障及排除方法/张　军 …………………… 225
井口回压增高故障原因及处理/杨万平　王振东　丁文昌 …………… 230

井口升高短节卸扣位置难控原因及处理/韩文华　杨培伦　张光军……… 235
油嘴套结蜡故障原因及处理/叶长新 ……………………………………… 239
捞砂筒捞砂样不足故障原因及处理/米立和　刘俊啸　赵亚峰……… 242
临投井排液流程常见故障处理/何新飞　戴练军　黄立新…………… 247
石南井区地面采油系统腐蚀故障分析及治理/张　军………………… 250
污水干化池水质差的故障原因及处理/何　群　杨培伦　孙云鹏… 257
修井液循环利用率低的原因及解决方法/杨培伦　孟　杰　王延洪… 264
一体化集成装置运行故障原因及处理/胡东华…………………………… 270
油气管线法兰缝隙处腐蚀故障及处理/霍洪涛　刘勇刚　高　峰… 275
油田污水回注工艺故障及配套技术/朱安江　陈其亮　张臣静…… 279
原油取样管结垢故障原因及处理/王历红　欧永红　徐立东………… 285
井筒压力高造成的光杆无法对中故障处理/张　军　刘　伟　张玉虎… 292
注水井口过滤器芯子取出故障与处理/徐龙伟　曾志强………………… 296
自喷井油嘴堵塞故障及处理/姜新红　闻　伟　王　革………………… 301

仪器仪表类

GTCY-1 示功图测试单元锂电池损坏原因及处理/杨培伦　刘俊啸
　吉元强 …………………………………………………………………………… 309
LZK 流量自动控制装置叶轮故障处理/李　明…………………………… 313
TDS 智能旋涡流量计故障原因及处理/门　虎　范金超　牛利强… 317
变频系统故障查找困难的原因及处理/杨培伦　王东良　何　群… 320
测调仪机械臂扭矩不足的原因及处理/米立和　李海军　刘俊啸… 328
抽油机控制器故障原因及处理/门　虎　许立平　马卫东…………… 333
储油罐 UBG-Ⅱ型光导液位计故障处理/吕玉兰　陆纯喜……………… 337
单井储油罐冒罐原因及处理/刘洪林　唐开斌　王春洁………………… 342
管线温度计插孔堵塞处理方法/唐延军　朱国玉…………………………… 347
井口超压故障原因与处理/方　群　万金华　陈国光…………………… 350
无人值守油井故障不能及时发现的原因及对策/张文超　赵亚峰
　李春莲 …………………………………………………………………………… 355
压力变送器工作异常故障与处理/刘美红………………………………… 361

油井故障手机远程诊断及处理／闻　伟　张金霞　周　瑞 …………… 365
注水井流量计故障现场判断及处理／唐延军　唐　涛　侯　健 …… 371
智能恒流配水装置表芯拆装故障及处理／李凤申 …………………… 375
自动控制电路故障原因及处理／门　虎　许立平　马卫东 ………… 378

安全环保类

自吸式加温油罐污染问题的处理／孙　雷　林　伟　刘兆华 ……… 385
采油树顶丝开关缓慢的原因及处理／杨培伦　王志强　李　晨 …… 392
抽油井光杆密封器漏油原因分析与处理／王进俭 …………………… 397
稠油高压油井泄压故障处理／李海军　张　涛　李爱华 …………… 401
稠油缓冲罐飘油污染难题的解决／张玉华　刘世国　曾志强 ……… 404
螺杆泵光杆密封装置漏液故障处理／李凤申 ………………………… 411
清蜡测试堵头漏油故障处理／史建国　索斯拉涛玛　王新期 ……… 415
现场抽油杆临时存放问题及处理／李海军　费红卫　徐新平 ……… 418
新井临时投产问题及处理／曹　晔　柏晓东　马　克 ……………… 422
修井液落地污染问题及处理／李海军　费红卫　许勇军 …………… 427
油气管线破漏故障应急处理／李海军　李爱华　孙晓英 …………… 431
计量站灭火器存放失效故障及处理／白保军 ………………………… 434
抽油机减速箱机油渗漏故障原因与处理／肉孜麦麦提·巴克
　　王　成　张　辉 …………………………………………………… 437

设备类

测调防喷管液压举升装置故障原因及处理

王 革　姜新红　李海燕

（华北油田第二采油厂）

一、问题的提出

注水井分层测调是采用测试仪器，定期测量注水井各层段在不同压力下的吸水量，了解油层或注水层段的吸水能力，鉴定分层配水方案的准确性，同时检查封隔器是否密封，配水器工作是否正常。在注水井分层测调施工中，操作流程是将测调、验封仪器装入防喷管中，与井口连接完成测试工作，测试后放倒防喷管取出仪器。井口举升装置（图1）由于长时间的操作使用，以及本身结构设计等原因，出现举升架变形、防喷管固定套开裂（图2）等故障，严重影响现场安全生产。

 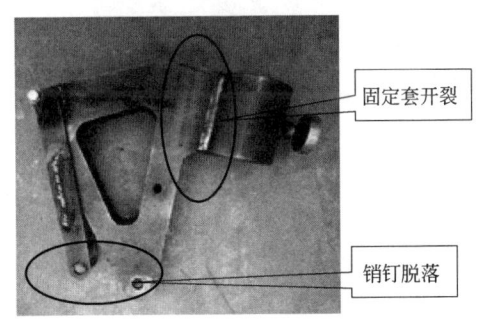

图1　井口举升装置实物图　　图2　变形、开裂的举升架

二、故障现象

测调仪器装入防喷管后质量增加，在举升过程中装置因质量增大导致举升架出现变形、造成销钉脱落等故障；防喷管立起过程中产生晃动、偏移、

甚至出现防喷管固定套开裂等情况，存在安全隐患。手压泵操作时间过长，员工劳动强度增大，同时防喷管处于立起状态时操作人员不好掌握、稳定性差，存有一定的安全风险。

三、故障原因

造成故障的主要原因是原液压举升装置的支架厚度、连接销钉、防喷管固定套选用的是普通铁材质，强度及硬度不够，造成液压举升装置变形、开裂。其次目前使用的防喷管是铝合金材质，抗拉强度与屈服强度低，防喷管立起来后会有晃动、偏移现象（图3）。另外利用手压泵（图4）在举升防喷管的过程中，手动给压用力不均匀，操作时间长，造成防喷管在举升过程中起伏不定，不好掌控。

 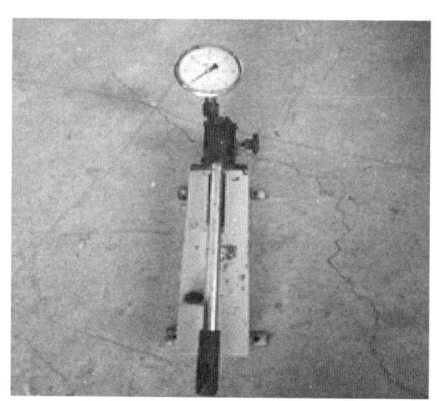

图3　防喷管晃动、偏移　　　　　　图4　手压泵实物图

四、故障处理

针对上述问题，提出将原有液压防喷举升装置，在不改变结构、原理的情况下，将举升架和防喷管的材质及规格进行改进，另外将手动泵改为电动泵。

液压举升装置选用高强度的钛钢材料，优点是整体质量轻，密度为$4.6g/cm^3$，仅为钢的59%。对酸、碱、氯化物等都有优良的抗腐蚀能力，可延长液压支架装置的使用寿命。同时钛合金的抗拉强度为1050MPa，屈服强度为955MPa，安全性能高。

关键技术点的改进，确定将液压举升装置举升支架厚度由7mm改为10mm；举升架之间的连接销钉由8mm改为10mm，增加举升系统的稳固性，解决了在举升过程中防喷管晃动、偏移以及销钉弯曲的现象；同时在防喷管两侧焊接U形加强筋固定，增加防喷管固定套整体的强度，防止开裂现象的发生（图5）。

图5 改进后的液压支架

缩短防喷管的长度（图6），提高其举升性能和降低高负荷拉力下的弯曲程度。把防喷管由原来的两根连接（4.6m）变为一根（2.5m），这样既能达到施工要求又节省成本；另外可根据需要配接1m的防喷短节，用于解决防喷管由于长度不够，仪器配重减轻后带来的测调仪器下井难的问题，这样防喷管在举升时就比较容易，在解卡和下入较深的井中施工时，防喷管受力拉弯程度大大降低。

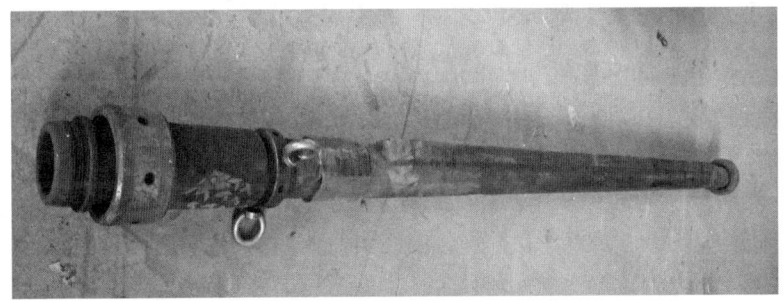

图6 改进后的防喷管

改进后液压举升装置结构图见图7。

改进手压泵操作方式，选用便携式电动泵（图8）提供动力源给液压缸提供液压动力进行举升，该设备防震压力表提供了压力数值显示，可连续举升，避免了操作人员在仪器举升过程中出现的操作不稳定的问题，降低操作人员劳动强度的同时还提高了工作效率。

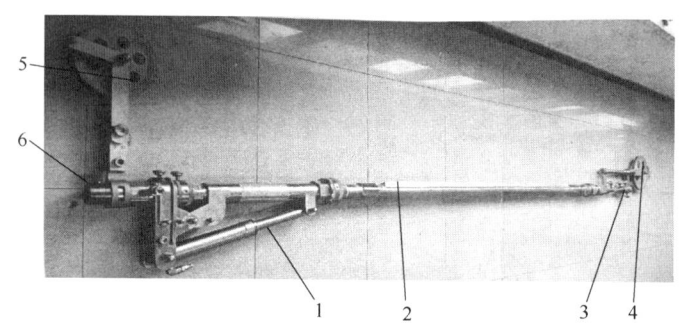

图 7 液压防喷举升装置示意图
1—举升支架；2—防喷管；3—防喷堵头；4—天滑轮；5—地滑轮；6—地桩

图 8 改进后的电动泵

利用便携式电动泵提供动力源，通过三角支撑组件和缸体/活塞结构运动来实现防喷管的举升功能，采用锥面密封的方式实现防喷管的对接、扶正、密封、倾倒功能，利用液压或注脂防喷头来实现井口的密封功能。

五、应用效果

将改进后的液压举升装置投入现场应用（图9），测试施工中应用效果良好，安全施工系数大大提高，员工劳动强度降低。未改造前施工20口井发生变形，改进后施工150口井未发生任何故障，彻底消除了防喷管晃动、偏移、防喷管固定套管开裂等隐患，使用寿命延长至8倍以上。所选用的便携式电动液压油泵支撑速度均衡稳定，操作时间比手压泵缩短一半。

图 9 液压支架现场应用情况

1. 经济效益

未改造前平均测试 20 口井举升架有变形、开裂现象的发生；更换一次需要 2.3 万元；改造后测试 150 口未发生任何故障。

年节省维修费用为：150÷20×2.3（万元）= 17.25（万元）。

2. 社会效益

液压举升装置的改进与应用，提高了安全施工系数和施工效率，降低了员工的劳动强度，保障了测调和验封等施工任务的完成。

对于承压的设备、部件应加强维护保养，及时发现潜在问题，延长设备的使用寿命，保障其始终处于安全可靠的状态。

六、技术创新点

应用钛钢材料可延长设备的使用寿命及设备的稳固性；采用电动液压泵代替手动泵，输出流量可调节，密封性好；改进后的举升装置结构简单、体积小、操作简便、维修效率高、降低了成本；消除安全隐患、提高测试速度，降低员工劳动强度。

抽油机刹车保险装置故障及改进

张玉华　曾志强　张　浩

（新疆油田风城油田作业区）

一、问题的提出

齿盘刹车保险装置广泛应用于游梁式抽油机刹车装置上，成为抽油机刹车的二次保险装置。在原有摩擦刹车系统发生打滑溜车现象时，可有效防止减速器曲柄旋转，确保操作人员安全。齿盘刹车保险装置主要由棘齿式刹车轮、保险爪、保险装置横拉杆、保险装置纵拉杆、手柄等组成，如图1所示。

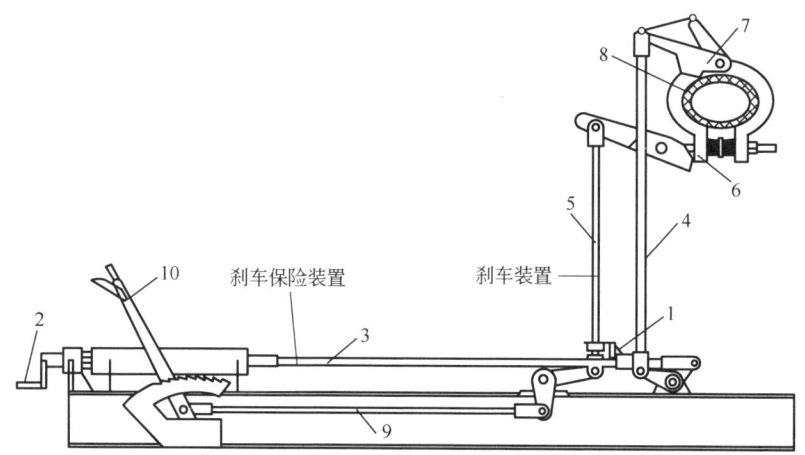

图1　抽油机井刹车机构

1—刹车保险互锁装置；2—刹车保险装置手柄；3—刹车保险装置横拉杆；4—刹车保险装置纵拉杆；5—刹车装置纵拉杆；6—刹车装置；7—保险爪；8—棘齿式刹车轮；9—刹车装置横拉杆；10—刹车手柄

新疆油田风城油田作业区采油二站共有89口抽油机井装有齿盘刹车保险装置，2018年上半年因员工操作失误造成棘齿式刹车轮损坏或憋电动机现象。经过现场调查发现10个班组中发生损坏45井次（表1）。

表1　2018年上半年风城油田作业区采油二站刹车使用情况统计表

日期	1月	2月	3月	4月	5月	6月	合计
采油一班	1	1	0	1	0	1	4
采油二班	1	0	1	0	1	0	3
采油四班	1	0	1	1	1	1	5
采油五班	1	1	1	0	1	1	5
采油六班	1	2	1	1	0	2	7
采油七班	0	1	0	0	1	1	3
采油八班	1	0	1	1	1	1	5
采油九班	0	0	0	1	1	1	3
采油十班	1	1	1	1	1	1	6
合计	7	7	7	7	7	10	45

二、故障现象

（1）安装刹车保险装置后仍有员工在抽油机启抽操作过程中忘记松开刹车保险装置，直接松开刹车就启动抽油机，不及时停抽就会发生烧电动机现象。

（2）在操作过程中刹车保险装置没有松到位，造成刹车保险装置的保险爪和棘齿式刹车轮发生碰挂，造成安装在高速转动的抽油机输入轴上的棘齿式刹车轮严重损坏，如图2所示。

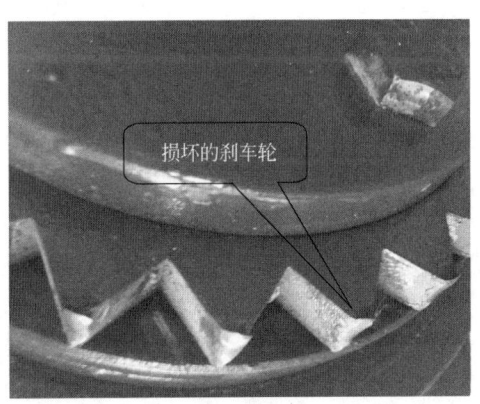

图2　损坏的刹车轮

（3）在操作过程中刹车保险装置没有松到位，高速旋转的棘齿式刹车轮在刮碰过程中会有铁屑飞出，容易造成人身伤害。

三、故障原因

抽油机在启抽操作中,应先松刹车保险装置,然后松刹车启抽。员工往往会忘记松开刹车保险装置,直接松刹车启抽。

四、故障处理

抽油机刹车保险互锁装置,主要由限位卡箍和滑动定位锁(左右移动间隙 30mm)两大部分组成。滑动定位锁左右移动间隙 30mm 是为了在同一抽油机型号具有通用性。限位卡箍由顶紧螺栓、限位卡箍组成。滑动式定位锁由定位槽、锁定支架、固定螺栓、调节孔等组成,如图 3 所示。

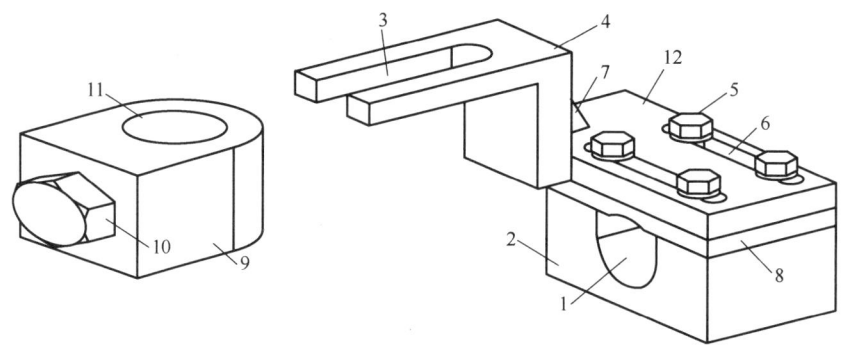

图 3　抽油机刹车保险互锁装置

1—刹车保险横拉杆安装孔;2—下卡瓦;3—定位槽;4—锁定支架;5—固定螺栓;
6—调节孔;7—肋板;8—上卡瓦;9—限位卡箍;10—顶紧螺栓;
11—刹车纵拉杆安装孔;12—滑动式定位锁

限位卡箍安装在刹车纵拉杆上,滑动式定位锁安装在刹车保险装置横拉杆上,如图 4 所示。

图 4　刹车保险互锁装置现场安装图

利用刹车保险装置自身的操作行程，通过刹车保险装置横拉杆带动锁定支架移动，通过锁定支架上部的定位槽压住安装在刹车纵拉杆上的限位卡箍，从而将抽油机刹车装置锁死，达到当抽油机刹车保险装置锁定后，不松开保险装置就无法松抽油机刹车，起到互锁的作用，可以有效防止误操作。

五、应用效果

游梁式抽油机刹车保险互锁装置安装使用后，再未发生因误操作而导致的棘齿式刹车轮损坏现象。

抽油机刹车保险互锁装置，有效防止因误操作造成设备损坏和人身伤害。不但适合安装在生产现场，更适合安装在实训抽油机上，可预防频繁启停抽油机操作过程中的误操作。

六、技术创新点

抽油机刹车保险互锁装置，主要由限位卡箍和滑动定位锁两大部分组成，刹车保险互锁装置不打开，就无法松开抽油机刹车，达到防止误操作的目的。

抽油机底座压板松动位移故障及处理

范新忠　王 卉　李 剑

（新疆油田准东采油厂）

一、问题的提出

底座压板是游梁式抽油机底座常见的压紧装置，它是通过底座膨胀螺栓和螺帽固定在水泥基础上，一侧压在抽油机底座的工字钢结构边缘，从而将抽油机牢牢固定在水泥基础上。随着抽油机使用年限的延长以及各种因素的影响，导致底座压板发生松动位移故障，且该故障呈逐年上升趋势。2017年，彩南作业区采油一站共保养抽油机79台，其中33台出现底座压板松动位移故障，占总井数的42%，成为一个安全隐患点，影响到抽油机的安全平稳运行。

二、故障现象

在日常巡检过程中发现很多抽油机存在轻微晃动，底座膨胀螺栓断裂，甚至出现抽油机剧烈摆动等现象，维修人员在保养过程中发现存在上述现象的抽油机均有底座压板松动位移、紧固压板的螺帽松动等问题。停机调整底座、紧固螺帽合格，抽油机运转一两个月后，仍然出现上述问题，同时在紧固螺帽时会出现预埋在水泥基础中的膨胀螺栓断裂或被拉出等现象（图1）。

三、故障原因

底座压板松动位移由以下原因造成：

原因一：由于基础长时间受风雨的侵蚀，表面水泥脱落，造成基础表面水平度变差，抽油机底座与基础接触面有空隙，抽油机运转时底座会随着曲柄旋转上下起伏晃动，底座压板被挤压松动造成位移（图2）。

原因二：随着油田开采时间推移，底座膨胀螺栓疲劳极限导致断裂，另外，预埋在水泥基础里的底座膨胀螺栓由于腐蚀老化、膨胀套管松脱，造成底座压板松动位移。

图 1　抽油机底座上部分侵蚀断裂的螺杆

图 2　水泥基础水平度差造成空隙

四、故障处理

为了解决故障原因一造成的问题,常用加斜铁的办法进行处理。即在基础平面与底座接触面的缝隙中加满斜铁,找准水平后,紧固螺帽压紧底座压板,再将斜铁块点焊成一体,防止斜铁脱落。但是,这种方法仍无法填实空隙,同时存在斜铁悬空现象,造成抽油机运转时上下起伏将斜铁压断并挤压出底座,抽油机运行时底座继续晃动,致使底座压板松动位移(图3)。

为了解决故障原因二造成的问题,通常采用安装新的膨胀螺栓进行处理,但是在更换过程中,断裂螺栓的统计、上报、审批过程时间过长,使得更换不能及时进行,同时产生维修安装成本。

根据以上分析,目前的故障解决方案存在校正基础水平和更换膨胀螺栓

图 3　抽油机底座加装斜铁

的维修成本和实施难度较大的问题。因此研制了防松动位移压板，其原理是在底座压板的滑槽中安装一套由螺栓套和调节螺杆组成的锁紧装置，套锁住压板和膨胀螺栓，防止压板后退位移，从而解决抽油机晃动时底座压板松动位移现象（图4）。

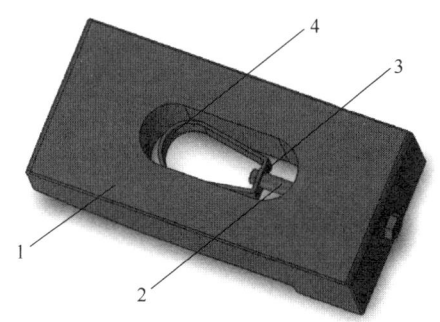

图 4　结构示意图

1—压板；2—调节螺杆；3—调节螺母；4—螺栓套

安装方法：先将螺栓套套在预埋膨胀螺栓上，旋转螺栓套的调节螺杆将底座压板调整在最佳位置，紧固膨胀螺栓的螺帽，将底座压板牢固地压在抽油机底座工字钢结构上（图5）。

技术要求：

（1）安装前要清理底座压板和基础安装位置之间的沙土杂质；

（2）将抽油机底座与基础接触面缝隙用斜铁填实；

（3）紧固底座膨胀螺栓的螺帽时不能超过规定力矩，防止螺栓断裂或被拉出水泥基础。

图 5　防松动位移压板安装示意图

五、应用效果

防松动位移压板结构简单、安全可靠、操作方便，一次安装到位无须重复紧固，既能控制住底座晃动的强度、降低膨胀螺栓断裂的概率、延长抽油机的使用寿命，又能减少抽油机故障维修次数、提高抽油井生产时率。

2017 年，需要安装膨胀螺栓 30 根，一套膨胀螺栓 200 元，打孔安装 180 元，合计（200+180）×30 = 11400（元）。采用防松动位移压板 30 套，一套防松动位移压板 130 元，合计 130×30 = 3900（元）。2017 年，降低设备维修费用 11400-3900 = 7500（元）。

六、技术创新点

在原有底座压板的结构上增加了一套可调节螺栓套机构，该机构是将套在膨胀螺栓上的螺栓套作为支点，通过旋转调节螺杆，来移动并锁定压板，防止底座压板松动径向位移后退，与膨胀螺栓螺帽的轴向压紧作用相配合，起到轴向压紧和径向锁定的作用。

抽油机后驴头框响振动故障分析与处理

张 军

（新疆油田陆梁油田作业区）

一、问题的提出

截至 2016 年 12 月，陆梁油田石南 21 井区共有抽油机 423 台，其中 CYJQ12-5-53HY（Ⅱ）型抽油机有 133 台，长期运行 125 台，经现场巡检班组反映，抽油机维护班组核实，该型抽油机出现后驴头框响、振动的问题较为突出，随着运行时间的延长，问题越趋于严重。

二、故障现象

2010 年至 2016 年，先后有 41 台抽油机出现后驴头框响、振动，导致后驴头销孔和游梁销孔框大、不同轴、销轴变形等故障。为消除此故障，采取更换驴头销轴，降低冲次、调整平衡等措施，但框响、振动依旧出现，仅运行一周后更换的销轴出现磨损失效。此问题已经成为该类抽油机运行的重大安全隐患。

三、故障原因

CYJQ12-5-53HY（Ⅱ）型抽油机由新疆第三机床厂生产，抽油机参数见表 1，是在常规游梁式抽油机的基础上设计的双驴头抽油机，游梁的前后端各有一个驴头，前端是工作驴头，后端是平衡驴头，下吊配重箱，前后驴头的放置半径相同，横梁装配在游梁前臂，整机采用游梁平衡。该机型保留了常规型游梁式抽油机的四连杆机构，平衡系统采用了后驴头与吊箱的复合平衡，后驴头下部灌注水泥配重。电动机输出的动力经皮带传动装置及减速器装置减速后，带动曲柄做旋转运动，由曲柄、连杆、横梁、游梁及支架组成的四连杆机构将曲柄的旋转运动转换为游梁的上下往复运动，安装在游梁上的工作驴头通过悬绳器带动抽油泵上下往复运动，完成抽汲工作。

表1　CYJQ12-5-53HY（Ⅱ）型抽油机参数

平衡方式	游梁平衡		
悬点最大载荷，kN	120		
冲程，m	3.4	4.2	5
冲次，r/min	4	5	6

CYJQ12-5-53HY（Ⅱ）型抽油机后驴头连接方式有两种：一是驴头上下采用4根驴头销轴与游梁连接的"上挂下连"式连接；二是驴头上部采用横向销轴穿挂，下部采用双螺栓水平拉紧横向轴销的"上挂下拉"式连接（图1）。

(a) 上挂下连式　　　　　　　(b) 上挂下拉式

图1　CYJQ12-5-53HY（Ⅱ）型抽油机后驴头两种连接方式

1. 原因分析

出现后驴头框响、振动问题的41台CYJQ12-5-53HY（Ⅱ）型抽油机均为2003至2004年油田开发初期安装的第一批机型，后驴头采用"上挂下连"式连接方式（图2）。2005年后，新疆第三机床厂对该型抽油机后驴头连接方

图2　抽油机后驴头"上挂下连"式连接方式

式进行了改进，采用"上挂下拉"式（图3），未出现后驴头框响、振动问题。

图3 抽油机后驴头"上挂下拉"式连接方式

石南21井区自2003年开发，分批次安装由新疆石油管理局机械制造总公司生产的CYJSQ12-5-53HY型抽油机185台，CYJSQ12-5-53HY型抽油机与CYJQ12-5-53HY（Ⅱ）型抽油机结构原理相同，后驴头与游梁均采用"上挂下拉"式连接，未出现后驴头框响、振动问题。

两个抽油机生产厂家生产的同类型抽油机均采取游梁平衡。抽油机上下往复运动至上、下死点位置惯性最大，上、下死点位置存在较大的惯性冲击载荷和倾翻力矩，而这部分力和力矩主要作用在连接件上，因此连接方式的选择至关重要。后驴头采用"上挂下拉"式连接方式，加强了后驴头沿游梁方向的紧固力，使后驴头与游梁连接为一个整体。

而后驴头采用"上挂下连"式连接方式的CYJQ12-5-53HY（Ⅱ）型部分抽油机，后驴头运动至上、下死点产生的冲击载荷和自身的倾翻力矩主要作用在驴头与游梁尾部连接部位，惯性冲击载荷反复作用于驴头销轴处，销孔逐渐框大、销轴逐渐磨损，导致驴头孔、连接销轴、游梁连接销孔之间冲击越来越大，发生挤压、剪切变形。由于销轴经过热处理（40Cr，HB241-286），硬度高于游梁和驴头孔接触面（Q235，HB100-220），两孔首先被挤压变形，由圆形渐变为椭圆，同时三者轴线不重合，最终导致由最初的过盈配合变成间隙配合。抽油机运行过程中，三者之间产生相互位移和冲击，导致后驴头前后摆动框响，同时造成整机振动。

2. 后驴头连接销轴

针对出现后驴头框响、振动的41台抽油机驴头销轴进行研究，发现都具备一个共同点，后驴头下端的2个驴头销轴和销孔均有间隙，且框响和振动都是在后驴头运行至上、下死点时产生的。因为驴头销轴和销孔有间隙，驴头在行至上、下死点时由于惯性和离心力作用发生微小的摆动和碰撞，从而听到框响声,并且碰撞产生的力传至抽油机其他部位产生共振。

后驴头固定方式不合理。采用驴头销轴固定方式,且驴头销轴的结构设计过于简单(图4)。销轴与销孔接合处的磨损明显,销轴也存在不同程度的缩径。理想状态下后驴头销轴只受轴向力的作用,但过重的后驴头在上下冲程的往复运动中,由于驴头销轴和销孔之间的微小间隙,使部分惯性力转换为游梁方向的径向力,在轴向力和径向力的综合作用下后驴头销轴和销孔产生磨损,使销孔越来越大,框响、振动也趋于严重。

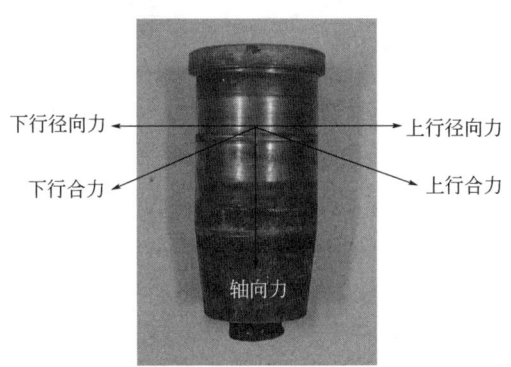

图4 后驴头销轴受力分析

四、故障处理

对于后驴头已经发生框响、振动的CYJQ12-5-53HY(Ⅱ)型抽油机,驴头销孔和游梁销孔在硬度较高的驴头销轴的长期挤压、剪切作用下,已由圆形渐变为椭圆形。即便是更换新的销轴,也无法使驴头销孔、游梁销孔和驴头销轴三者同轴,导致孔轴过盈配合变成间隙配合。这也是采取更换驴头销轴,同时降低冲次的措施后,框响、振动无法消除的根本原因。

要想从根本上消除框响、振动隐患,首先要在后驴头连接方式上利用"上挂下拉"方式的优点,其次是在驴头销轴上做文章,保证驴头销孔、游梁销孔和驴头销轴三者同轴。经分析,采取以下两个方案进行技术改造。

1. 增设"上挂下顶"装置

从后驴头采取"上挂下拉"连接方式得到启发,将"上挂下连"连接方式增设"下顶"装置——双螺栓顶紧装置(图5)。在游梁与后驴头结合处焊接一种由顶板、肋板和顶丝组成的顶紧装置,将顶丝旋转顶紧,上紧备帽,限制后驴头运行至上下死点时由于惯性和离心力造成的位移和摆动。顶丝螺栓可承担部分载荷,将部分惯性载荷卸载至游梁,减小后驴头对游梁孔及销轴的冲击（图6）。

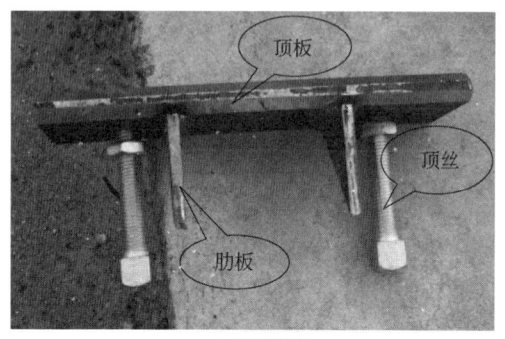 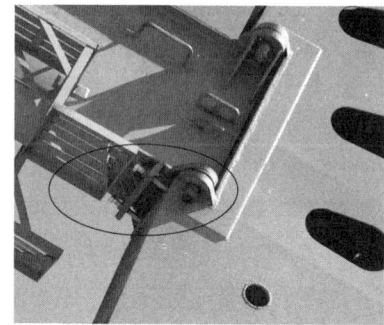

(a) 顶紧装置　　　　　　　　(b) 顶紧装置应用

图5　双螺栓顶紧装置

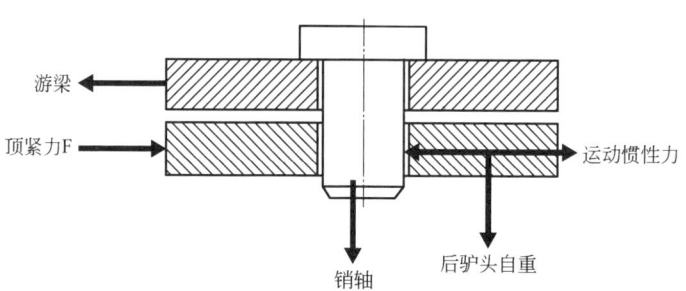

图6　双螺栓顶紧装置受力分析

2. 加工膨胀销轴

膨胀销轴主要由端盖、螺母、销轴、锥套组成。锥套上部开口，锥套内表面和销轴的外表面配合。由于现场抽油机游梁销孔、后驴头销孔因为长期冲击磨损，孔的尺寸已发生变化，因此新加工的膨胀销轴在原销轴的基础上整体配合尺寸放大2mm，即由 $\Phi70mm$ 增大至 $\Phi72mm$，与销孔配合时，锥套外表面的膨胀量在原来的基础上增加，通过紧固达到消除间隙，形成过盈配合（图7）。

五、应用效果

1. 经济效益

自2013年9月至2016年10月，经过3年的不断试验和改进，先后对21台后驴头框响严重的抽油机进行改造，改造后的21台CYJQ12-5-53HY（Ⅱ）型抽油机后驴头框响、振动隐患彻底根除。节约抽油机维护费用、材料费用

65万元。

(a) 膨胀销轴

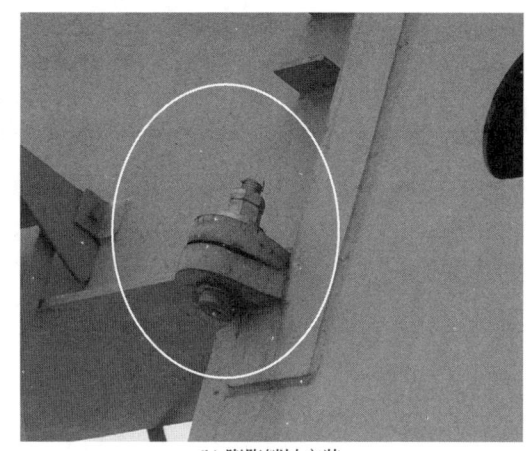
(b) 膨胀销轴安装

图7 膨胀销轴的应用

2. 社会效益

抽油机作为油田的主要采油设备，稳定运行是油田正常生产的保障，"上挂下顶"和"膨胀销轴"两种方式消除了CYJQ12-5-53HY（Ⅱ）型抽油机后驴头存在的隐患，避免抽油机设备事故，为油田的安全生产起到积极作用。

六、技术创新点

针对CYJQ12-5-53HY（Ⅱ）型抽油机后驴头出现的框响振动问题，应用"上挂下顶"和"膨胀销轴"两种技术方案同时进行技术改造，取得良好的效果。

参考文献

[1] 李东平，齐克建. 前置型双驴头游梁式节能抽油机设计［J］. 新疆石油科技. 2004 (3)：42-43.

[2] 戴扬，陆玲，高学仕. 双驴头抽油机的运动与动力特性分析［J］. 机械设计. 2004，21 (1)：26-28.

抽油机基础压板螺栓断裂故障快速处理

张 军

(新疆油田陆梁油田作业区)

一、问题的提出

抽油机是油田现场应用广泛的采油设备，抽油机的底座安装于水泥基础之上，在保证抽油机底座水平度的前提下依靠水泥基础内浇筑的螺栓与铸钢压板固定。在抽油机长期运转的过程中，浇筑于水泥基础内的螺栓因锈蚀、抽油机运转过程中的反复振动、紧固扭力过大等原因造成强度逐渐降低，时常发生断裂故障，造成抽油机底座悬空、无法压实紧固、振动加大等现象，成为抽油设备安全运转的重大隐患。

二、故障现象

截至2016年12月，陆梁油田石南21井区共有抽油机430台，其中新疆第三机床厂生产的CYJQ12-5-53HY（Ⅱ）型抽油机135台，机械制造总公司生产的CYJSQ12-5-53HY型抽油机268台，其他类型抽油机27台。自2010年至2015年，石南21井区出现抽油机水泥基础螺栓断裂故障28井次，并呈逐年上升趋势（图1）。

三、故障原因

造成抽油机水泥基础固定螺栓断裂的因素较多，通过现场观察测量，发生基础螺栓断裂的抽油机底座与水泥基础之间均有不同程度的悬空现象，抽油机平衡较差、振动较大；固定螺栓严重锈蚀，维护保养过程中的紧固力矩过大等都会造成水泥基础螺栓断裂故障。

图 1 水泥基础螺栓断裂情况

1. 抽油机底座与基础悬空

石南 21 井区处于沙漠腹地，由于水泥基础存在不同程度的下沉现象，造成抽油机底座与水泥基础之间有悬空（图2），若未及时垫实，悬空量在抽油机运行过程中的振动作用下不断加大，固定螺栓反复受拉紧力或底座微小侧移的剪切力影响，极易造成疲劳断裂。

图 2 悬空振动造成螺栓断裂

2. 抽油机振动

由于部分抽油井不平衡，抽油机运行至上、下死点时惯性载荷最大，机体本身会产生较大振动，固定螺栓在抽油机底座的反复振动作用下，固定螺母松动，造成水泥基础悬空，悬空与振动作用恶性循环导致螺栓疲劳断裂。

3. 锈蚀的影响

抽油机长期在野外运转，锈蚀一定程度上会降低螺栓强度。尤其是抽油机底座部位易积雨雪，螺栓长期在潮湿的工作环境下易造成锈蚀，固定螺栓的紧固强度逐渐下降。

4. 紧固力矩过大

在抽油机维护保养过程中，操作人员用较长力臂的加力杆进行紧固作业，超出了螺栓所能承受的力矩,导致螺栓断裂。尤其是入冬前的保养紧固作业,若紧固过紧,即便螺栓当时未断,遇到极寒气温时,偶尔也会出现螺栓断裂的现象,说明热胀冷缩对金属机件的强度也有一定程度的影响。

四、故障处理

1. 常规措施

重新预制螺栓:将抽油机吊离水泥基础,机械钻孔,掏出断裂后埋在水泥基础内的旧螺栓,重新预制螺栓后灌浆填埋,每天定时保养,等5~7d水泥干透与原来的基础完全合实后安装抽油机。

该方法施工周期长,费用高,仅抽油机吊装费用就需1万元以上,1条螺栓的预制费用1600元。关键是对油井产量的影响较大。

2. 焊接

为了及时整改隐患,曾采取焊接的方法,将同一规格的螺杆焊接在断裂剩余部分的螺杆上,但是常因焊接接触面较小,强度达不到紧固要求或在使用一段时间后从焊接点重新断开,不能从根本上消除类似隐患。

3. 快速处理

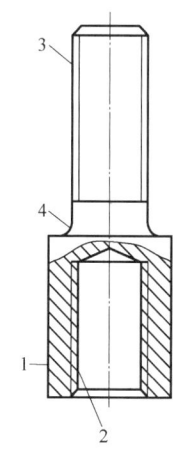

图3 连接螺杆结构示意图
1—下连接体;2—内螺纹;3—上连接体外螺纹;4—圆弧过渡加固体

石南21井区抽油机型号共有12种,但水泥基础螺栓主要采用M27×3和M30×3.5两种规格,以M27×3螺栓居多。经过调查测量发现,抽油机水泥基础内的压板螺栓发生断裂后均有部分剩余螺纹,即断裂部位以下均有40~70mm的螺纹长度。根据发生断裂后的剩余螺纹长度设计加工连接螺杆成为比较快捷的隐患整改方法。

抽油机水泥基础断裂压板螺栓连接螺杆主要由下连接体、内螺纹、上连接体外螺纹、圆弧过渡加固体组成(图3、图4)。下连接体与内螺纹是根据浇筑于抽油机水泥基础内的压板螺栓发生断裂后的剩余螺纹长度设计加工而成。下连接体与浇筑于抽油机水泥基础内的螺栓发生断裂后的剩余螺纹连接紧固后,安装压板,安装并紧固标准螺母将压板压实,即可实现抽油机底座的压实紧固要求。

图 4　连接螺杆效果

五、应用效果

1. 现场应用

抽油机水泥基础断裂螺栓专用连接螺杆加工制作简单，操作方便可靠，解决了浇筑于水泥基础内的螺栓发生断裂故障后抽油机底座悬空、无法压实紧固等问题，消除了抽油设备隐患。已在石南 21 井区 28 口抽油井使用，共计 36 条螺杆。

2. 经济效益

每台抽油机吊装费用 1 万元，重新预制 1 条螺栓、灌浆费用 1600 元，$28×1+0.16×36=33.76$（万元），减少产量损失 $28×3t/d×5d=420(t)$。

3. 社会效益

抽油机水泥基础断裂螺栓专用连接螺杆能够快速解决浇筑于水泥基础内的螺栓发生断裂故障后抽油机底座悬空、无法压实紧固等问题，消除了设备隐患。该方法针对各类设备水泥基础内的螺栓发生断裂后的及时整改具有一定的借鉴意义。

六、技术创新点

利用压板螺栓发生断裂后的剩余螺纹加工专用连接螺杆，快速解决浇筑于水泥基础内的螺栓发生断裂故障后抽油机底座悬空、无法压实紧固等问题。该项目已取得专利授权（专利号：ZL2014 2 0709265.4）。

抽油机减速箱传动部位渗漏故障处理

林 伟　张少江　濮玉成

(新疆油田准东采油厂)

一、问题的提出

在油田生产中，抽油机设备是最主要的机械设备，该设备长期露天运转，时常出现各种故障，特别是减速箱传动部位密封件容易老化，造成密封不严、渗漏等故障。其中，部分减速箱传动密封部位机油渗漏严重，直接影响油田正常生产。

二、故障现象

抽油机在长期的运转工作中，由于减速箱传动密封部位渗漏机油，一方面造成抽油机本体污染，给管理人员增加重复治理污染的工作量。另一方面，减速箱传动密封部位渗漏机油，严重影响油井的正常生产。当减速箱内缺机油时，造成机械干摩擦，容易发生机械事故，最终导致油井停产。同时，减速箱传动密封部位渗漏机油，造成机油大量消耗，增加了生产成本。2016年，沙南作业区由于减速箱传动密封部位渗漏机油严重，更换减速箱7台（表1）。

表1　2016年沙南作业区更换减速箱情况统计

序号	井号	减速箱型号	站号	厂家
1	B303	JLH-850	16号	青海工具厂
2	B2027	ZLH-53-A	13号	长沙重型机械厂
3	B2029	ZLH-53-A	13号	长沙重型机械厂
4	B1057	JLH-850	7号	青海工具厂
5	B1071	ZLH-53-A	1号	长沙重型机械厂
6	B1120	ZLH-53-A	4号	长沙重型机械厂
7	B1023	JLH-850	4号	青海工具厂

对于该故障，曾采用毛油毡、更换旧橡胶圈等措施，但效果都不是很理想，没有彻底解决传动轴密封部位渗漏机油问题（图1）。

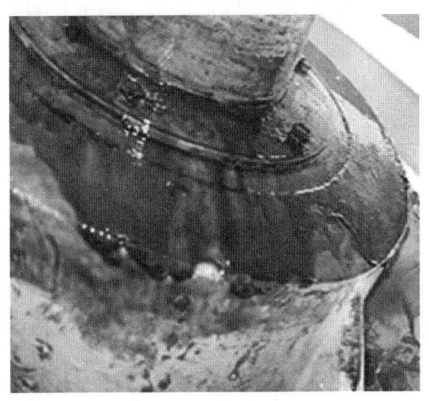

图1 输出轴漏机油

三、故障原因

在生产中，减速箱传动密封部位渗漏机油主要有两个方面：
（1）轴向部位密封不严漏机油，即密封圈内径与轴存在间隙而漏油（图2）。
（2）平面部位密封不严漏机油，即密封圈与箱体内平面密封不严而漏油（图3）。

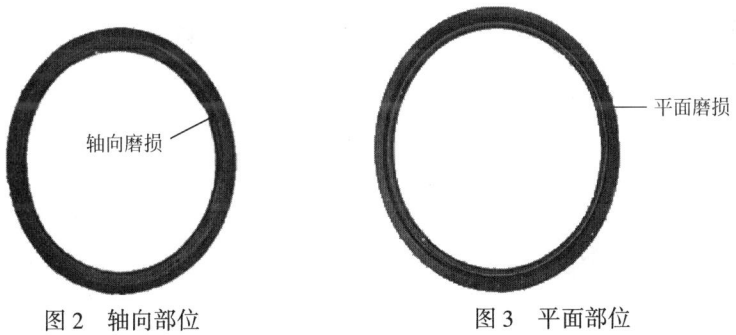

图2 轴向部位　　　　　图3 平面部位

造成这两个部位渗漏机油的主要因素有两方面。
（1）密封设备材质性能因素。
① 减速箱传动轴长期运转，橡胶密封圈耐摩擦性能差造成渗漏机油。
② 橡胶密封圈磨损后，无补偿能力造成渗漏机油。
③ 橡胶材质中无润滑剂，形成干摩擦造成渗漏机油。

（2）外部环境因素。

① 露天条件下，冬夏温差变化大，橡胶密封圈老化渗漏机油。

② 减速箱呼吸阀堵死，箱体内外形成压差，引起传动轴密封部位渗漏机油。

③ 橡胶密封圈受挤压变形，渗漏机油。

④ 橡胶密封圈密封结构存在缺陷渗漏机油。

四、故障处理

为了解决减速箱传动部位渗漏问题，设计了环块拉簧式耐用密封圈。

1. 结构特点

环块拉簧式耐用密封圈是用金属和多种滑润减磨材料经过混合、压型、冶炼、机械加工而成。此密封圈由四个金属环块组成，外圈用拉簧围绕，由于拉簧的拉紧力，使四个环块产生向内错动收缩，自动调整形成密封圈的内孔与轴紧密的滑动配合来实现密封（图4）。

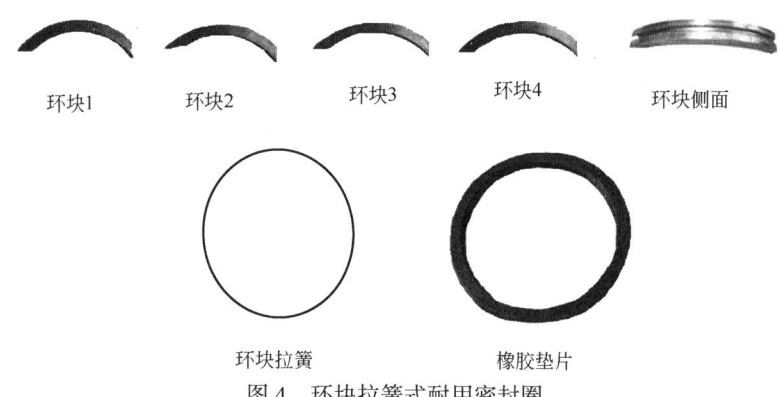

图4 环块拉簧式耐用密封圈

2. 密封圈安装方式

环块拉簧式耐用密封圈垂直安装在传动轴轴头上，安装前，首先看轴的旋转方向。分顺时针和逆时针转动两种，然后检查密封圈四等分角度和方向，可以从调整密封圈正反面获得正确方向（图5）。

传动轴的旋转方向确定以后，按以下程序安装：

（1）停机、刹车，曲柄停在方便操作位置，断电、锁紧刹车保险。

（2）松开密封圈压板螺栓，取出旧密封圈，防止损伤传动轴。

（3）擦净轴及安装密封圈端面部位。

（4）把拉簧套在轴上，挂好拉钩，然后把四等分的密封圈按1、2、3、4顺序排好，先拿环块4，放在轴的上面，将拉簧套在环块外槽内，环块4贴轴

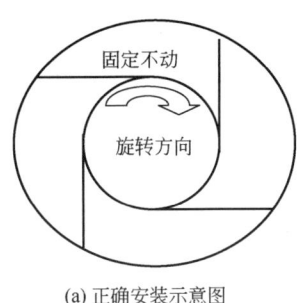 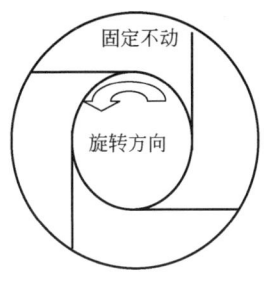 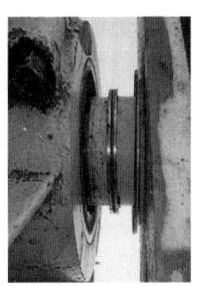

(a) 正确安装示意图　　(b) 错误安装示意图　　(c) 密封圈安装实物图

图 5　密封圈的正确安装方式

顺时针转 90°，再拿环块 3 按顺序装在轴上，再把环块 4 和环块 3 贴轴顺时针转 90°，依次方法，将环块 2、1 装在轴上。

（5）四个环块装在轴上成为一个圆环形密封圈，用手在轴上转动，检查密封圈各部位接触情况。合格后，把配备好的橡胶垫片剪开一个斜口抹上黄油后套在轴上，要套在密封圈里边，垫片是为了封好箱体内平面，防止平面漏油（图 6）。

（6）密封圈安装完毕，紧好压板螺栓。

五、应用效果

环块拉簧式耐用密封圈在 B3055 井应用后，到目前该井传动轴部位密封很好，无渗漏油现象（图 7）。

图 6　橡胶垫片　　　　　图 7　安装后输出轴密封情况

目前已安装 22 井次，抽油机减速箱传动密封部位均无渗漏机油故障发生（表 2）。

表 2　安装减速箱传动密封部位井号

序号	井号	站号	规格,mm	位置
1	B0096	9号	φ200	2个输入轴
2	B1077	8号	φ200	2个输入轴
3	B1001	3号	φ190×90	2个输入轴、2个输出轴
4	B1095	9号	φ200	2个输入轴
5	B1073	4号	φ200	2个输入轴
6	B1058	7号	φ200	2个输入轴
7	B1123	4号	φ190×90	2个输入轴
8	B1076	5号	φ200	2个输入轴
9	B1040	2号	φ200	2个输入轴
10	B3035	15号	φ190×90	2个输入轴、2个输出轴
11	B3055	16号	φ200	2个输入轴
12	B3026	16号	φ200	2个输入轴
13	B1075	5号	φ190×90	1个输入轴、2个输出轴
14	B2029	13号	φ190×90	2个输入轴、2个输出轴
15	B2014	13号	φ200	2个输入轴
16	B2041	11号	φ200	2个输入轴
17	B2005	18号	φ200	2个输入轴
18	B2018	18号	φ200	2个输入轴
19	B2007	18号	φ200	2个输入轴
20	B3025	16号	φ200	2个输入轴
21	B1127	2号	φ200	2个输入轴
22	B1019	4号	φ200	2个输入轴

1. 经济效益

(1) 更换密封圈22井（51套）：投入成本51套×1400元/套=7.14(万元)。

(2) 更换22台减速箱投入费用：3万/台×22台=66(万元)。

(3) 节约费用：66万元-7.14万元=58.86(万元)。

2. 社会效益

通过采用环块拉簧式耐用密封圈，彻底解决抽油机本体污染，极大减轻管理人员的工作量，提高油井生产时率。

六、技术创新点

　　由四个金属环块组成的环块拉簧式耐用密封圈，外径用拉簧围绕，由于拉簧的拉紧力，使四个环块产生向内错动收缩，形成密封补偿，自动调整形成密封圈的内孔与轴紧密的滑动配合来实现密封。

抽油机井口上窜故障及处理

闻伟 王海涛 周瑞

(华北油田采油二厂)

一、问题提出

抽油机井口主要由套管头、油管头、采油树本体(生产阀门、总阀门测试阀门、小四通)等组成。采油树主要作用悬挂油管,密封油管和套管间的环形空间,控制和调节油井(注水井)的生产,实现各种井下作业施工等。现在有部分抽油机井口套管上窜,上窜幅度为5~10cm,油井发生套管上窜后,井口采油树随抽油机上下行程往复运动,导致井口歪斜,严重影响了油井的正常生产,有的造成地面管线卡箍法兰连接处渗漏或把管线拉断造成地面跑油污染环境等问题。

二、故障现象

在生产中由于地层的温度、压力变化以及固井不彻底等原因,造成了抽油机井口上窜,导致抽油机井口偏斜(图1),使光杆磨坏影响正常生产,存

图1 井口偏

在安全隐患，少数油井采油树还随抽油机的上下行程移动 5~10cm，严重影响生产，并且造成密封填料磨损严重，井口经常跑油（图2）。有时甚至每天更换密封填料，套管上窜的幅度变大，可能发生井喷，同时也会造成油管线拉断污染环境，给员工带来很大的劳动强度。

图2　偏磨密封填料不耐用

三、故障原因

近年来，华北地区因地下水超采，造成地层下沉，当油水井承载不了地表沉降加载的巨大作用力时，套管会发生不同程度的上窜，导致井口升高、偏斜晃动，严重影响油水井的正常生产。

1. 套管上窜的原因

由于固井质量差或固井水泥年久失效造成水泥和油层套管脱离，油井在施工或日常生产中会使油层套管产生向上运动，导致油层套管上窜一定高度。

（1）温度场差异上窜。在油井完井后，由于完井时的温度场与油井生产时的温度场相差较大或因其他原因产生温度场差造成套管的热胀冷缩形成。

（2）地表下降带动表套下降，油层套管相对上升造成上窜，依据相关信息，地表每年都在发生不同程度地下降，地表下沉会使油层套管产生相对上升而形成上窜。

（3）油层套管的弹性张力，近几年，大家对油层套管弹性张力的影响有了重视，套管弹性张力就是油层套管在水泥返高以上的套管由于没有固井水泥支撑，造成套管在这一长度内由于套管自身的质量造成失稳而形成的弯曲，这种弯曲会产生弯曲应力，当井口的油层套管与表套连接失效，在油井上下抽吸、作业启放管柱等外力作用下，油层套管会像弹簧一样伸缩而形成上窜，当外界的压缩与油层套管的弹性伸缩频率同步时，会加剧上窜幅度。

2.套管上窜对生产的影响

(1) 套管上窜会造成井口晃动、不够稳固,井口连接管线在生产过程中受力,导致管线变形、拉断。

(2) 套管上窜可以直接造成井口歪斜,井口不对中导致井口密封填料密封困难,影响油井生产。

(3) 套管上窜可以直接造成井下管柱晃动,杆管不同心产生管杆偏磨。

(4) 套管上窜会造成油层套管频繁承受压伸交变载荷,特别是作业时启下管柱对油层套管的高载荷压伸交变,加速油层套管的疲劳损坏和永久弯曲,导致套损,影响井下工具的正常下入。

(5) 油层套管上窜过高会给作业、油井的日常生产维护带来很大不便,甚至是安全隐患。

四、故障处理

目前解决套管上窜加固井口的方法主要有拉筋、加固和焊接法。

1.拉筋加固

拉筋加固就是将晃动的井口通过钢筋或其他方式将上窜的油套与表套连接,实现扶正稳固井口的目的,缺点是限制油套的应力释放,使拉筋再次承受应力,一段时间后当上窜的应力大于装置所承受的力时,就会使拉筋变形,甚至拉断,另外拉筋连接时仍然有一定的自由度,井口还是会有晃动。存在加固不够彻底、效果不好、使用寿命短的问题(图3)。

图3 利用拉筋固定井口

2.焊接法

焊接法就是将油层套管和表套通过钢板进行连接实现井口的稳固,特点是井口加固牢实、稳固性高,缺点是油层套管的应力没有进行有效释放,所以寿命很短,焊接加固一段时间又被拉断。

通过上述两种方案,来限制油层套管的上窜应力未达到稳固井口的目的,治理效果不理想,寿命短容易重复施工,治理后套管上窜应力依然存在,没有从根本解决这个上窜的应力,根据以上思路,设计出一种有效释放套管上窜带来的井口不稳固的问题(图4)。要保证释放套管上窜应力,以表套为支点,通过调节顶丝长度对井口施加应力对井口支撑,从而使井口得到稳固。

第一支撑套管与井口固定连接,第二支撑套管与套管顶盖固定连接,且通过调整机构调整第一支撑套管、第二支撑套管之间的距离,通过锁紧机构使得第一支撑套管及第二支撑套管的半圆形管扣合为圆形,根据上窜的井口高度调节六方螺母,利用半圆形装置,将上窜的井口套管支撑住,增加了井口的支撑力,再通过锁扣螺母将上下两瓣半圆形装置固定好,保证井口的稳固性,避免井口油管线被不断向上的拉力强行拉裂(图5),避免因采用打地锚固定,而造成钢丝绳绊人事件的发生。此装置解决了井口上窜后造成井口不稳、光杆偏磨、密封填料损坏井口跑油问题,延长了光杆及密封填料的使用寿命,减少了员工劳动强度,提高了油井的开井时率。

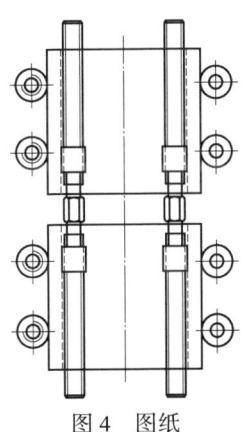

图4 图纸

图5 现场安装

五、应用效果

在抽油机井口下方套管处安装抽油机井口稳固器,利用4个加厚的半圆套管及4根上下正反方向的螺纹螺杆,对接支撑套管的上窜,使抽油机井口稳固在井口的表套上，根据上窜的高度，调节螺杆同时也给套管起到释放应力的作用，避免了井口偏离而偏磨光杆造成跑油现象，降低了员工的劳动强度，节省成本支出，缩短了停井时间。

1. 经济效益

该装置在 2 口油井上使用，有效杜绝了井口管线的拉断，提高了油井的开井时率，减少了管杆的磨损，减低了维修费用，一年的使用，减少更换光杆 2 根，减少了维修井口而造成停井 15h 影响产量 6t，减少了维修费用 500 元，光杆每根 1200 元；15h 供影响产量 6t，每吨按 2000 元计算。全年累计创效：1200×2+6×2000+500＝14900 元。

2. 社会效益

消除安全隐患，减少环境污染，为员工创造更好的工作条件，减少维护，收到很好的社会效益。

六、技术创新点

井口上窜装置由四个半圆套筒组成，上下两个半圆套筒组合在一起，分别采用两个螺栓连接，两组套筒紧固在升高短节上起到固定井口，防止移动上窜的目的。降低了员工的劳动强度，提高了开井时率。

抽油机连杆拆卸故障与处理

马志强　郭丽莉　熊艳静

（华北油田第四采油厂）

一、问题的提出

游梁式抽油机是机械采油中使用最广泛的设备，连杆是抽油机重要的部件之一，它的作用是将曲柄动能传递给横梁，使抽油机驴头上下往复运动，带动抽油泵将地层中的原油开采出来。当曲柄销子出现故障时，需要进行更换；地层能量发生变化，需要调整抽油机冲程等参数来满足生产的需求；进行抽油机拆迁等操作前，都需要先将连杆与曲柄销子分开。传统的操作，一是用绳索捆绑连杆，依靠人力或者车辆拖拽使连杆与曲柄销子分离；二是用吊车吊臂顶连杆，使连杆与曲柄销子分离；三是员工站在护网上，将斜铁垫在曲柄销子与连杆之间的缝隙间，用大锤敲击使连杆与曲柄销子分离。以上方法虽然能够将连杆与曲柄销子分离，但是存在员工的劳动强度大、用时长，操作中存在安全隐患，容易造成抽油机损坏等问题。

二、故障现象

使用绳索让连杆与曲柄销子分离时，需将绳索稳固地套在连杆上，绳索与地面成30°夹角，用人力或车辆等机动力，使连杆与曲柄销子脱离，因用绳子分离连杆时，受到很大的弹性阻力，操作过程容易发生反弹碰伤事故。吊车臂顶开连杆操作，由于很难控制好吊车臂的力度和伸长量，易对抽油机的连杆、曲柄销子、中轴、尾轴等部件造成损坏，严重时需要更换受损的部件。采用斜铁和大锤敲击分离的方法，用大锤敲击时，一是操作人员要站在高处操作，容易造成高空坠落；二是连杆与销子分离的瞬间，斜铁飞出，连杆晃动容易对操作人员造成伤害。

三、故障原因

为了确保连杆与曲柄销子装配时,两者间连接紧密,采用过盈配合。抽油机长期在野外环境工作,在风、雨、雪、雾等因素的影响下,连接轴面及轴孔之间形成锈蚀粘连,造成连杆与曲柄销子分离困难。传统的分离连杆方法,如图1、图2、图3所示,存在用时长、用工多,存在安全隐患,且易对抽油机造成损害。

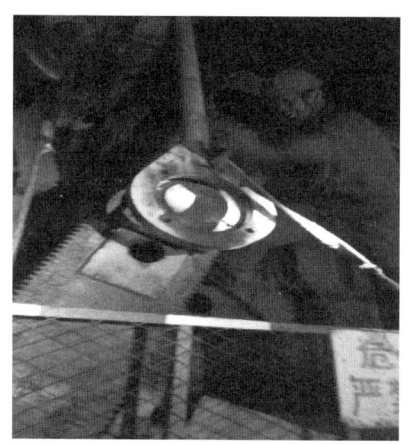

图1 绳索拽连杆

图2 吊车顶连杆

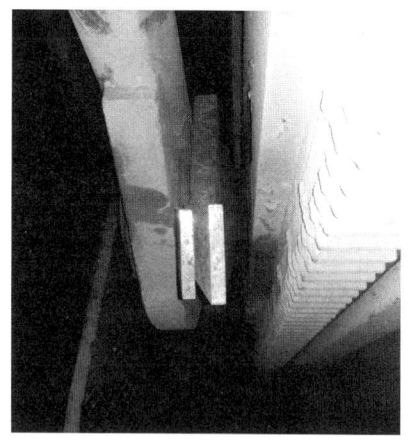

图3 斜铁撑连杆

绳索拽需要很大的力量,连杆与销子脱离,瞬间卸力,易对操作人员和连杆造成伤害。利用斜铁和大锤拆卸连杆时,人站在两连杆中间的平台上,由于操作空间小,斜铁固定不够稳固,用力小分离不开,用力大造成敲击位置不准,经常发生斜铁飞出事件,带来不安全因素,尤其是在连杆与销子分离的瞬间,更容易造成事故。吊车顶开连杆,吊车力度和施力方向不好把握,容易造成连杆和曲柄销子损坏。

四、故障处理

为了解决抽油机连杆拆卸的难题,研制了一种新型拆卸抽油机连杆的工具,使工具操作简便,使用安全,通用性强,适用于多种型号的抽油机的功能。

1. 解决思路

考虑抽油机两侧连杆与曲柄销子分开时,连杆的受力方向相反,利用正反螺纹同方向旋进旋出的工作原理,研制一种将连杆与曲柄销子硬性分开和复位的工具——连杆分开器。

2. 组件及结构

连杆分开器由连杆固定卡箍、卡箍与圆管连接固定螺栓、调节圆管、伸缩套管、调节距离固定螺栓、伸缩套管固定螺母、调节螺杆等部件组成(图4)。

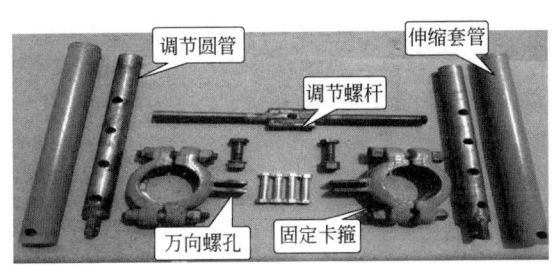

图4 连杆分开器组件

连杆分开器的主要工作部件是伸缩套管和调节螺杆。调节螺杆两侧分别是梯形右旋外螺纹和梯形左旋外螺纹。两侧伸缩套管分别是与之配合的梯形左旋内螺纹和梯形右旋内螺纹。卡箍将该组合工具固定在两连杆上,当对调节螺杆施加外力时,通过螺旋副将扭矩转换为轴向的推力(或拉力),将连杆硬性从曲柄销子轴套里分开或者拉回。连杆分开器连接结构上,采用伸缩套管与调节圆管组合使用,在一定范围内,长度可以任意调节,因此,连杆分开器适用于不同型号抽油机的连杆拆卸。考虑连杆在分开的过程中,角度的变化可能导致调节螺杆变形损坏,于是在卡箍和伸缩套管上设置了万向结构,在操作过程中根据连杆受力方向的变化,自动调整连杆与调节螺杆之间的角度,确保作用力始终沿着调节螺杆的轴向方向(图5)。

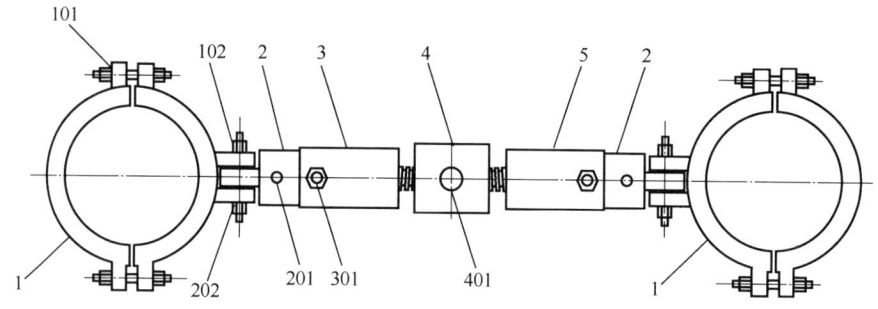

图 5 连杆分开器结构示意图

1—固定卡箍；101—卡箍紧固螺栓孔；102—万向螺孔；2—调节圆管；201—定位螺孔；202—万向螺孔；3—伸缩套管；301—固定螺孔；4—调节螺杆；401—加力杆孔安装孔；5—伸缩套管

3. 工作原理

根据螺纹副原理，将旋转运动转换为直线运动的同时传递力。使用该组合工具时，先将两个固定卡箍分别紧固在抽油机两连杆的下侧，测量两个万向螺孔之间的距离，根据调节圆管定位螺孔位置，计算伸缩套管两端之间的距离，将调节螺杆的两端分别旋入伸缩套管中，伸缩套管两端距离调整到计算值。再将调节圆管与卡箍通过万向结构固定。顺时针施力，工具伸长，反之缩短。伸长时将连杆平稳地与曲柄销子分开，缩紧时，将两侧连杆拉紧复位。由于连杆分开器两端固定在两侧连杆上，推力（或拉力）同时作用在两个连杆上，可轻松实现连杆与曲柄销子分开和复位功能。同时，连杆与连杆分开器采用硬连接，具有操作安全、使用方便等优点。

4. 材质

连杆分开器的丝杆、万向节等主要受力部件，承受较大的推拉力，为保证工具性能的稳定，避免弯曲或断裂，选择优质 45 号中碳钢进行加工，在调制处理后进行表面淬火，提高螺纹、螺杆的硬度、强度及韧性，其他部件采用普通钢材。

五、应用效果

连杆分开器研制成功后，在华北油田完成了多台不同型号抽油机的连杆安装及拆卸作业，取得了良好的效果。用传统的方法一般需要 2~5 名员工，平均需要 2~3h，通常还需要吊车配合作业。采用连杆分开器进行安装及拆卸连杆，每次只需要 1 名员工，10min 就能完成安装及拆卸连杆的工作，既减轻了员工劳动强度，又提高了工作效率，消除了安全隐患。连杆分开器解决了生产中存在的实际难题,取得了良好的经济效益,具有推广价值。

1. 经济效益

加工费:工具单套成本每套 0.1 万元。

产生的效益:单套工具每年平均拆卸、安装抽油机连杆 85 台次,每台次节约 2h,平均单井每小时产油 0.1t,每吨原油均价 0.25 万元;每井次节省吊车费用 0.078 万元。

每年增油创效 = 0.25×85×0.1×2 = 4.25(万元);节省吊车费用:0.078×85 = 6.63(万元);单套工具年累积创效:4.25+6.63-0.1 = 10.78(万元)。

2. 社会效益

采用连杆分开器大幅降低了抽油机的停井时间,减少了井卡现象,提高了生产效率,降低了员工的劳动强度,提高了操作的安全性。

六、技术创新点

连杆分开器利用螺纹副将扭矩转换为对连杆的推力或拉力,将螺纹副产生的推力或者拉力转移到两连杆上,使得原本不相干的两根连杆间产生了作用力和反作用力,两个连杆同时受力脱出,与每次只分开一个连杆相比节约了一半的操作时间。该工具的另一项创新点是,可以调整连杆受到横向垂直推力的角度,避免了横向作用力在一个点上而对连杆造成损坏。

抽油机驴头销子拆卸难的故障与处理

李海军　赵亚峰　米立和

（华北油田第四采油厂）

一、问题的提出

目前，在油田机械采油生产过程中，常规的开采方法是借助于抽油机、抽油杆和抽油泵，进行原油开采。油井都要不定期地进行修井作业，作业前需将抽油机驴头摆到侧面，摆驴头之前要取下抽油机的驴头销子。抽油机长期在野外作业，在雨、雪、风、砂的作用下，常规的驴头销子锈死在孔中，造成销子很难取出。现场为了解决这一难题，一是将抽油机游梁拆下后进行作业；二是用气焊或砂轮切割的方式将销子进行破坏拆除。无论采用哪种方式都费时费力，造成成本损失，影响作业进度。

二、故障现象

油田常用游梁式抽油机是常年在野外连续工作的机械设备。驴头销子是连接驴头和游梁的配件之一，传统的拔驴头销子方式是操作人员乘坐升降车用榔头砸、千斤顶顶出销子，由于常年的雨水造成销子接触面锈蚀严重，在历次的施工作业中费时费力，经常出现难以拔出的现象，现场施工不得不使用吊车将游梁吊开，作业完再安装上。因作业现场条件或车辆等因素影响，往往不能及时到位、无法正常作业，影响作业进度。

三、故障原因

抽油机常年在野外连续工作造成驴头销子锈蚀严重，再加上销子本身就是过盈配合，时间一长，当需要作业取下一侧销子时，经常是锈蚀严重，无法取出。

四、故障处理

1. 整体设计

驴头销子整体加工：长240mm圆柱上端直径80mm，底端直径60mm，底端向上80mm处为椎体（图1）。可拆销杆：加工直径20mm长120mm。驴头销子插孔加工：距驴头销子上边缘30mm处为圆心，直径20mm的圆孔贯通。螺旋润滑油槽以插孔下边缘为起点宽4mm、深2mm的润滑油槽。

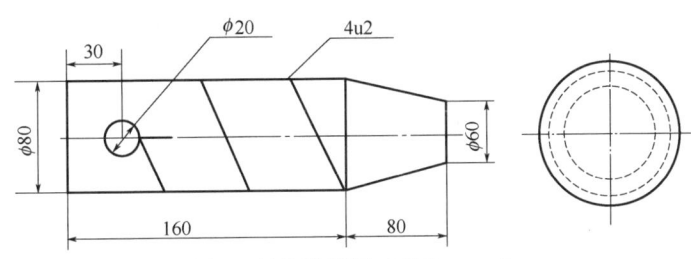

图1 整体设计图（单位：mm）

2. 防锈蚀导油槽

为了防止驴头销子锈蚀，在销子本体四周加工出开口槽和螺旋导油槽，开口槽宽4mm、深4mm。螺旋导油槽槽体深2mm、宽2mm。日常保养时，在开口槽处加入机油，在重力的作用下，机油由开口槽流入导油槽，再顺着导油槽自上而下流出，从而对驴头销子起到润滑保养作用，避免了锈蚀严重、拆卸时不易取出的问题，如图2、图3所示。

图2 驴头销子安装后效果图

图3 新加工的驴头销子图

3. 改变驴头销子本体外形

传统的驴头销子本体呈锥形，上部有一个凸起，挡住驴头销子不会向下脱出。但是也存在一个问题，在使用千斤顶往外顶出驴头销子时，下部销子由于没有支点，无法顶出，如果从上向下顶，有凸起部分挡着，无法下行。因此，改变原驴头销子凸起部分，去掉凸起，加装销杆，在需要使用千斤顶顶出驴头销子时，拔出销杆，向下顶出即可。

4. 具体操作

第一步，当遇到锈蚀严重，无法正常取出的驴头销子时，先顺着开口槽喷机油或者松动剂，停滞一段时间。第二步待机油（松动剂）流出导油槽后，将千斤顶放置在两个驴头销子中间，向上顶出上部的销子。第三步，拔掉下部驴头销子销杆，千斤顶放置位置不动，在上部驴头销子孔洞处放置挡板。千斤顶继续向上顶起，当顶到挡板时，千斤顶顶部无法继续上行，继而向下用力，从而将下部的驴头销子向下压出。

五、应用效果

拆卸驴头销子操作由原来的 5h 减少为 30min，由 3 人操作变为 2 人操作。

节约吊车费用 0.5 万元；缩短作业进度 2d，费用 2 万；提前开井，日产原油 2t($2×2×0.2=0.8$ 万元）。

全年 3 井次，合计节约：$(0.5+2+0.8)×3=9.9$（万元）。

降低了员工的劳动强度，缩短了油井作业时间，保证了油井正常生产。

六、技术创新点

在销子本体四周加工出环形导油槽，通过导油槽可以进行日常保养和取出前的润滑；去除原驴头销子凸起部分，加装销杆，在需要使用千斤顶顶出驴头销子时，拔出销杆，向下顶出即可。该项目已获得国家专利（专利号：ZL201220244046.4）。

抽油机毛辫子打扭故障与处理

姚兴福

(华北油田第三采油厂)

一、问题的提出

目前油田生产中普遍采用的都是双驴头式游梁抽油机。游梁前后均采用毛辫子软连接。在抽油机正常运行中,由前毛辫子连接悬绳器通过方卡子将油井内部抽油杆以及液柱质量全部悬挂在抽油机前驴头上。毛辫子在抽油机工作中起着传导动力的作用。随着抽油机的运转,毛辫子时常会发生扭曲直至打扭,很多抽油井出现这种故障后严重影响了安全生产。

二、故障现象

抽油机毛辫子打扭严重会绞成麻花状(图1),导致光杆不能对中井口,整机振动大,上下行程中造成采油树晃动,密封填料磨损严重、更换困难,

图1 打扭成麻花状的毛辫子

给测井工作也带来了很大的麻烦。打扭严重的两股毛辫子本身摩擦会加剧，上下行程中麻花节处与驴头弧面的磨蹭都会造成毛辫子断股，降低毛辫子使用寿命甚至导致整根毛辫子断脱，降低油井开井时率，直接影响油井的正常生产。

三、故障原因

通过现场调查，在抽油机正常生产状况下，每一次运行到下死点时，都会产生一次卸载与承载的过程，此时的毛辫子下部会产生受力不均的状况，本身会产生轻微的扭曲。生产时间一长，这种情况就会加剧，造成毛辫子打扭绞在一起。造成毛辫子打扭的原因是由于承载卸载过程中，毛辫子下部惯性载荷的交替转换使毛辫子自身产生了轻微的扭曲。油井运行一段时间后，此种扭曲不断加剧，造成毛辫子绞在一起。此时毛辫子与驴头摩擦加剧，本身两只毛辫子之间又产生摩擦，极易断股造成停井。只要有效地防止毛辫子打扭状况的发生，就可以有效地杜绝断股造成的停井。

四、故障处理

1. 目前的解决方式

目前的解决方式是在抽油机运动到下死点时卸载，人为将麻花状毛辫子反方向转开重新承载，或者利用管钳夹持毛辫子下部铅锤转动解除扭力。这样的做法很大程度上增加了员工的工作量，降低了油井开井时率，影响油井的正常生产。

2. 目前的解决办法存在的缺陷

（1）操作时一人在井口旋转破除扭力，另一人在刹车处配合，还需一人观察前后指挥配合，工作量太大。

（2）不能从根本上解决毛辫子打扭问题，生产过一阵时间后，还需重复此操作。

（3）操作时存在安全隐患。

3. 设计思路及工具示意图

在游梁式抽油机生产中，毛辫子是连接前驴头和悬绳器承接载荷并且传动的重要部分，每一次运行到下死点时，都会产生一次卸载与承载的过程，此时的毛辫子下部会产生受力不同的状况，本身会产生轻微的扭曲。运行时间一长，这种情况就会加剧，造成毛辫子打扭绞在一起。在实际的生产中，由于毛辫子毁损造成的停井、井口偏斜使得油田的产量遭受了很大的损失。

毛辫子防打扭装置（图2）主要是利用螺栓固定夹板，夹板夹紧毛辫子后，下部无法产生扭曲。

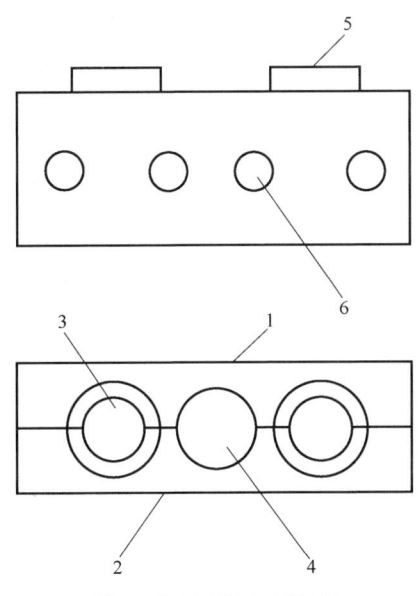

图2　防打扭装置示意图
1—本体；2—主体夹板两片；3—毛辫子夹持孔；4—光杆穿孔；5—座入台阶；6—夹板紧固螺栓

4. 现场安装实施过程

按抽油机停抽操作规程要求将抽油机停抽在接近下死点合适的位置，在光杆卸载合适位置打上方卡子，并且在悬绳器底部也座上方卡子。松刹车，重新启动抽油机一圈后卸载。此时卸载方卡子作用在密封盒上，而作用在悬绳器底部的方卡子承接悬绳器，使悬绳器坐在方卡子上，毛辫子底部铅锤与悬绳器脱开。摆正毛辫子位置，将两片夹板夹紧毛辫子，并上紧固定螺栓（图3）。卸掉悬绳器底部方卡子，使悬绳器自由下落，悬绳器底部铅锤座入孔对应该装置座入台阶，连接为一体。松刹车让抽油机承受载荷。卸掉下部卸载方卡子即可投入正常生产（图4）。

2017年8月5日，在留23-9井抽油机使用了此装置，安装时间为15min，实现了一人操作。经过实施追踪观察发现，该装置安装速度快、拆卸操作平稳、安全可靠。截至目前，共在11口抽油机井毛辫子打扭严重的情况下使用了该装置，有效防止了毛辫子打扭情况的发生，避免了毛辫子打扭后人为解扭的操作行为，保障了测试、更换密封填料等一系列井口工作的顺畅进行。大大减轻了劳动力，也杜绝了很多安全隐患。此装置结构简单、操作简捷,在操作难易程度和安全性等方面比传统操作方法有了很大提升(表1)。

图3 安装防打扭装置图

图4 安装完毕投入正常生产

表1 新旧操作方式对比

对比项 采用方式	操作难易程度	安全性	操作人数	解扭周期,d	可操作性	技术拓展
人工解扭	繁琐	低	3	30	差	无
防打扭装置	简单	高	1	无	强	无操作时自主保护

五、应用效果

该装置在留北工区全面推广后,解决了毛辫子打扭造成的井口不对中而引起的一系列问题。同时在确保油井时率提高原油产量的同时,也减少了员工的劳动强度和日常生产管理的工作强度,为工区产量稳产高产做出了积极的贡献。

1. 经济效益

以留北工区为例,全年毛辫子打扭引起的毛辫子断脱次数为14次,影响产量28t,单根毛辫子成本800元。该装置加工了14套,每套1500元。计算如下:

全年解扭耽误生产时间折算产量×吨油价格=28×3000=8.4(万元)

断脱后恢复生产费用＝吊车单次费用×次数＋单根毛辫子成本×2×次数＝1600×14+800×2×14＝4.48(万元)

经济效益＝所有费用－装置成本＝8.4+4.48－1500×14＝10.78(万元)

2. 社会效益

该方法便于操作，可操作性能强，成本低，安全性高，操作用时短，便于推广与应用。

六、技术创新点

利用夹持螺栓孔将毛辫子夹紧，即使抽油机上下交变载荷变换，毛辫子也无法自身产生旋扭变形；利用悬绳器底部座入台阶将该装置与悬绳器连为一体，在一定程度上起到了悬绳器挡板作用，防止井口不对中受力偏移时悬绳器挡板脱飞情况发生。

抽油机毛辫子断脱故障及处理方法

吴桂强　李　明　宋志刚

(华北油田第五采油厂)

一、问题的提出

油井的生产情况不断变化，毛辫子在使用中经常受到交变载荷的拉伸作用，导致毛辫子在设备运转中断股或毛辫子与铅头脱离，造成停井。在实际生产中，需要快速提供安全可靠的毛辫子来减少停井带来的经济损失。

抽油机有不同的型号，毛辫子的储备带来很多不便，占用成本较大。直接从厂家定做需要5h才能送达，严重耽误生产。为解决这一问题，作业区自己加工制作，但制作一条毛辫子需要用时1h以上，费时费力，还要防止被烫伤，由于加热时间过长钢丝绳握钩的部位强度大大降低，制作的毛辫子铅头还有脱落的可能。

二、故障现象

图1　毛辫子粗细不均匀

抽油机毛辫子是抽油机运转中的重要部件，在运转过程中每单股钢丝以及衬芯之间都有相互摩擦和磨损。毛辫子产生故障现象有：毛辫子在运转过程中其直径变的粗细不均匀(图1)，单根钢丝产生裂纹甚至发生断股(图2)，毛辫子铅头突然与毛辫子脱离(图3)，如果不及时发现，易造成停井出现设备事故。

三、故障原因

(1) 原油黏度大，泵挂过深，油井结蜡严重或油井出砂等。

(2) 驴头不正，毛辫子偏磨。

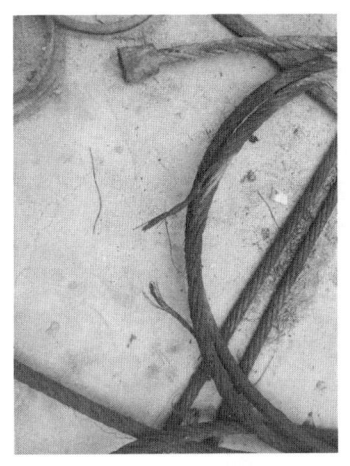 

图2　毛辫子断股　　　　图3　毛辫子铅头脱离

（3）悬绳器下行速度大于光杆下行速度，引起冲击载荷。

（4）设备在野外运转，毛辫子受到腐蚀、锈蚀、磨损等不利因素的影响，强度会大大降低，在交变载荷的作用下，出现断股现象。

（5）毛辫子在加工过程，毛辫子铅头与钢丝绳浇铸不牢固。

四、故障处理

厂家生产加工毛辫子是由钢丝绳与铅头通过一套专用的液压设备，将钢丝绳与铅头压制而成，承载强度高，一般不会发生断脱，需要时厂家定做加工成本高，再送达现场时间长约5h，耽误油井生产。

自加工取新钢丝绳截取所需尺寸两头各留20mm余量，毛辫子在制作时必须2个人配合才能完成，将现有铅头从工作端面套入钢丝绳留出20mm余量，在专用固定台上固定钢丝绳，由一人用气焊将单股钢丝绳的余量部位烤红，另一人用钳子将烤红的单股钢丝拧弯后，再用钢钎手锤将钢丝砸入铅头膨胀孔内，重复上述方法依次将每股钢丝按顺序砸入，最后用气焊把钢丝余头烤红，用手锤将所有钢丝砸入铅头孔内。铅头温度降下后，再用气焊把铅块熔化到铅头膨胀孔内，熔化铅彻底冷却后才能拆下再制作另一个铅头。制作一条毛辫子需要用时1h以上，费时费力，还要防止被烫伤，由于加热时间过长钢丝绳握钩的部位强度大大降低，制作的毛辫子铅头还有脱落可能（图4）。

结合以上两种方法对毛辫子铅头加工改进，改进后只需一人操作，并且毛辫子两头可同时加工，大幅缩短了制作时间、提高了工作效率。

图4 毛辫子加工灌铅

"抽油机毛辫子铅头"的结构见图5，实物见图6。

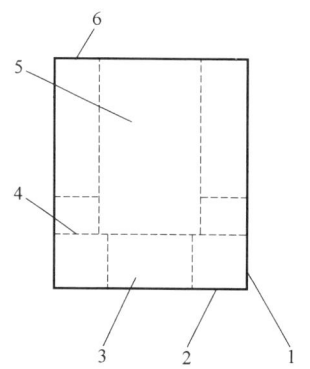

图5 抽油机毛辫子铅头示意图
1—铅头主体；2—工作端面；3—钢丝绳通孔；
4—螺栓固定孔；5—钢丝绳膨胀孔；6—铅头末端

图6 抽油机毛辫子铅头实物

抽油机毛辫子铅头主体为$\phi50mm×60mm$圆柱体。工作端面与抽油机悬绳器的嵌槽接触。钢丝绳通孔为$\phi30mm×20mm$，与钢丝绳直径相近。3个$\phi12mm$的螺栓固定孔距工作端面26mm，均匀分布在铅头圆柱表面。钢丝绳膨胀孔为$\phi32mm×40mm$，作为钢丝绳变径的空间。操作时将截好长度的钢丝绳，两头一起固定在专用支架上，把铅头置于工作端面的钢丝绳通孔，钢丝绳通孔内敲入钢丝绳，使钢丝绳末端与铅头末端齐平，将钢丝绳固定紧，再从铅头末端钢丝绳中心处砸入一根 $\phi 8mm \times 35mm$ 钢钉，使钢丝绳膨胀孔，然后用 6 根前端有锥度的 $\phi 12$ 螺栓拧入螺栓固定孔，使螺栓嵌入钢丝绳的缝隙中，达到一定力度后，将螺栓从铅头圆柱表面切断，最后用电焊将尾端封口。一条毛辫子加工完成仅用时 15min。

五、应用效果

抽油机毛辫子铅头现场应用（见图 7）技术特点如下：

（1）各种抽油机毛辫子均可制作加工使用，不需大型设备。

（2）制作时只需一人操作，劳动强度低，操作简单安全。

（3）一条毛辫子加工完成仅用时 15min，大幅缩短了制作时间，减少了抽油机停井时间，提高了经济效益。

毛辫子使用周期长，节约制作成本。这种毛辫子加工工艺可在油田范围内全面推广，能够达到可观的经济效益。

图 7　毛辫子铅头现场应用

厂家制作毛辫子的费用为 3000 元/条，而改进铅头后制作费用 650 元/条，以全年共制作毛辫子 40 条计算，全年创效：$(3000-650) \times 40 = 9.4$(万元)。

六、技术创新点

加工改进的毛辫子铅头采用顶丝和钢钉嵌入，取代原来的钢丝砸入灌铅法。

抽油机内张式刹车凸轮轴故障与处理

张 军

(新疆油田陆梁油田作业区)

一、问题的提出

刹车装置是抽油机非常重要的操作控制装置,内张式刹车因其具有良好的性能而广泛应用于大型抽油机上。陆梁油田石南21井区自2003年开发以来,先后投用428台CYJQ12-5-53HY型抽油机,该机型全部配备内张式刹车。随着油田开发年限的推进,内张式刹车失效故障逐年出现,并呈上升趋势,严重影响了现场安全操作。2013—2018年,石南21井区116台抽油机先后出现刹车行程正常,但刹车失效的故障。

二、故障现象

刹车行程正常,但无法在抽油机操作位置有效制动,或者制动后有溜车现象。维修人员在检查拆卸刹车装置的过程中,由于拆卸空间非常狭小,凸轮轴面充满锈蚀,仅凸轮轴拆卸过程耗费2h以上。拆下的凸轮轴销与刹车摇臂的键槽框大、键变形(图1)。同时发现同型号抽油机,因减速器厂家及出厂时间的不同,刹车装置的凸轮轴尺寸差异较大。

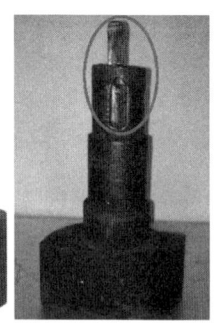

图1 损坏的凸轮轴键槽及键

凸轮轴安装于内张式刹车装置内部，凸轮轴上的键槽或键失效比较隐蔽，这种隐蔽故障更容易引发抽油机操作过程中发生安全事故。

三、故障原因

1. 刹车结构与工作原理

内张式刹车是由刹把、水平拉杆、连杆、垂直拉杆、摇臂、刹车蹄片、凸轮轴、刹车轮、弹簧等部件组成（图2）。该装置具有结构紧凑、散热性好、制动灵活、使用寿命长等特点，广泛应用于8~14型游梁式抽油机。

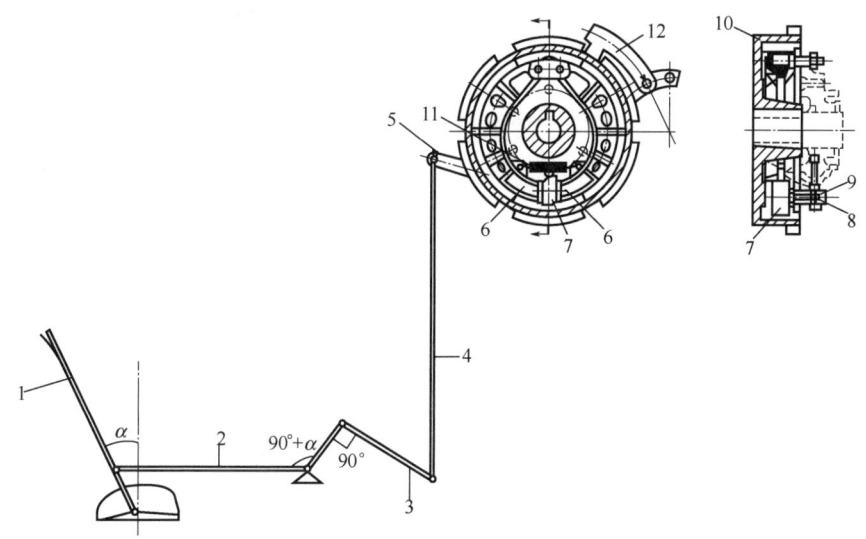

图2 内张式刹车结构

1—刹把；2—水平拉杆；3—长短连杆；4—垂直拉杆；5—刹车摇臂；6—刹车蹄片；7—凸轮；8—凸轮轴；9—键；10—刹车轮；11—回动弹簧；12—刹车锁块

拉动刹把，通过水平拉杆、连杆、垂直拉杆、摇臂带动凸轮轴转动，凸轮由垂直位置向水平位置旋转90°，将两个内置的刹车蹄片向外挤压与刹车轮产生制动力矩，从而使抽油机停止运转。凸轮轴带动凸轮的转动使得刹车蹄片由内向外张开是制动过程的关键。

2. 原因分析

抽油机长期在野外环境运行，刹车凸轮轴未设置滑润点，雨水容易积留至轴面及轴孔，逐渐形成锈蚀。操作刹车时，作用力集中于凸轮轴销和刹车摇臂的键与键槽，凸轮轴的动作滞后于刹把动作。由于机型较大、负荷较重，员工操控刹车过程用力过大，凸轮轴销和刹车摇臂的键与键槽逐渐磨损，间隙变大，导致刹车失效故障。刹车过程中凸轮轴不动作或动作不到位是造成刹车失效的根本原因。

四、故障处理

维修人员发现同型号抽油机因减速器厂家及出厂时间不同，刹车装置凸轮轴尺寸差异较大（表1），各主要减速器生产厂家未按统一的标准生产刹车凸轮轴，使得生产现场处理该类故障较为困难。在没有备用材料的情况下，在凸轮轴销上另开一组键槽，是解决问题的最快办法（图3）。

表1　部分减速器厂家及凸轮轴尺寸统计表

序号	减速器主要生产厂家	凸轮轴总长 mm	凸轮尺寸（长×宽×高）mm×mm×mm	支撑轴尺寸（直径×长度）mm×mm	键销轴尺寸（直径×长度）mm×mm	键槽尺寸（宽×长）mm×mm	与摇臂固定方式
1	徐州东方减速机厂	129	82×42×37	φ35×37	φ30×35	8×20	穿销固定
		110	87×42×37	φ38×35	φ30×25	10×20	M12 螺杆固定
2	烟台青牟实业有限责任公司	105	82×42×37	φ35×45	φ30×20	10×20	M12 螺杆固定
3	四川慧剑石化装备公司	110	82×42×37	φ35×45	φ30×25	10×20	M16 螺杆固定

图3　凸轮轴新开键槽及键

1. 增设润滑点

凸轮轴作为内张式刹车的关键动作部件，应设计必要的润滑，防止长期野外作业产生锈蚀而影响刹车的正常使用，减少刹车装置故障。为了保证润滑效果,在凸轮轴孔座便于操作的位置钻 ϕ2~3mm 的小孔,手动攻丝,装配黄油嘴,定期加注润滑脂。凸轮轴也应做出相应的技术改进,轴的中间部分缩径 0.5~1mm,长度为轴长的 1/3~1/2,狭小的空间内可以储存适量的滑润脂,防止锈蚀(图4)。

为了提高开井时率,减少因刹车凸轮轴故障造成的待料停机停产,依据设备台账中减速器厂家及出厂时间的不同进行归类,定制加工少量带有储油槽的凸轮轴及键,作为备用材料,发现抽油机刹车凸轮轴故障,现场直接更换修复。2014年,加工10套轴面增设5mm×1mm储油槽的凸轮轴(图4),配备至维护班组。将拆下的凸轮轴回收统一开键槽、加工储油槽,循环利用,总计66套。

2. 改变连接传动方式

刹车摇臂的键槽框大后,只有加工异形键才能进行刹车维护。受操作空间的影响,安装极为不便。为了防止键与键槽的作用力过度集中,加剧磨损,可将键连接传动改变为多面体连接传动,即将轴头圆柱体带键槽结构加工为六棱柱,刹车摇臂键槽孔加工为六方孔,将键与键槽的两面间隙配合方式改换为六棱柱与六方孔的六面体间隙配合方式,方便现场维护,提高传动的可靠性(图5)。

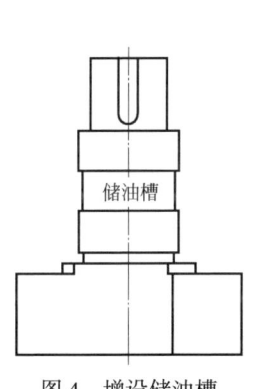 

图4 增设储油槽　　　　　图5 改变连接方式

3. 统一规格,彻底改进

随着抽油机刹车凸轮轴故障出现的频次越来越高,操作维修人员发现内张式刹车凸轮轴的设计在连接方式、润滑、规格尺寸、安装拆卸等方面存在严重的技术缺陷(表2),凸轮轴尺寸差异较大,无法采购统一规格的标准件,影响了现场维护和日常操作。2016年,进行了彻底改进,统一规格形成标准件(图6)。

表2 内张式刹车凸轮轴设计缺陷及改进方案列表

序号	设计缺陷	导致问题	改进方案
1	规格尺寸不统一	无法统一加工、现场无备用材料	统一规格尺寸
2	键转动方式	作用力集中，键与键槽磨损变形	多面体连接6面传动
3	未设置滑润	轴面及轴孔，逐渐形成锈蚀	轴面上增设5mm×1mm储油槽
4	无配套拆卸装置	拆卸空间狭小、拆卸费时费力	凸轮两端增设2个拆卸顶丝孔
5	安装方式不合理	操作空间狭小、安装费时费力	凸轮及轴体增设螺栓孔，改变安装方式

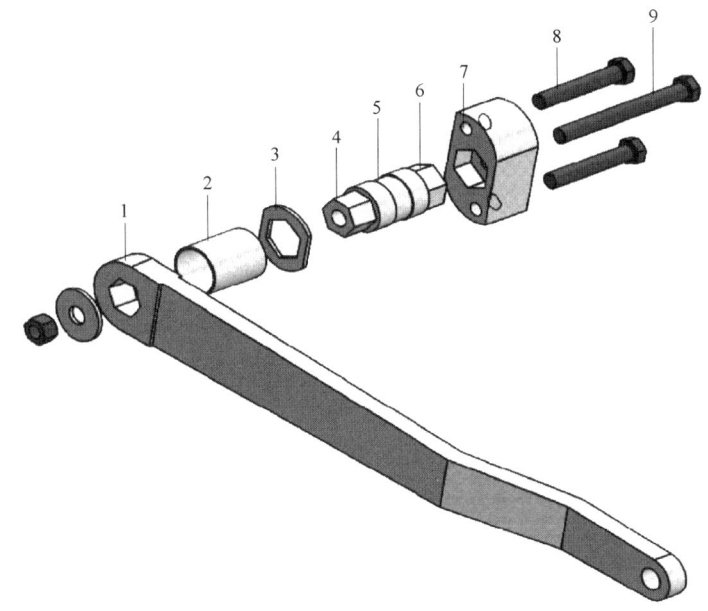

图6 分体式刹车凸轮轴

1—摇臂；2—衬套；3—垫套；4—轴头多面体连接端；5—储油槽；
6—轴尾多面体嵌入端；7—顶丝螺孔；8—顶丝；9—螺杆

（1）通过增加内径35mm、外径38mm衬套统一轴径，增设凸轮轴5~10mm不同厚度的垫套，统一轴的长度，将多种凸轮轴规格规范为一种，方便统一加工备料。

（2）多面体连接六面传动，比键连接两面传动提高传动强度3倍，需要与摇臂连接端共同改进。

（3）在轴面上增设5mm×1mm储油槽，具备润滑防锈功能，延长凸轮轴使用寿命。

（4）在凸轮两端增设 2 个拆卸顶丝孔，改变拆卸方式，改变拆卸空间狭小、拆卸费时费力的现状。

（5）在凸轮及轴体增设螺栓孔，分体安装，改变原有的安装方式，有效缩短安装时间。

重新设计加工的分体式刹车凸轮轴攻克了原有的技术缺陷，拆卸、安装方便，规格尺寸统一，便于批量加工。试验成功后一次性加工 50 套。

五、应用效果

将抽油机因刹车凸轮轴出现故障造成的停机待料时间由原来的 5d 改变为现场实时整改。分体式刹车凸轮轴的成功应用，拆卸、安装时间均缩短 1.5h 以上，降低了员工劳动强度，提高了开井时率。

1. 经济效益

1）加工费用。

（1）前期 10 套凸轮轴加工费用：300 元×10＝3000（元）。

（2）凸轮轴重新开键槽、加工键费用：100 元×66＝6600（元）。

（3）凸轮轴重新设计加工费用：600 元×50＝30000（元）。

合计费用 39600 元。

2）增产效益。

116 口抽油井减少停井待料时间共 116×5＝580（天），平均单井日产油量 3t，按作业区吨油成本 360 元计算，增产效益为：580×3×360＝626400（元）。

经济效益＝增产效益－加工费用＝626400－39600＝586800（元）。

2. 社会效益

大幅降低了抽油机刹车故障率，为抽油设备安全有效运行提供了物质保障和技术支持，为企业消除隐患、提质增效做出积极贡献，在设备废旧配件循环利用方面做了有益的尝试。

六、技术创新点

分体式刹车凸轮轴通过增加衬套统一轴径，增设不同厚度的垫套统一轴的长度，采用多面体连接六面传动等方式攻克了原有的技术缺陷，形成标准件，取得专利授权（专利号：ZL2016 2 0796726.5）。

抽油机曲柄销断裂、松脱故障及处理

魏昌建　樊　升　李新明

（新疆油田准东采油厂）

一、问题的提出

抽油机运行过程中，由于运行环境恶劣、机械磨损、运动疲劳等原因，抽油机的曲柄销会发生断裂、松脱事故，由于事故发生的突然性和不可预见性，如何采取有效的预防措施成为油田一个普遍性难题（图1）。

图1　曲柄销断裂、松脱造成的事故

二、故障现象

由于抽油机曲柄销断裂、松脱现象出现初期隐蔽性强，不易发现，发生时较突然，当事故发生后，还可能由于抽油机自控装置失效或人员没有及时到位停机，抽油机继续运转，发生更大危害的设备二次损害，造成拉断连杆、拉坏尾轴、游梁变形、砸坏减速箱导致抽油机报废等严重事故（图2），给油田生产造成巨大损失。目前没有积极的应对措施，只能通过在曲柄销固定螺母上划线做记号和加强巡检力度等措施加以预防。

因此，需要研制一种当抽油机曲柄销发生断裂、松脱现象时，能够及时停止抽油机运转的装置。

图 2　曲柄销断裂、松脱事故造成严重后果

三、故障原因

抽油机曲柄销发生断裂、松脱现象不能及时发现的原因是没有可靠的监测装置。现场分析发现，当抽油机曲柄销发生断裂、松脱现象时，抽油机曲柄销与曲柄之间的距离首先发生变化，所以，只要能有效监测抽油机曲柄销与曲柄之间的距离是否大于安全距离，就可确定抽油机曲柄销是否发生断裂、松脱现象。

四、故障处理

通过现场分析和大量实验证明，接近开关可以实现对抽油机曲柄销与曲柄之间的距离进行有效检测，可以据此研制防曲柄销断裂、松脱装置。

其原理是在抽油机曲柄销上安装接近开关，曲柄上安装 5mm 厚的钢制检测盘，接近开关与检测盘保持不大于 5mm 的距离。正常状态下，接近开关处于常闭状态，抽油机正常运转；曲柄销发生松脱或断裂时，曲柄销与曲柄之间的相对距离发生变化，当距离大于 5mm 时，接近开关打开，发出停机控制信号，使抽油机立即停止运转，并进行声光报警，提醒工作人员尽快处理，从而将事故消灭在萌芽状态，保证安全生产（图 3）。

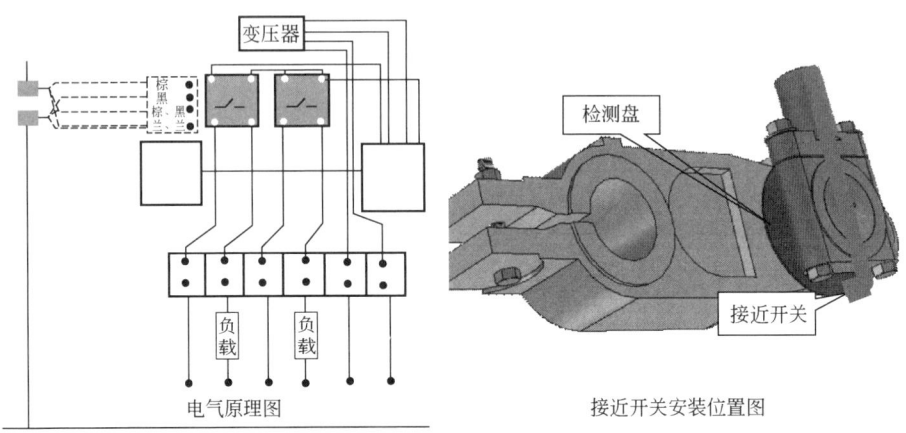

图 3　曲柄销断裂、松脱装置原理图

五、应用效果

1. 使用情况

2010年9月，该装置安装于火烧山作业区H1304井进行现场验证，从验证结果来看，使用结果达到了设计要求（图4、表1）。

图 4　现场安装情况

表1　H1304抽油机防曲柄销断裂、松脱装置验证情况

时间	分开距离，mm	断电时间，s	是否达到设计要求
20101014	5	1	是
20101014	5	1	是
20110523	5	1	是
20121102	5	1	是
20150720	5	1	是
20151216	5	1	是

装置安装后,运行良好,2016年5月,该井转注,停止使用。

2. 改进情况

在使用过程中发现该装置有检测盘安装不够方便、控制器体积较大、传感器体积过大的问题。针对以上问题,进一步对该装置进行了升级改进:

(1) 将传感器进行重新选型后,其体积更小,可安装在狭小空间内,因此可不用安装检测盘。

(2) 将控制器优化,使其体积更加小巧,接线更加方便可靠。

改进后的防抽油机曲柄销断裂、松脱装置可直接安装在抽油机的配电柜中(图5)。

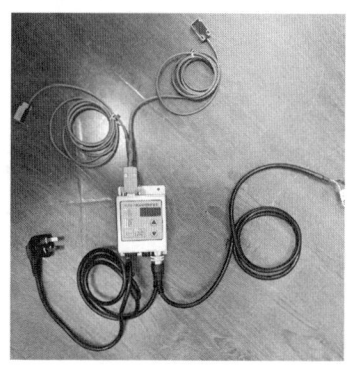

图5 改进后的防曲柄销断裂、松脱装置

该装置的应用,有效防止了抽油机曲柄销断裂、松脱的事故发生,保证了设备安全运行。

六、技术创新点

利用曲柄销与曲柄的相对距离来作为判断曲柄销是否断裂、松脱的标准,对此类事故的预防有指导意义。该成果获得国家实用新型专利授权(专利号:ZL201120429620.9)。

抽油机曲柄销子及衬套拆卸困难及处理

马志强　郭丽莉　曾晓华

（华北油田第四采油厂）

一、问题的提出

目前，华北油田使用最多的是游梁式抽油机。为了满足油井的生产需求，需要经常调整抽油机生产参数，而调整抽油机冲程是常用一种参数调整方式。调冲程前需要将曲柄销子和衬套更换到不同的冲程孔内。抽油机曲柄销子的作用是连接连杆并传递动力，因承受周期性交变载荷的作用，曲柄销子的损坏率很高，衬套是用于保护曲柄销子的构件，换曲柄销子时，衬套需要一起进行更换。

二、故障现象

目前更换曲柄销子和衬套的方法：操作人员站在减速箱上，将铜棒垫在曲柄销上，使用大锤连续敲击，使曲柄销子平移出曲柄孔。这种操作方式，易损坏曲柄销子螺纹，严重时造成衬套及冲程孔损坏。员工操作位置高，站立点不平稳，容易摔伤，操作时危险系数大。目前的操作方法用时长、强度大、用工多，有时因停井时间长，导致井卡，影响油井生产。目前采用大锤连续敲击取曲柄销子的方式，造成销子的报废率达80%以上。

三、故障原因

抽油机的销子、衬套和冲程孔之间采用过盈配合，又长期在恶劣的自然环境中运行，在风、雨、雪及沙尘等因素影响下，曲柄销子、衬套、冲程孔之间粘连及锈蚀，三者之间进行分离和拆卸十分困难。传统更换曲柄销子和衬套的方法，需要多人配合操作，一人站在减速箱上，一人将铜棒垫在曲柄销子（衬套）上，另外几人交替用大锤连续敲击铜棒，使曲柄销子（衬套）平移出曲柄孔，取曲柄销子操作见图1，取衬套操作见图2。

图 1 取曲销子操作

图 2 取衬套操作

这种操作方法不足之处是：高处作业且操作空间狭小，存在高空坠落的风险；依靠人力，用大锤反复敲击取出曲柄销子及衬套，大锤落锤位置随机性强，容易误击曲柄销子螺纹（衬套）及配合操作的人员，造成曲柄销子、衬套及冲程孔损坏，操作人员受伤；大锤因自身质量及锤击速度影响，冲击力受到限制，遇到难取的曲柄销子和衬套，需要四五名员工轮换锤击几个小时，有时甚至需要采用气割的方法，造成停井时间长，遇到油稠、油凝固点高的井易出现软卡井现象；含水高的井易造成井底积水，影响油井的产量；含砂高的稀油井易造成抽油泵砂卡。

四、故障处理

造成曲柄销子和衬套损坏的原因，是在拆卸过程中没有采取有效的保护措施，而仅采用蛮力强行拆卸造成的。由于两曲柄销子之间的距离受设备本身结构限制，所以操作空间不能改变。研制了一种抽油机曲柄销子以及衬套的组合取出工具，改变了现有取曲柄销子和衬套的操作方式，既能保护曲柄销子和衬套，避免了操作过程中造成损坏，又解决现有技术中劳动强度大、易发生事故、停井时间长的难题，避免井卡事故的发生，提高油井开井时率。

1. 曲柄销子取出工具

曲柄销子取出工具替代大锤，既能快速地取曲柄销子和衬套，缩短停井时间，又操作方便、减少用工量、使用安全，还具有通用性，在不同机型的抽油机上都能够使用。

曲柄销子及衬套拆卸组合工具（图3）由保护垫片、撞击筒、分体撞锤、撞锤滑竿、撞锤固定螺丝、撞锤推动杆、三爪加力板、旋转拉力杠、锥度拉力器、拉力转换头、压力轴承、撞击螺帽等部件组成。

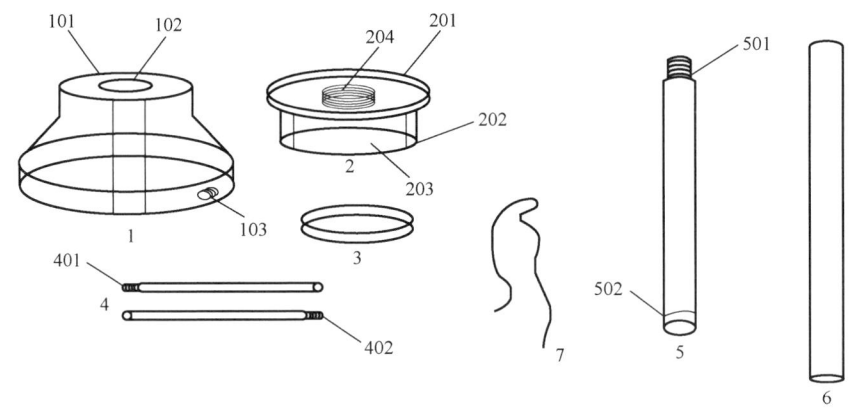

图3 工具组件

1—撞锤；101—锤撞击面；102—定位通孔；103—扶正螺栓孔；2—撞击筒；201—撞击筒撞击面；202—套入销子端；203—撞击筒内孔；204—定位螺栓孔；3—保护垫片；4—扶正杆；401—外螺纹1；402—外螺纹2；5—定位杆；501—定位杆外螺纹；502—保险环；6—保险杠；7—保险绳

为避免在撞击中造成曲柄销子损坏，首先需要制作一个防护垫来保护曲柄销子螺纹受损，设计一个2cm厚的与曲柄销子轴承端面大小一致的铝质垫片，将垫片放入撞击筒内，撞击筒套在曲柄销子上。

撞锤采用分体设计，既避免了质量过大、安装困难，又可以根据现场拆取曲柄销子的实际情况进行不同质量的组合，满足撞击力度的需求。

为保证撞锤在移动时滑竿始终保持水平，在滑竿末端加工凹槽，套入钢丝保险绳固定在悬挂杆上。为防止悬挂杆在操作过程中移动，在杆两端的螺母上安装定位销，用螺母来调节两曲柄的间距，可以适用于不同型号的游梁式抽油机。

曲柄销子取出工具的使用操作：卸下曲柄销子紧固螺母，将装好铝质保护垫片的撞击筒套在曲柄销子上，安装撞锤滑竿。

（1）安装撞锤滑竿，如图4所示。

图4　安装撞滑竿

（2）支撑好悬挂杆，安装定滑轮和保险绳，如图5所示。

图5　安装好悬挂装置

（3）组装好撞锤，撞击出曲柄销子，如图6所示。

图6　组装撞锤

2.曲柄销子衬套取出工具

衬套取出工具,由压力轴承、三爪加力板、拉力杆、锥度紧缩板等部件组成,如图7所示,利用螺杆的缩紧力取出衬套。

图7 衬套取出工具

曲柄销子衬套取出工具的使用操作:

(1)将锥度紧缩板贴紧衬套,拉力杆旋入锥度拉力,三爪顶在曲柄平面上,如图8所示。

图8 利用拉力杆取出衬套的操作过程

(2)旋转拉力杆,拽出衬套。如果螺纹力取不出衬套,可使用大锤敲击锥度紧缩板端面,如果力量还不够,可在锥度紧缩板端面上安装一个转换接头,用撞锤将衬套击出,如图9所示。

五、应用效果

抽油机曲柄销子及衬套组合工具研制成功后,已经在华北油田推广使用。传统方法取出曲柄销子及衬套,一般需要4~5名员工轮流用大锤砸击曲柄销子及衬套,平均需要3~4h,还容易砸坏曲柄销子螺纹和衬套,导致部分销子报废。采用新型曲柄销子及衬套取出工具后,每次取出曲柄销子及衬套只需

图 9　利用大锤敲击紧缩板端面取出衬套的操作过程

要 2 名员工,由于撞锤的平面和撞击盘的平面能够完全接触产生最大撞击力,1h 就能完成作业,既减轻了员工劳动强度,又提高了工作效率,消除了不安全隐患。该组合工具有通用性,能适用多种型号游梁式抽油机曲柄销子和衬套的更换。

1. 经济效益

工具研制成功后,更换 40 井次的曲柄销子及衬套,每井次节约工时 $4\times3-2\times1=10(h)$,参考单位外雇每工时 260 元,节约工时费:$260\times10\times40=10.4(万元)$,减少停井时间 $3-1=2(h)$,每吨原油均价 2400 元,单井日均产油 2t,增收原油价值:$2\times40\times2\times0.24\div24=1.6(万元)$,节省曲柄销子 8 个,每个销子 0.7 万元,减少销子费用:$0.7\times8=5.6(万元)$。工具成本:3000 元/套。累积创效:$10.4+1.6+5.6-0.3=17.3(万元)$

2. 社会效益

该工具制作简单,操作方便快捷,安全性高,降低了员工摔伤、扭伤、砸伤等事件的概率,降低了本项操作的安全风险。

六、技术创新点

将撞锤安装在滑竿上,用滑杆做导向,员工不必克服撞锤的重力,只需要施加水平的撞击力就能准确地击出目标,衬套拆卸工具与曲柄销子拆卸工具优化组合成为一套工具,结构简单携带方便,可任意组合,通用性强。该装置已获得实用新型专利(专利号:ZL201620023100.0)。

抽油井光杆断脱故障分析及对策实施

张 军　覃 勇　杨 鹏

(新疆油田陆梁油田作业区)

一、问题的提出

截至2018年末，石南21油田共有抽油井474口，占油井总数的94.4%。随着抽油井的日趋增多以及油井泵挂深度的逐渐增加，抽油井光杆断脱频次也随之增加，平均每年发生抽油井光杆上部断脱8井次，造成大量油气泄漏和严重的环境污染，增加了环保治理费用，成为油田安全生产的重大隐患。

二、故障现象

光杆断脱后，抽油机负荷异常，回压下降，对于安装自动化监控的抽油井，能够在中控室发现负荷异常报警，同时回压下降报警，井口出现大量油气从密封盒泄漏的现象。

生产现场，光杆断裂位置一般在光杆固定卡瓦下端面（光杆悬点位置）或向下100mm处负荷传感器下端面（图1）。

 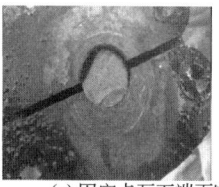 

(a) 固定卡瓦下端面断裂

 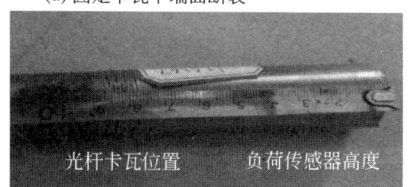

(b) 负荷传感器下端面断裂

图1　光杆断裂位置

三、故障原因

1. 疲劳破坏

由于载荷周期性反复变化，光杆因反复拉伸作用而产生应力疲劳。疲劳裂纹开始产生于表面应力高度集中的部位，随着运行次数的增加，逐渐沿径向方向扩展，承载面积逐渐缩小，当承载截面小到不足以承载时，就会突然被拉断（图2）。

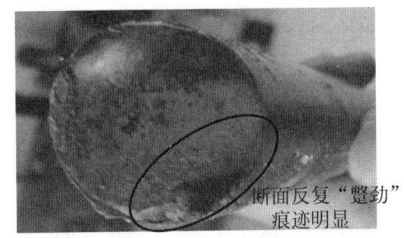 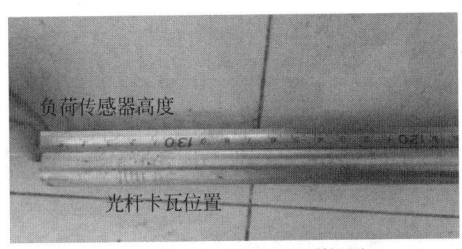

(a) SN6216井光杆断面　　　　　(b) SN6216井光杆断裂位置

图 2　SN6216井光杆断裂位置图

2. 光杆材质

SN6116井断脱前负荷、功图均正常（图3），光杆断面不平整，光杆断头化验报告分析光杆材料缺陷（非金属杂质超标）。

表1　SN6116　历史生产数据

日期	井号	生产时间	泵径	泵深 mm	冲程 mm	冲数	油压 MPa	套压 MPa	回压 MPa	日产液量 t	日产油量 t	日产气量 m³	含水 %	备注
2010-9-6	SN6116	24	38	1803.45	4.2	5	1.2	3	1.2	16.3	0.82	56	95	—
2010-9-7	SN6116	24	38	1803.45	4.2	5	1.36	3	1.36	16.3	0.82	56	95	
2010-9-8	SN6116	24	38	1803.45	4.2	5	1.37	3	1.37	16.3	0.82	56	95	—
2010-9-9	SN6116	22	38	1803.45	4.2	5	1.36	3	1.36	16.2	0.81	101	95	21：46 光杆断脱
2010-9-10	SN6116	18	38	1803.45	4.2	5	1.35	3	1.35	16.2	0.81	101	95	9：00—15：00 更换光杆

2016年9月26日SN6365井发现光杆断脱（图4），该井安装复式永磁电动机抽油机，无自动化监护。该井于2016年6月27日检泵后更换光杆，光杆寿命3个月。从光杆断面分析，断面不平整，也是典型的由于光杆材质造成的断裂。修井恢复时发现悬绳器上端面与光杆卡瓦下端面未座平，光杆受力

不均匀造成径向受力，也是导致光杆短期内发生断脱的原因之一。

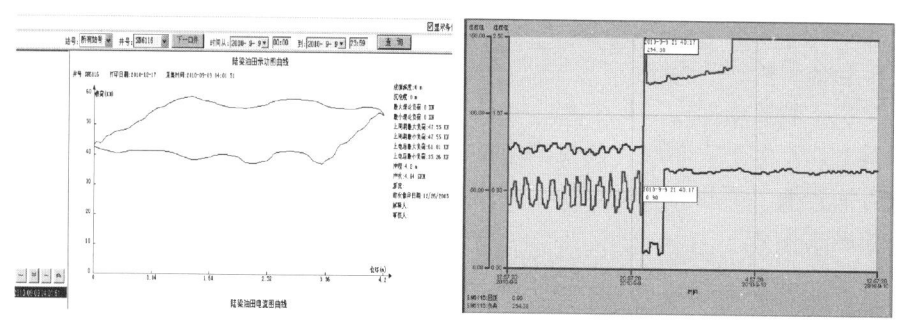

图3 SN6116井光杆断脱前后历史生产数据图

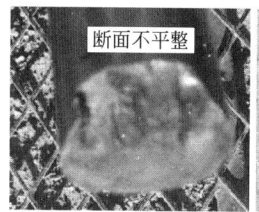 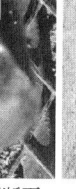 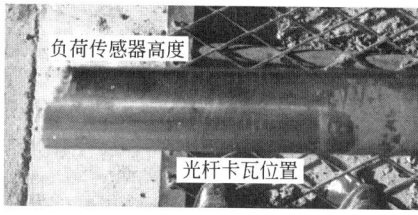 

(a) SN6365井光杆断面　　(b) SN6365井光杆断裂位置　　(c) SN6365井悬绳器不正

图4 SN6365井光杆断脱前后历史图片

3. 光杆方余

光杆方余是指最大冲程减最小冲程加本油田规定常数（防冲距）。光杆方余过长会造成抽油机上行程运行至接近上死点位置时，光杆接箍与驴头弧面发生碰撞，甚至"蹩劲"。以此往复运行，造成光杆悬点部位过早疲劳。

2017年，针对抽油井光杆方余过长造成的光杆碰驴头现象，石南21井区组织了普查，对314口连续生产的抽油井进行了现场调查核实（表2），并进行分析（图5）。

表2 抽油机光杆碰驴头调查分类分析统计表

序号	冲程 m	井数	光杆碰驴头井数	机械总公司 CYJSQ12-5-53HY	新疆第三机床厂 CYJQ12-5-53HY（Ⅱ）	光杆碰驴头井数占井数比例,%	备注
1	3	56	3	2	1	5.4	其中SN6560为8型机最大冲程
2	3.4	31	11		11	35.5	其中6口井光杆方余超过120cm

续表

序号	冲程 m	井数	光杆碰驴头井数	机械总公司 CYJSQ12-5-53HY	新疆第三机床厂 CYJQ12-5-53HY（Ⅱ）	光杆碰驴头井数占井数比例,%	备注
3	4	36	7	7		19.4	其中4口井光杆方余超过100cm
4	4.2	55	42		42	76.4	其中22口井光杆方余超过80cm
5	5	136	114	80	34	83.8	
合计		314	177	89	88	56.4	

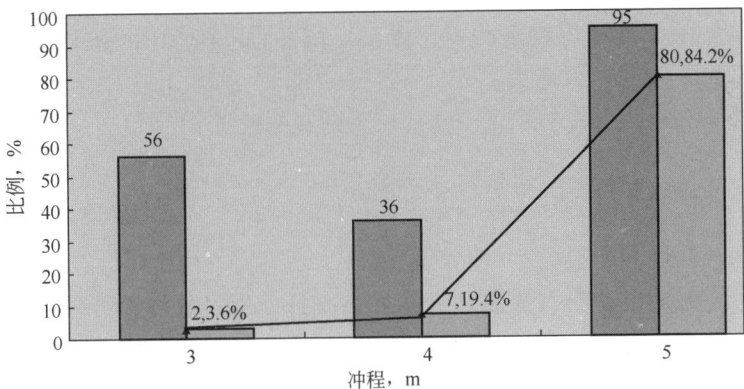

(a) 机械制造总公司CYJSQ12-5-53HY型抽油机光杆碰驴头井数与总井数对比图

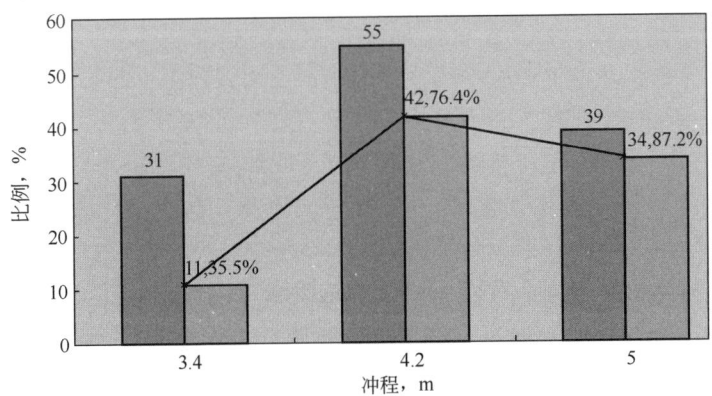

(b) 新疆第三机床厂CYJQ12-5-53HY(Ⅱ)型抽油机光杆碰驴头井数与总井数对比图

图5 抽油井光杆碰驴头调查分析图

数据分析说明：

（1）同一机型抽油井冲程越大，光杆碰驴头的井数占比也越高。

（2）光杆方余预留过长，抽油机上行程运行至接近上死点位置，光杆接箍与驴头弧面发生碰撞，固定卡瓦以上的光杆承受较大的径向推力，固定卡瓦以下的光杆承受 60kN 左右的轴向承载力，光杆固定卡瓦下端面或负荷传感器下端面形成支点，造成上部光杆受力外撇。以冲次每分钟 5 次计算，每天光杆反复运行 7200 次，造成光杆悬点位置过早疲劳，成为断脱的主要诱因。

4. 操作不当

悬绳器不水平或光杆固定卡瓦下端面不平整产生侧向应力，加剧了光杆卡瓦或负荷传感器下端面与悬绳器上端面出现"蹩劲"的现象，加速了光杆的疲劳断裂。

现场操作人员在校对防冲距、碰泵、调冲程、测功图等施工过程卸载、受力不平稳，使用扭力过大、光杆固定卡瓦打得过紧、使用不配套的卡牙等不当操作均会造成光杆的严重咬伤，成为断脱的隐患。

四、故障预防

1. 优化抽汲参数

从设计源头上着手，选取合适的抽油光杆，满足光杆疲劳强度极限的要求，做好井下抽汲参数与抽油杆柱的优化组合。长冲程、慢冲次可最大限度地减小惯性载荷，降低抽油机交变载荷。

2. 制定合理的清防蜡、防砂工艺

利用自动化监控，密切观察油井的生产动态，对于结蜡严重的油井，确定合理的清防蜡周期；对于出砂的油井，安装砂锚或防砂泵，减少因结蜡、出砂产生的光杆负荷增大现象，降低交变载荷，消除造成光杆断脱的因素。

3. 规范操作

合理确定光杆方余，优选合适的抽油杆短接，缩短固定卡瓦以上光杆长度，防止光杆碰剐驴头造成的光杆"蹩劲"现象，预防光杆悬点位置过早疲劳。

抽油机与井口装置安装规范，保证悬绳器水平并与光杆垂直对正、光杆固定卡瓦及负荷传感器下端面平整。避免操作不当、扭力过大、光杆固定卡瓦打得过紧损伤光杆的现象发生，卸载、吃载时应保持平稳，减轻对光杆的损伤。

对于下泵较深、负载较高，最大载荷大于 80kN 的抽油井，定期调整光杆固定卡瓦位置，防止应力集中造成的疲劳断脱。

4.安装防脱备卡

1)悬绳器下方打备卡

根据光杆断裂位置规律,在距悬器下方安装光杆防脱备卡是最经济、最有效的措施。为保证现场安全操作,安装光杆防脱备卡的抽油井在驴头下死点位置时,密封盒与悬绳器之间应有400mm以上安全距离(图6)。

图6 悬绳器下方备卡

2)采用双卡瓦悬绳器

在悬绳器上、下盘之间安装第二级光杆固定卡瓦,光杆断裂后中控室可实时监控到负荷异常报警,二级光杆固定卡瓦承接负荷,悬绳器下盘与二级光杆固定卡瓦带动光杆继续运动,保证抽油机正常运转,有效解决光杆断脱停井及次生事故。将现有的悬绳器改造为双卡瓦悬绳器,只需加工制作一套悬绳器中间支撑座,并加长原有的悬绳器顶丝即可(图7)。

图7 双卡瓦悬绳器

5.安装井口防喷装置

1)密封盒防喷装置

设计加工与井口密封盒匹配的自动防喷装置,光杆断脱后,能够实现自动密封,预防油气泄漏导致的环境污染。密封盒防喷装置主要由壳体、手柄、接头、接头螺纹、阀孔、丝堵孔、光杆孔、阀球、弹簧、阀孔丝堵组成(图8)。

2)嵌入式翻板防喷器

设计加工与井口胶皮阀门和密封盒连接端直径相匹配的防喷装置,嵌入安装在胶皮阀门阀芯之上的环形空间内。正常状况下,光杆上下往复运动,光杆与滚轴接触滑滚;发生光杆断脱时,密封翻板在弹簧推动和井筒内气液压力的顶托作用下与圆柱环斜面触合,密封光杆让出的通道实现防喷(图9)。

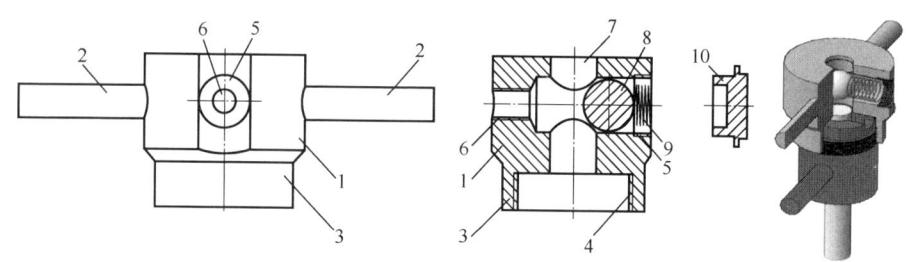

图 8　密封盒防喷装置结构

1—壳体；2—手柄；3—接头；4—接头螺纹；5—阀孔；6—丝堵孔；7—光杆孔；
8—阀球；9—弹簧；10—阀孔丝堵

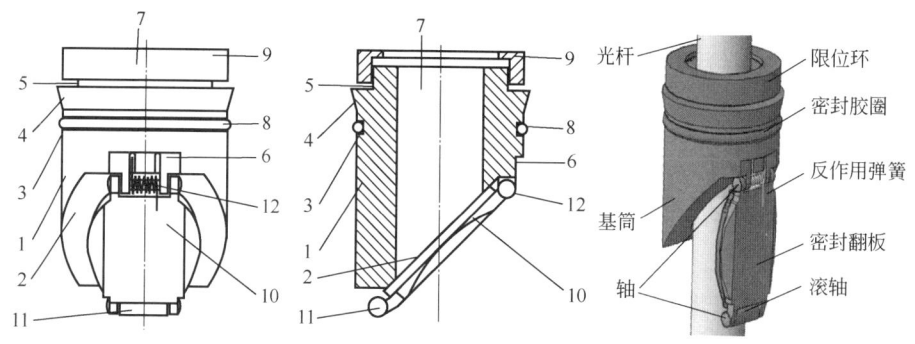

图 9　抽油井井口嵌入式翻板防喷器结构

1—基筒；2—圆柱环斜面；3—密封环槽；4—锥台；5—螺纹环；6—侧平台；7—光杆孔；
8—密封胶圈；9—限位环；10—密封翻板；11—滚轴；12—反作用弹簧

五、应用效果

1. 现场应用

2016—2017 年，陆梁油田针对抽油井光杆断脱造成的环境污染问题进行了综合治理。做好抽汲参数设计，保留合理的光杆方余，光杆方余不超过 500mm。生产过程中优选长冲程、慢冲次，并制定合理的清防蜡、防砂工艺。加强现场管理，确保抽油机基础水平、悬绳器水平及光杆对中度，从源头上遏制光杆断脱的发生。

针对无自动化监控和光杆方余过长碰驴头的抽油井，安装光杆防脱备卡，共计 132 口。已成功预防 3 口井光杆断裂后脱入井筒，发生光杆断脱的 3 口井均存在光杆方余过长碰驴头较为严重的问题（图 10）。

(a) Y1037光杆断脱现场　　(b) LU2076光杆断脱现场　　(c) SN6036光杆断脱现场

图10　光杆防脱备卡发挥作用

2. 井口防喷装置现场实验

分别在3口井修井、完井前进行现场实验，经过多次改进完善后达到设计要求。目前在LU2058井安装一套密封盒防喷装置，SN6088井和SN6217井安装井口嵌入式翻板防喷器，进行试验效果追踪（图11）。

(a) 密封盒防喷装置实验　　(b) 嵌入式翻板防喷器实验　　(c) 密封盒防喷装置安装使用效果

图11　井口防喷装置现场实验及安装

井口防喷装置适用于压力系数高、有自喷能力，驴头运行至下死点时悬绳器与密封盒之间安全距离小于400mm，不具备安装光杆防脱备卡的井。

3. 经济效益

经过综合治理，光杆断脱井的频次大幅下降。安装光杆防脱备卡已成功预防3口井光杆断脱后造成的井口油气泄漏污染事件，预防原油落地18t，混合液落地42t，减少含油污泥处置超过400t，每吨污泥处置费用500元，直接经济效益34.2万元。

4. 社会效益

大幅减少现场员工劳动强度及治污费用，形成一套抽油光杆断脱综合治理方案。

六、技术创新点

缩短光杆方余,防止光杆碰驴头现象,有效预防光杆疲劳断裂。利用自动化实时监控,采用光杆防脱备卡、双卡瓦悬绳器及井口防喷装置等综合措施,是解决光杆断裂脱入井筒发生油气泄漏造成大面环境污染的有效手段。应根据井况不同采取相应的技术手段,达到综合整理的效果,该项成果先后获得3项实用新型专利。

抽油井光杆密封器格兰故障及处理

陈其亮　闫　成　蔡婷婷

（新疆油田采油二厂）

一、问题的提出

抽油井光杆密封器是常见的井口装置，光杆密封器格兰的作用是通过旋紧压帽带动挤压密封填料，配合光杆密封井口。目前采油二厂普遍使用的光杆密封器格兰材质主要为胶木材质。格兰损坏后，光杆密封器密封失效必须进行更换，操作过程烦琐、更换时间长、费用高，影响油井正常生产。

二、故障现象

光杆密封器格兰开裂损坏后，不能有效挤压密封填料密封井口，使井内原油流出井口造成污染（如图1）。

(a) 损坏格兰

(b) 正常格兰

图1　光杆密封器格兰

三、故障原因

1. 格兰易损坏的原因

（1）材质强度低：胶木材质的光杆密封器格兰强度低，受长期挤压及液体浸泡原因,易造成开裂损坏。

(2)取出方式困难:因井口偏磨等原因,格兰在填料函中不易取出,员工用管钳"咬"或榔头"敲"将格兰取出或装入,造成格兰损坏。

2.更换时间长的原因

因格兰结构为整圆,更换时,必须卸掉井口密封器压帽、悬绳器等,从光杆顶部"套"入光杆。施工工序烦琐、存在安全隐患,更换时间 45min 以上。

3.更换人员多、费用高的原因

更换过程需要吊车等特种车辆配合施工,配备操作人员 3 人以上。

四、故障处理

设计思路:采用"分体对接",即将整圆的格兰分成两个半圆,材质选用铜质或铁质,两边用螺栓加以固定(图2)。当需要更换格兰时,可将格兰分开,从侧面套入光杆后,再用螺栓将两边固定即可,由一人在井口直接更换,不需要多人及特种车辆配合,用时 10min(图3)。

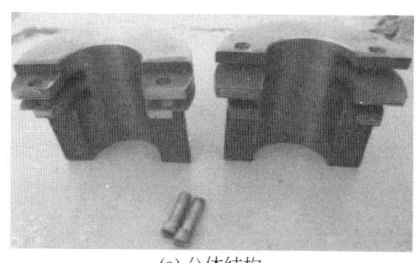 

(a) 分体结构　　　　　　　　(b) 整体结构

图 2　新格兰对比

图 3　现场安装图

五、应用效果

1. 经济效益

年更换格兰 10 井次，节约时间 196.2h，合计增油 20.8t。

增油效益：20.8t×0.15(万元)/t=3.12(万元)。

格兰制作成本费：0.2 万元

作业更换费用：1.75 万元。

年效益：3.12+1.75-0.2=4.67(万元)。

2. 社会效益

"分体式对接"光杆密封器格兰结构合理、安全可靠、操作方便、更换时间短，提高油井生产时率。

六、技术创新点

新型格兰将原整圆格兰分成两个半圆，两边用螺栓固定，选用铜质或钢质材料制作，增强抗压性，维修更换便捷。该装置已获国家实用新型专利(专利号：ZL201320517283.8)。

抽油井光杆密封器故障分析与改进

张 军 杨 鹏 姚经宇

（新疆油田陆梁油田作业区）

一、问题的提出

新疆油田生产现场使用的抽油井口密封装置主要有添加胶皮密封填料的光杆密封器（普通密封盒）与添加橡胶皮带的节能型光杆密封器两种类型，以胶皮或橡胶皮带为填料，平均更换周期一般在 5~20d 左右。更换填料过程中操作烦琐，密封效果因井状不同差异较大，间出干磨井、高含水井的更换周期大幅缩短，时常出现井口油气泄漏现象。常规光杆密封器不具备光杆断脱后的自动防喷功能，时而发生光杆断脱造成井口密封失效导致的油气泄漏。

二、故障现象

1. 无光杆断脱自动防喷装置

油田生产现场有时会发生光杆断裂脱入井筒故障，光杆脱入井筒后井口密封失效，造成井筒内的油气或集油汇管内的油气通过光杆让出的通道从井口喷溢导致井场污染。虽然是小概率事件，但造成的后果十分严重。现场采取在悬绳器与光杆密封器之间的光杆上安装防喷备卡的方式预防光杆断脱造成的油气泄漏，但由于抽油机底座高度、井口高度、悬绳器长度以及冲程等方面因素影响，部分抽油井在驴头下死点位置时，光杆密封器上端面与悬绳器下端面安全距离不足 400mm，无法安装光杆防脱备卡。

2. 有效密封周期短

普通光杆密封器采用胶皮密封，平均更换周期一般在 3~15d；节能型光杆密封器采用橡胶皮带密封，平均更换周期一般在 5~30d；两种常规光杆密封器的平均更换周期一般为 5~20d。一些间出干磨井、高含水井的更换周期大幅缩短，甚至一日一换，现场员工更换密封填料、环保治理工作量较大，劳动强度较高。

3.更换填料操作烦琐

更换填料时必须将抽油机停在接近下死点位置,通过"卸""挂""掏""压""紧"等步骤完成操作,为此一线员工发明了各种各样的辅助用具,更换一次填料一般需要 30min 以上时间。

三、故障原因

常规光杆密封器不具备光杆断脱后的自动防喷功能,不符合安全环保与精细管理的要求。

普通光杆密封器的结构比较简单,主要由调偏法兰、填料室、压盖、压帽等组成(图1),其密封填料以单个的胶皮密封填料为主,也有塔式整体胶皮密封填料。实践证明,普通光杆密封器适用于产量稳定,不间出、不干磨的中、低含水井。

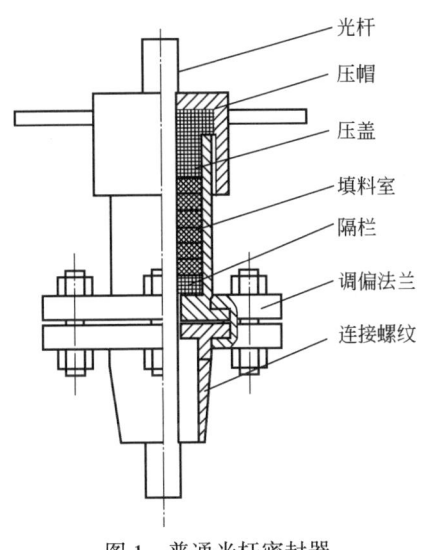

图 1 普通光杆密封器

节能型光杆密封器是一种添加橡胶皮带的抽油井口密封装置。其结构主要由调偏机构、填料室、皮带旋进压盖、压帽等组成(图2),其密封填料以单根的橡胶皮带为主,也有用其他材料替代的。经过近 20 年实践验证,节能型光杆密封器适用于产量较为稳定,间出、干磨不严重的中、高含水井。

现场员工在紧光杆密封器压帽时多采用加力杠,很少考虑密封填料的松紧对抽油井系统效率的影响,多数情况下密封填料过紧,光杆与填料的摩擦增大、磨损加巨,遇到抽油井间出造成光杆与填料干磨迅速老化失去密封性能。这是光杆密封器泄漏油气、填料更换周期短的一个重要原因。

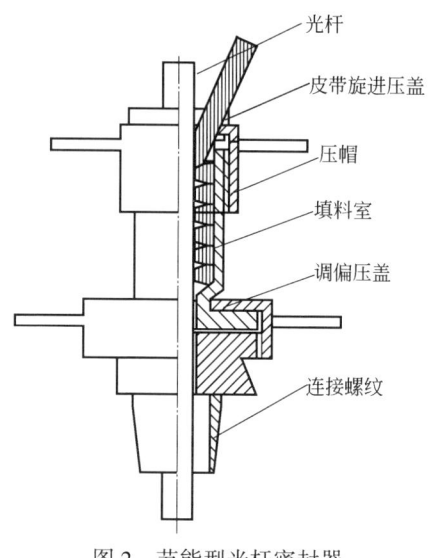

图 2　节能型光杆密封器

四、改进措施

针对常规光杆密封器存在的问题，经过近 3 年研究设计、改进完善，研制出一种具备光杆断脱自动防喷功效，利用注料枪填加密封填料，自动压紧密封填料的防喷自压式光杆密封器。

1. 结构

自压式光杆密封器主要由副压盖、弹簧、弹簧隔栏、主压盖、主压盖隔栏、填料室、填料丝堵、密封填料、填料室底隔栏、调偏法兰、调偏压盖、偏心胶垫、底座、底座隔栏、带孔隔板、防喷球室、防喷球、底座管螺纹等部件组成（图 3）。

密封填料由废旧橡胶颗粒、石墨粉、锂基润滑脂按比例混合而成，耐油、耐磨、耐高温，粒径 2~6mm，塑料桶罐包装，桶罐直径略小于注料枪的填料管直径，便于往注料枪内充填填料。填料由注料枪通过填料丝堵口挤入填料室。注料枪由枪头端盖、填料管、活塞、后端盖、顶丝杆组成（图 4）。

2. 特点

防喷自压式光杆密封器实现了更换或添加填料不再掏取废旧密封填料，操作便利，避免了原材料浪费和环境污染。填料更换周期内不再需要人工旋紧光杆密封器压盖操作，由弹簧自动压紧压实密封填料。

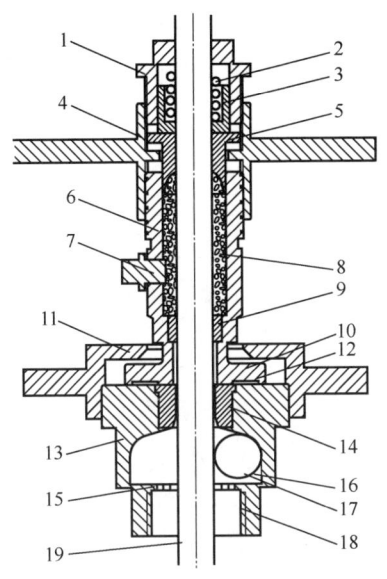

图 3　防喷自压式光杆密封器

1—副压盖；2—弹簧；3—弹簧隔栏；4—主压盖；5—主压盖隔栏；6—填料室；7—填料丝堵；8—密封填料；9—填料室底隔栏；10—调偏法兰；11—调偏压盖；12—偏心胶垫；13—底座；14—底座隔栏；15—带孔隔板；16—防喷球室；17—防喷球；18—底座管螺纹

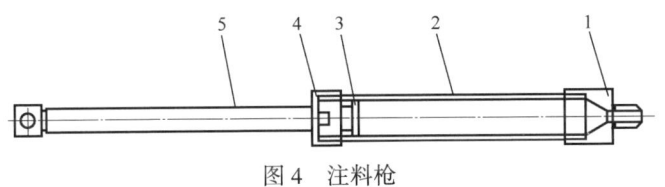

图 4　注料枪

1—枪头端盖；2—填料管；3—活塞；4—后端盖；5—顶丝杆

在光杆断裂落入井筒的瞬间，井筒内的气液通过带孔隔板上的孔道涌入防喷球室，防喷球在气液压力和浮力的顶托作用下封堵光杆让出的通道，实现防喷功能，避免大量油气泄漏导致环境污染。

该装置适用于间出干磨、高含水、光杆腐蚀的抽油井，石墨颗粒对于光杆有一定的防腐保护作用。

五、应用效果

1. 有效密封周期

选取陆梁油田石南 21 井区两口抽油井进行现场试验（表 1），追踪效果。

表1 防喷自压式光杆密封器安装井号试验效果

序号	井号	产液量 t/d	含水量 %	产气量 m³	安装时间	前期填料更换周期 d	安装后填料更换周期 d	备注
1	SN6885	32	96	372	2018.9.10	5	152	高含水井光杆腐蚀
2	SN6280	7.6	31	4652	2018.10.3	3	46	间出干磨

使用防喷自压式光杆密封器后，填料更换周期分别由5d延长至152d、3d延长至46d。

图5 防喷自压式光杆密封器

2.更换填料操作简便

防喷自压式光杆密封器更换填料时将抽油机停在任意位置，通过"松""注"两个步骤轻松完成操作。避免了常规光杆密封器更换填料时必须遵循的"卸""挂""掏""压""紧"等操作步骤。操作时间也由原来的30min减少至15min左右，提高了现场员工的工作效率和抽油井时率。

3.经济效益

1）密封填料材料费用

普通光杆密封器：一组胶皮密封填料7只，每只5元，以最长的密封周期15d测算，每口抽油井每年需要更换24次。每年的胶皮密封填料材料费用为840元。

节能型光杆密封器：一根专用的0.9m橡胶皮带，每根30元，以最长的密封周期 30d 测算,每口抽油井每年需要更换 12 次。每年的专用橡胶皮带材料费用为 360 元。

防喷自压式光杆密封器：一袋颗粒料 500 克,每袋 50 元,以目前最长的密封周期 152d 测算,每口抽油井每年需要更换 2.4 次。每年的密封填料材料费用为 120 元。

2) 提高开井时率

常规光杆密封器更换填料操作时间 30min 以上,防喷自压式光杆密封器加注填料 15min,每次更换填料可节约 15min 以上。使用防喷自压式光杆密封器每口抽油井每年可提高开井时率 12h 以上。

六、技术创新点

防喷自压式光杆密封器具备光杆断脱自动防喷功能,采用颗粒密封填料替代橡胶成品或皮带密封填料,利用注料枪添加的方式改变原有的密封填料更换方式,通过"松""注"两个步骤轻松完成操作。

抽油井光杆碰驴头故障与处理

王新期

(新疆油田采油二厂)

一、问题的提出

抽油机在上、下运行过程中,光杆备帽与抽油机驴头圆弧边缘相碰,造成光杆备帽自行转动,出现退扣和松动的现象,导致备帽掉落,容易对人造成伤害。在下行过程中遇到卡泵时,就会造成光杆备帽与驴头压盘相碰,导致光杆被碰弯曲。

二、故障现象

光杆被碰弯曲后(图1),影响抽油机井正常生产,造成油气泄漏,污染环境,需要更换光杆,缩短了光杆的使用周期。

图1 光杆碰弯现场

备帽掉落后,保温箱会被砸出小坑,损坏了保温箱的完整性,备帽在掉落过程中，对巡检人员造成了不安全因素。备帽脱落（图2）的同时，若光杆卡子同时失效，会造成光杆的滑脱，掉落井筒，造成井口油气泄漏，形成污染。

图2　备帽脱扣

对作业区抽油井井口进行不安全因素评价时，发现光杆备帽存在安全隐患问题，并对200口抽油井进行了调查，光杆备帽存在问题的井占20%。其中：光杆弯曲变形15井次，占调查井数的7.5%；光杆备帽脱落40井次，占调查井数的12.5%，如表1所示。

表1　光杆备帽存在问题统计表

调查项目	光杆弯曲变形	光杆备帽脱落	合计
井次	15	25	40
占调查井的比例,%	7.5	12.5	20

三、故障原因

（1）当抽油机在正常运转过程中，遇到卡阻时，光杆备帽顶端与驴头的压盘相碰，撞击力度大，造成光杆弯曲。

（2）光杆与驴头发生碰撞后，光杆备帽自行松动，加上抽油机振动、备帽没有固定螺丝等原因，就会造成光杆备帽在抽油机运转过程中出现退扣松动掉落现象。备帽掉落的同时，若光杆卡子未上紧，会造成光杆滑脱落入井筒，造成井口油气泄漏。

四、故障处理

1. 故障处理思路一

原光杆备帽的顶部为平面，当其与悬绳器压盘撞击时，为面与点的接触，撞击力度大，在反作用力下，会造成光杆备帽退扣和光杆弯曲变形。基于这种现状，把光杆备帽的顶部做成半圆形状，并且这是一种半圆形"蘑菇头"，可以转动，保证光杆备帽不松动，将平顶改变为弧顶，这样光杆备帽与悬绳器压盘的接触就变成点与点的接触，接触前后的导向发生了根本性变化，减少了摩擦力与撞击力（图3）。

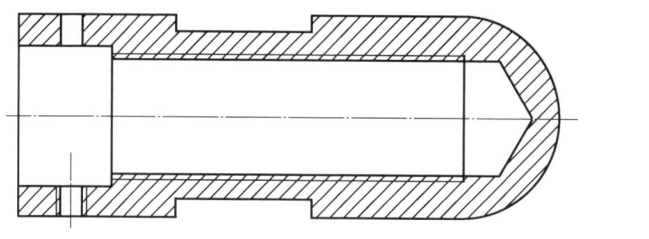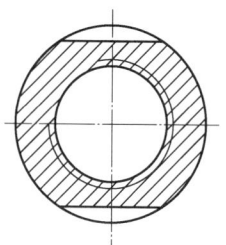

图3 "蘑菇头"式光杆备帽设计图

2. 故障处理思路二

针对光杆备帽的退扣掉落现象，在光杆备帽的底部开一个可以上螺钉的小孔，利用光杆本身的结构特点，用螺钉将光杆备帽固定在光杆顶部螺纹下方的凹槽内（如图4），在不改变光杆备帽作用的情况下，同时起到固定和防止光杆备帽退扣的作用。

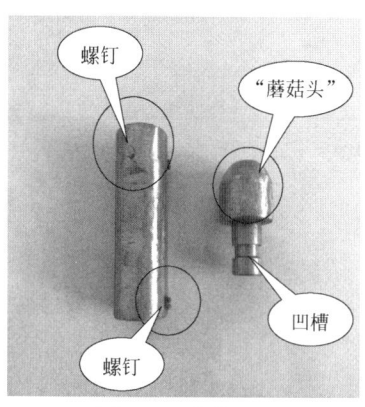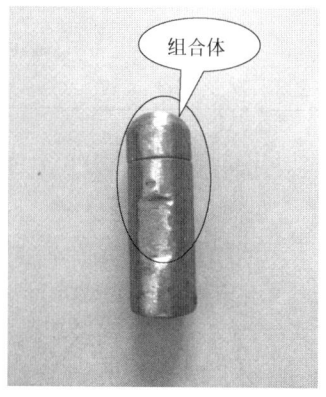

图4 "蘑菇头"式的光杆备帽加工出来的实物图

3.现场应用

"蘑菇头"式光杆备帽在2口井上进行了安装应用,如图5所示。对现场使用情况进行了验证(表2)。

表2 "蘑菇头"式的光杆备帽现场安装及使用情况

站号	井号	安装时间	现场使用情况
6004	白009	2018.6.16	在使用过程中,经过反复验证,没有出现光杆备帽脱扣掉落、光杆弯曲变形现象
6018	7517	2018.6.16	

图5 "蘑菇头"光杆备帽现场安装图

五、应用效果

1.经济效益

相继在10井加装了"蘑菇头"光杆备帽,节约了光杆材料费2万元,减少更换光杆所需的占产时间影响油量10t。

2.社会效益

"蘑菇头"式光杆备帽解决了光杆备帽的碰弯、退扣、掉落现象,消除了安全隐患。

六、技术创新点

"蘑菇头"式光杆备帽将以往的平顶改变为弧顶，改变过去光杆备帽与驴头面与点的相碰为点与点的接触，当光杆备帽与驴头的圆弧顶面发生碰撞时，备帽上端的"蘑菇头"会自行转动，不影响光杆备帽的紧固。备帽下端的紧固螺钉，保障备帽不会出现脱扣松动的现象。

稠油两用泵故障原因及对策

寇秀玲

(新疆油田重油开发公司)

一、问题的提出

抽油泵是有杆泵机械采油的一种专用设备,依靠抽油杆来传递抽油机动力,将原油抽出地面。重油开发公司使用的抽油泵主要以管式泵为主,占在用抽油泵的80%左右。油井井下作业频繁,小修转注、转抽措施量大,修井成本居高不下。因此,近几年在稠油井现场大规模应用了两用泵,通过两用泵的应用,大大缩短了油井的待抽时间,有效降低蒸汽热损失,保障高温高效期油井产能贡献率,同时有效降低了油井井下作业频率,节约了修井成本。但在应用中,出现卡泵现象频繁、部分油井两用泵工作泵效偏低等问题,影响了油井的正常生产。

二、故障现象

目前现场使用的两用泵泵型主要有长柱塞泵、双进油重球泵和反馈泵(表1)。

表1 现场在用的两用泵泵型统计表

泵型		泵径,mm	生产单位
长柱塞泵	长柱塞注采泵	44、57、70	弘阳
	长柱塞低摩阻注采泵	44、57、70	坤隆
双进油重球泵		44、57、70	弘邦
反馈泵	大流道偏心反馈泵	57/38(42)、70/44	胜利
	调偏式液力反馈泵	57/38(42)、70/44	弘邦
	液力偏心反馈泵	57/38(42)、70/44	坤隆

在两用泵应用中,部分油井启抽前容易形成气锁,油井检泵作业频繁,

因泵卡未完成挂抽54井次，所占比例达到9%（表2），影响了油井的正常生产。

表2　不同两用泵泵型挂抽作业中卡泵现象统计表

泵型	挂抽井次	完成挂抽井次	泵卡未完成挂抽井次	所占比例%
反馈泵	251	213	38	15.1
长柱塞注采泵	181	172	9	5
双进油重球泵	165	158	7	4.4
合计	597	543	54	9

三、故障原因

1. 两用泵特点

1）实现注采一体化

长柱塞泵和双进油重球泵：上提柱塞封堵注汽孔，实现抽油模式；下放柱塞露出注汽孔，实现注汽模式。轻度出砂、不含气（汽）的油井或油藏优先选用长柱塞泵；原油黏度较高、流体流动性较差，高含气（汽）的油井或油藏优先选用双进油重球泵。

反馈泵：下放柱塞封堵注汽通道，实现抽油模式；上提柱塞露出注汽通道，实现注汽模式。原油黏度高、流体流动性差、轻度出砂的油井或油藏可以优先选用反馈泵，但出砂严重的油井或油藏不适宜使用反馈泵。

2）注汽、启抽环节操作比较简便

提高措施及时率，保障高温期油井产能发挥；降低井下作业频率，节约井下作业成本。

2. 原因分析

（1）相同压力系统中注汽偏流现象严重，影响油井注汽效果。主要原因：地质条件差异性大，注汽方式不同、注汽通道存在一定的差异，容易造成高压流体"二次节流"现象。

（2）部分两用泵油井检泵频繁，影响油井正常生产。

① 挂抽作业中卡泵现象频繁。主要原因：注汽过程中容易造成泵筒内部、柱塞外部结垢；自喷后期，随着温度、压力不断下降，油管内部液体无法流动，携带的砂粒、杂物落入泵筒，造成卡泵现象。

② 超稠油、出砂严重区域检泵频繁。主要原因：油井原油黏度高、出砂严重；注汽过程中造成柱塞及泵筒发生变形、失圆或腐蚀等现象，影响工作泵效。

(3) 部分油井两用泵工作泵效偏低,影响油井正常生产。

① 启抽前期容易形成"气锁"现象,影响两用泵工作泵效。主要原因:地层能量充足,注入蒸汽未被完全吸收,油井含气(汽)量高;两用泵自身结构特点,预留气体自由压缩的空间较大,例如:长柱塞泵。

② 防冲距要求严格,容易造成调节不到位,影响两用泵工作泵效。主要原因:当两用泵防冲距调节不到位时,两用泵工作至下死点时,注汽孔未完全封堵,井筒内部液体不断发生泄漏,导致两用泵无效工作,例如:双进油重球泵或长柱塞泵。

四、对策措施

1. 解决注汽偏流严重现象

(1) 避免油井地质条件差异性较大的油井同时开展注汽。

(2) 不同油井选择相同的注汽方式开展注汽,例如:两用泵注汽方式或光油管注汽方式。

(3) 安装可调式油嘴套(图1),及时跟踪、调控油井注汽偏流现象,使不同油井注汽效果达到均衡。

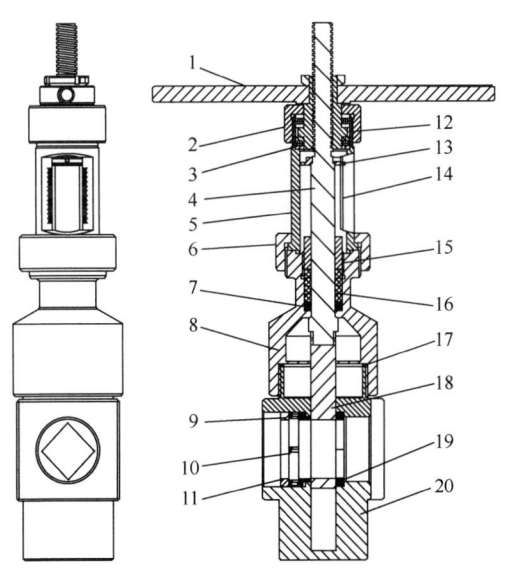

图1 KYR型可调式油嘴套结构图

1—手柄;2—压帽;3—推力轴承;4—阀杆;5—支架;6—连接帽;7—填料垫;8—阀帽;9—压簧压帽;10—压簧;11—浮动密封圈;12—阀杆螺母;13—指针;14—刻度牌;15—填料压帽;16—柔性石墨;17—铜垫;18—闸板;19—固定密封圈;20—阀体

2.减少两用泵油井检泵频率

（1）两用泵启抽受阻时，可实施多次作业，使柱塞在泵筒内上下活动，刮掉泵筒内部、柱塞外部的污垢，确保柱塞顺利上提、下放。

（2）两用泵与井口防喷装置配套使用（图2），把握好启抽时机，尽可能在井口温度保持在70~90℃时对油井实施启抽作业，对部分由于油稠泵卡的油井进行伴热清扫并及时启抽。

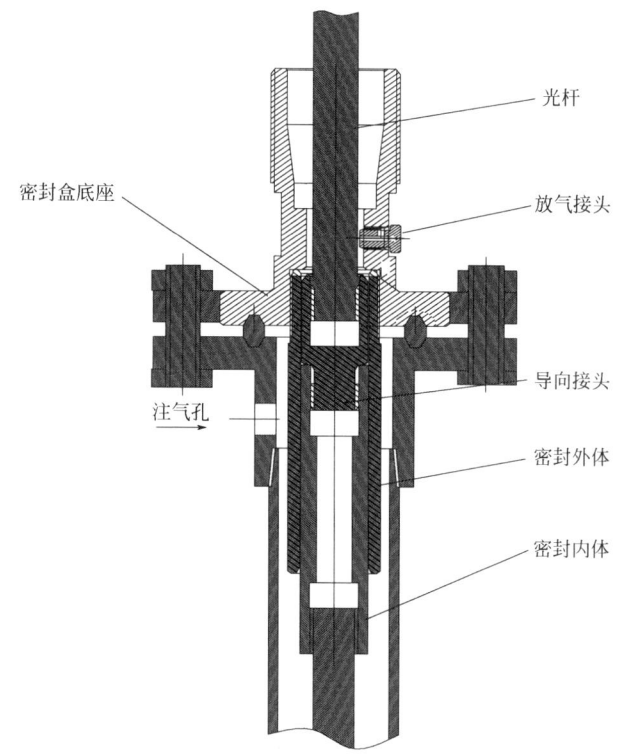

图2 井口防喷装置结构图

（3）根据油藏特点，选择合理的两用泵泵型。

（4）两用泵尽量在油井检泵或转抽中下入，不仅保障前期生产效果，还能延长两用泵使用周期，提高油井生产效果。

3.提高油井两用泵工作泵效

（1）油井及时安装放汽阀，启抽前期加强跟踪管理，针对含气（汽）量高的油井或油藏选择合理的两用泵泵型，例如：双进油重球泵或反馈泵。

（2）制定、完善两用泵使用管理制度，加强两用泵跟踪管理，不定期检查两用泵的工作状态，严格遵守两用泵的使用要求（表3），强化两用泵挖潜措施，确保两用泵使用的有效性。

表3 两用泵防冲距要求

泵型	防冲距，m
反馈泵	0.1~0.3
长柱塞注采泵	1.0~1.5
双进油重球泵	1.0~1.5

五、应用效果

（1）减少检泵频率，提高挂抽及时率，节约修井成本。通过采取以上措施，使年单井井下作业频率由1.53井次下降至1.32井次，油井提注、挂抽及时率达到91%，节约井下作业成本736.68万元。

（2）提高两用泵泵效，使两用泵平均泵效由20.8%上升到22.4%，提高了油井的生产水平（表4），增油4280t。

表4 两用泵泵效情况统计表

泵　　型		平均泵效，%	产液水平，t/d
长柱塞泵	φ44/57mm	23.2	7.3
双进油重球泵	φ44/57mm	22.5	8.0
反馈泵	φ57/38mm	21.4	6.8
平　　均		22.4	7.4

六、技术创新点

通过安装可调式油嘴套、井口配套使用防喷装置，攻克了原有的技术缺陷，有效提高了两用泵的工作泵效，明显降低油井井下作业频率。

储罐浮标装置常见故障处理

何新飞　叶长新　黄立新

（新疆油田百口泉采油厂）

一、问题的提出

由于玛湖油田单井采用 60m³ 单罐进行储油。储油罐量油装置因钢丝绳腐蚀、摆动、扭转等造成单罐液位计连接浮筒的钢丝绳断脱，使量油装置不能正常使用，只能依靠巡检工爬罐进行量油操作，存在安全隐患，是亟待解决的问题。

二、故障现象

玛湖作业区现有储油罐 14 座，全部采用储罐浮标装置。储罐浮标装置由液位计浮标、浮筒、导向滑轮、钢丝绳和刻度尺等组成。由于使用频繁出现以下问题：

（1）浮筒顶部连接钢丝绳与浮筒脱开，导致浮标装置失效，维修难度大。

（2）因大风或液面波动的影响，容易使储罐液位计浮标脱出轨道，造成液位计读数失真。

（3）导向轮受尘土影响，转动不灵活，容易跳槽。

三、故障原因

（1）储罐浮标装置浮筒易被油气腐蚀，使浮筒内进液导致浮力下降，浮筒与钢丝绳脱离后沉到罐底，不易打捞。

（2）钢丝绳选用不合格，使用直径 2mm 的钢丝绳，其强度低、抗变形能力弱，不具备耐腐蚀性和耐磨性。

四、故障处理

通过现场调查,研制新型可捞式浮筒浮标装置(图1、图2、图3),其设计方案如下:

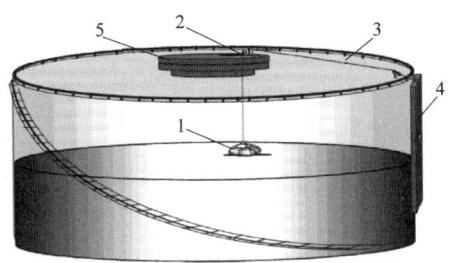

图1 储罐浮标装置零部件图

1—浮筒;2—固定导向滑轮;3—钢丝绳;4—液位计;5—孔盖

图2 储罐浮标装置零部件实际图

1—浮筒;2—固定导向滑轮

(a) 安装前　　　　　　　(b) 安装后

图3 储罐浮标装置现场安装对比图

（1）储油罐顶部孔盖采用厚度 10mm 的钢板，钢板中心开 ϕ3mm 圆孔，钢板两侧各开宽 10mm、长 50mm 通槽，便于拆装。

（2）将浮标滑轮固定在罐顶孔盖。

（3）改变原来的单浮筒为三球式浮筒，选用 3 个 ϕ350mm 球形浮筒，固定在环形支架上，形成长 650~750mm、宽 150~200mm 的三球式浮筒，在浮筒两侧焊有导向环，起导向作用。

（4）更换为 ϕ5mm 的钢丝绳，增强其抗磨性。

三球式浮筒具备以下特性：

（1）三角形浮筒在液面上的稳定性好，可以减少浮筒和浮标尺的刻度误差，便于准确计量。

（2）浮筒环将浮筒固定在钢丝绳上做上下往复滑动，防止浮筒摆动。

（3）钢板两头开槽适用于生产现场不同直径孔盖。出现浮筒钢丝绳断脱时，便于拆卸打捞浮筒。

五、应用效果

储油罐新浮标装置的使用，降低了浮标故障率，减少操作员工的劳动强度，提高安全系数。

1. 经济效益

新浮标装置生产成本为 850 元，共制件 14 套，合计成本 11900 元。

按全年更换 32 井次计算，平均更换时间为 3h，平均单产约 26m^3/d，含水约 15%，本单位原油操作成本 300 元。

更换成本 =（32×3）÷24×[26×（1-15%）]×300 = 26520 元

增效 = 26520-11900 = 14620 元

2. 社会效益

三球浮标装置增加浮力，提高了计量准确性。

六、技术创新点

储油罐顶部孔盖改为可拆装式，适用于不同直径罐口。采用三球式浮筒提高了计量准确性，通过增设浮筒环可避免浮筒撞击罐壁。

单螺杆泵定子脱胶故障与处理

陈 伟 张 辉 肉孜麦麦提·巴克

(新疆油田重油开发公司)

一、问题的提出

稠油生产中,依靠单螺杆泵增压将储罐液体输送到集输联合站。采油作业三区现有输油泵 206 台,主要泵型有 QGB380.2、QGB380.3、QGB750.3。作业区每年平均更换螺杆泵定子 120 多套,其中有脱胶现象的 60 多个,占比 50%以上。在处理故障时,通常需要 4 人,用时 5h 以上,费时费力、效率低,安全风险高。

二、故障现象

稠油在热力开采过程中,采出液温度高,因此输油泵长期处于高温运行,当输液温度高于定子承受温度,橡胶衬里的物理性能被破坏,橡胶变脆脱落(图1),严重时堵塞进料口,导致单螺杆泵运行时出现强烈振动,排量骤降,影响采油计量站安全运行。

图 1 螺杆泵定子脱胶前后对比图

单螺杆泵定子脱胶后，胶皮在转子高速旋转下，强力挤压进入进料口，卡在壳体与连杆组件之间。由于橡胶韧性强，采用常规工具和常规方法很难取出，维修人员需要用撬杠撬、拖拽、气焊烧等方法，费时又费力。目前采用最多、最有效的方法是气焊烧，橡胶在完全燃烧后碳化取出。燃烧产生的高温降低了进料壳体、连杆组件的强度和光洁度，缩短了泵体使用寿命。由于泵房的设备和管线较多，空间小、室温高，不利于操作工长时间拆装维修。

三、故障原因

定子脱胶故障原因：一是输液温度高于定子承受的温度，定子胶结性能失效；二是气液混合物进入泵的腔体，过高气液比影响输油泵效，定转子间的润滑效果变差，且摩擦形成大量的热没有及时散发，造成泵腔内部温度急剧上升，灼烧定子橡胶；三是橡胶薄弱位置易形成热聚集，转子造成的侧向挤压力，加速定子破损。

老化变脆失去弹性的橡胶脱落后，伴随转子高速旋转，将橡胶挤入进料口。维修更换时，由于进料口呈T形，胶皮很难取出。

四、故障处理

故障处理的思路及方案：

（1）降低产液温度。汽驱采油井来液温度高，汽驱井组采取间歇注汽，油层采取封堵调剖；加强吞吐采油井窜扰期管理，调小采油井工作制度，窜扰严重的油井关井。

（2）降低输液温度，优化单螺杆泵运行方式。延长采出液在储液罐的储存时间，降低输液温度。做法是：调大自动打油系统的储液罐浮标启动、停止液位距离；多个相连通的储液罐，采取单罐进、单罐出的运行方式。还可以综合考虑计量站来液量、螺杆泵排液量，调整两台输油泵交替运行，从而提高螺杆泵运行效率、延长使用寿命。

（3）试用耐高温定子。

通过上述措施和现场管理，减少了螺杆泵定子脱胶的数量。但是，无法杜绝定子脱胶，脱胶后不易取出的问题仍然难以解决。经过多次分析、反复论证，设计制作了进料口取出器。

1. 取出器结构

进料口取出器由外层限位套、内层限位套、顶板、顶杆、拉力链组成

（图2）。进料口取出器还需要兼顾满足不同型号螺杆泵的使用，例如QGB380.2和QGB380.3两种泵型，转子直径相同、但长度不同，QGB750.3泵型与QGB380泵型的三通孔距不同等问题，采用增加拉力链软连接的方式。而对于转子直径不同的泵型，限位套采用了复套。

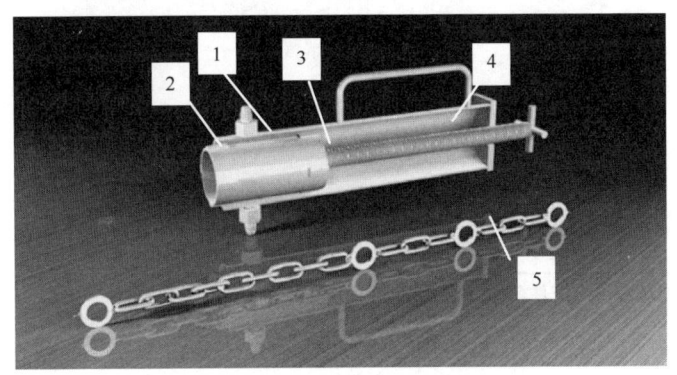

图2 进料口取出器结构图
1—外层限位套；2—内层限位套；3—顶杆；4—顶板；5—拉力链

2. 取出器工作原理

把限位套装在转子上，拉力链的一端固定在进料口端面，另一端固定在拉力爪上，旋转顶杆使顶杆端面与转子端面完全受力，继续旋转顶杆，利用正、反拉技术，将进料口壳体与连杆组件脱离，即可取出残留橡胶。

3. 取出器操作规程

（1）取下旧定子，选择合适的限位套，将顶杆完全退出。
（2）限位套套在转子上，把四条拉力链分别固定在进料口的出口端面。
（3）安装相应的扣环，扣在拉力爪上，保持长度一致，上好备帽。
（4）旋转顶杆使转子端面受力，缓慢均匀旋转顶杆，取下进料口壳体。

五、应用效果

进料口取出器具有结构简单、制作成本低、组装方便等优点。推广使用一年来，解决定子脱胶故障50余台，维修作业时间由原来的5h缩短到1.5h，杜绝了其他组件的损耗（图3）。

1. 经济效益

使用前，气焊处理螺杆泵脱胶所引发的配件损耗见表1。

图3 进料口取出器的现场应用

表1 气焊引发的螺杆泵配件损耗统计汇总表

泵型	配件名称	单价,元	数量,个	小计,元
QGB380.2	传动箱	3023	2	6046
	转子	1560	10	15600
	连杆组件	858	10	8580
QGB380.3	传动箱	4157	5	20785
	转子	2872	19	54568
	连杆组件	950	19	18050
QGB750.3	传动箱	6005	2	12010
	转子	7487	7	52409
	连杆组件	8827	7	61789
合计,元				249837

加工15个进料口取出器：

进料口拉力器加工成本=1000元/个×15个=15000元。

现场推广使用后所产生的效益：249837元-15000元=23.4837(万元)

2. 社会效益

进料口取出器的使用，降低了操作人员劳动强度，避免了在作业中的意外伤害，保障了螺杆泵输油安全运行。

六、技术创新点

进料口取出器通过限位套、顶杆、拉力链等产生的正反力，平稳将进料口壳体取下，方便取出脱落的橡胶，适用于不同型号螺杆泵。该工具已取得国家实用新型专利（专利号：ZL 2011 2 0527328.0）。

电动机顶丝座故障与处理

徐龙伟　曾志强

（新疆油田百口泉采油厂）

一、问题的提出

电动机皮带是抽油机的易损配件，经常需要调整和更换。目前生产现场电动机电机座配套顶丝座的安装方式有前后2条对角式和前后4条相对式两种。电机固定滑轨上有定位孔，顶丝座利用螺栓固定在滑轨上，顶丝座位置相对固定。在电机移动距离大时由于顶丝长度受限，不能将电机顶到位，生产现场多采用在顶丝前加铁块增加电机移动的行程。此外，当电机移动距离大时，对面固定的顶丝座挡住电机无法移动，需要拆除电机顶丝座，拆除的顶丝座因缺少安装孔而无法安装，需要电气焊在滑轨上重新开定位孔来解决。

二、故障现象

由于受顶丝长度限制及顶丝座相对固定的影响，在更换和调整抽油机皮带时会出现以下几种情况：

（1）新配顶丝长度不够，在顶丝前加装支撑物。

（2）顶丝座损坏用其他材料焊接在滑轨座上代替顶丝座。

（3）损坏无配套顶丝座造成顶丝缺失。

（4）更换其他顶丝座，用电气焊在电机座上重新开孔固定顶丝座。

更换顶丝座或动用电气焊维修时间长，降低抽油机运转时率（图1）。

三、故障原因

通过现场调查分析：

（1）由于受顶丝自身长度的限制，顶丝行程受限，无法满足电动机移动距离的要求，通常是在电动机底座与顶丝之间加一个支撑物进行顶丝移动。这样稳固性较差，且支撑物易脱出伤人。

(a) 顶丝前加支撑　　(b) 螺帽替代顶丝座

(c) 顶丝座缺　　(d) 电机座重新钻

图 1　电机顶丝座几种故障现象

（2）由于电动机及皮带型号不同，造成电动机前后移动位置较大或较小，造成顶丝座不能使用。只能焊接其他物体代替顶丝座，焊接对电机座也是一种损坏。

（3）由于设备使用年限较长，受外部环境的影响，顶丝座锈在槽内，操作人员操作时造成顶丝座固定螺杆损坏。不安装顶丝座使电动机易产生振动，造成电动机损伤。

（4）由于抽油机型号较多，电机座不同，顶丝座固定方式不同，当采用其他顶丝座时，对电机座重新选择顶丝座固定方式，既对电机座造成损坏，也反映出各种型号顶丝座在不同电机座上不能通用。

滑槽电机座（图2）：特点是顶丝座与电机座铸造在一起，由单独两根电机座组成，顶丝座配备一定长度的顶丝。工作原理是将电动机安装在电机座上，由前后顶丝来移动电动机。缺点是顶丝过长，操作时间长。

U形挡板顶丝座（图3）：是在槽钢中间开槽，槽内焊多个U形挡板，配套的是斜支撑顶丝座。工作原理是根据电动机位置，将斜支撑顶丝座卡在与电动机最近的U形挡板上，紧前顶丝使电动机后移，并使顶丝座紧紧固定在U形挡板上。优点是便于操作，缺点是顶丝座容易损坏。

图 2　滑槽顶丝座

图 3　U 形挡板顶丝座

T 形槽电机座（图 4）：电机座是在方钢上开一倒 T 形槽，其配套的顶丝座是"士"字形，将"士"字形顶丝座卡入 T 形槽内，贴近电动机后，将"士"字形上两条顶紧螺丝上紧，使螺丝与电机座紧密接触，并使卡入槽内的顶丝座固定在 T 形槽内。优点是便于操作，缺点是顶丝座两条固定螺丝容易松动，电机座容易损坏。

图 4　T 形槽电机座

通槽电机座（图 5）：电机座是在方钢上开一通槽，并在电机座上平面按一定尺寸并排钻一组圆孔。顶丝座靠两条螺杆固定，安装方法是根据电动机的位置将顶丝座安装在近处位置，将顶丝座安装在电机座上，从孔内穿入螺杆，上紧固定螺母。优点是顶丝座固定牢靠，缺点是顶丝座易受皮带长度影响无法固定。

图 5　通槽电机座

四、故障处理

通过分析，结合各种电机座及顶丝座的优点，从滑槽顶丝座的"压"、U形挡板电机座的"卡"、T形槽电机座的"顶"、通槽电机座的"夹"研制出新型移动通用顶丝座（图6、图7）。

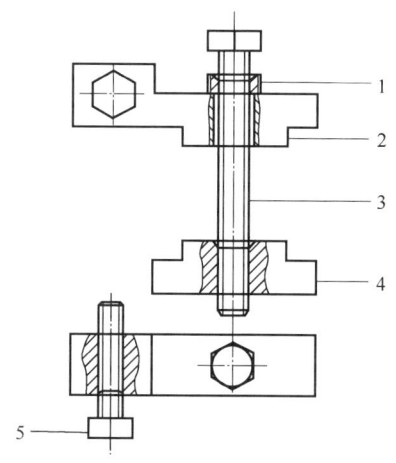

图 6　移动通用顶丝座示意图
1—压紧螺帽；2—顶丝支撑座；3—拉紧螺栓；4—倒T形凸台；5—顶丝

工作原理：后移电动机，顶丝座贴近电动机，并将倒T形凸台卡在电机座下槽内，顶丝支撑座卡在电机座上槽口，从顶丝支撑座穿入拉紧螺栓与倒T形凸台连接并紧固，上紧压紧螺帽，把电机座紧紧地夹在顶丝座中间，用顶丝顶紧电动机即可。在不同的电机座上将电机顶丝与固定螺栓进行对换，使原固定螺栓当电动机顶丝，原电动机顶丝作为固定螺栓使用，紧固后不影响顶丝座的使用效果，达到了通用的目的（图8、图9）。

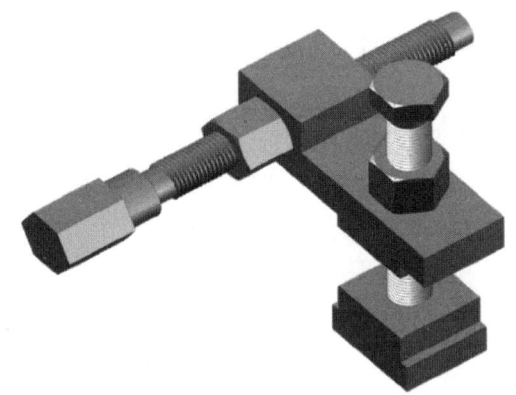

图7 实物图

图8 克十型抽油机应用

图9 调径变距抽油机应用

五、应用效果

通过现场应用，操作时间由原先的43min降低至22min，节约时间21min，同时也降低了劳动强度。

1. 经济效益

（1）由于生产需要全年需换电机座48套，单套电机座成本1500元，电机座成本为1500元×48=72000元。

（2）制作加工单套成本为470元，共制作48套，加工成本为48×470=22560元。

使用新型通用顶丝座，共节约费用=72000-22560=39140元。

2.社会效益

新型通用顶丝座制作简单、操作方便快捷,在油田上有较好的应用前景。

六、技术创新点

通过对四种电机座及顶丝座的分析,结合滑槽顶丝座的"压"、U形挡板电机座的"卡"、T形槽电机座的"顶"、通槽电机座的"夹",研制出新型通用顶丝座,达到了通用的目的。

井口电加热器故障及处理

樊 升　魏昌建　杨勇新

（新疆油田准东采油厂）

一、问题的提出

每年新疆维吾尔自治区都有漫长的冬季，环境温度最低可达-39℃。为了保证油、水井井口设施在冬季能够正常安全生产，必须对油、水井的井口设备及流程进行保温。每年11月中旬到来年4月中旬为油田保温期，在长达5个月的保温期内，在油、水井安装井口保温箱，并在箱内安装电加热器对井口设备及流程进行加热保温（图1）。

图1　油水井井口保温箱

经过长时间的探索与试验，作业区将功率800W的JDQ2-C型金属管井口加热器改为200W的硅橡胶电加热板进行井口保温（图2），取得了显著的节电效果。但是在近些年的使用过程中，出现了一些问题，影响了油田的安全生产，因此有必要对加热器进一步改进。

二、故障现象

200W硅橡胶电加热板在使用过程中，主要出现如下故障：

图 2　硅橡胶电加热板的使用情况

（1）加热板易损坏；
（2）加热板烤伤保温箱壁；
（3）安装位置不规范；
（4）安装维护不方便；
（5）没有接地保护装置；
（6）用电量仍然过大。

三、故障原因

根据现场分析，造成故障的原因有如下6个方面。

1. 电加热板易损坏

在措施修井作业时，需要拆开井口保温箱。在拆卸过程中，由于电加热板大都固定在保温箱壁上，而加热板和电缆线没有可靠固定，时常会造成电加热板的折损、划伤、电源线撕裂等问题，导致加热板严重损坏（图3）。

图 3　电热板及电源线根部损坏情况

2. 加热板烤伤保温箱壁

安装在井口保温箱壁上的电加热板因为安全距离没有达到设计要求（10mm以上），与保温箱壁距离太近，热量过于集中而烤伤井口保温箱壁（图4）。

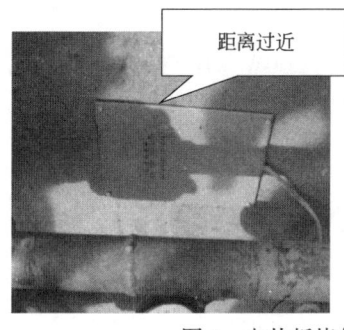
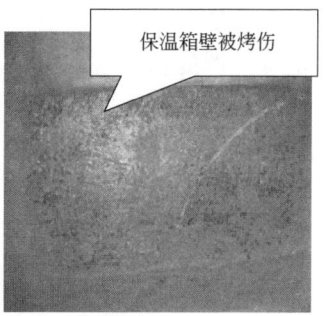

图4 电热板烤伤井口保温箱壁

3. 电热板安装位置不规范

由于保温箱内没有设置固定安装位置，导致电加热板现场安装不规范（图5）。

图5 电热板安装位置不规范

4. 安装维护不方便

电加热板与供电电缆线采用专用防爆接线盒连接，安装后保温箱内操作空间狭小，造成拆卸、安装、更换操作不便，增加了现场维护人员的劳动强度。

5. 没有接地保护装置

硅橡胶电加热板没有设置接地装置，造成安全隐患（图6）。

图6 电热板没有接地装置

6.用电量仍然过大

虽然将电加热器的功率由800W降到200W，用电量大幅下降，但由于在保温期内采用的是连续供电加热方式，使保温箱内长时间保持较高温度，造成较大的能源浪费。

四、故障处理

针对以上问题分别提出解决方案：

（1）利用0.4mm的薄铁皮制作成加热板保护罩，并在保护罩上设置电源线与加热板的固定装置，防止电热板损坏（图7）。

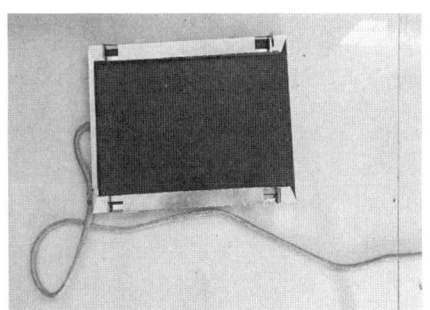

图7 能固定电源线的保护罩实物图

（2）在保护罩上设置12mm宽的包边结构，将加热板与井口保温箱壁强制隔离，从而保持安全距离，杜绝电热板烤坏井口保温箱壁的现象发生（图8）。

图8 保护罩上设置强制隔离

（3）将0.5mm的薄铁皮进行激光切割、折弯处理，制作与加热板保护罩相匹配的安装支架，并在护罩、支架上设计卡扣、孔眼结构，设置多种安装调节装置，可根据现场使用要求将电加热板横放、竖放或调节高度，解决了井口安装位置不规范的问题,同时进行模块化设计,支架与护罩可在安装现场组合插装,不用螺栓紧固或焊接,安装方便(图9)。

图9 可改变安装方向和调整高度的支架

(4)在供电电缆与加热器之间采用快速防爆插头进行连接,到现场后快速安装或拆卸,方便安装维护,减轻了现场员工的劳动强度(图10)。

图10 采用快速防爆插头进行电缆连接

(5)设计电加热器接地装置,将加热板外壳及保护罩可靠接地,消除了电加热板无接地保护的安全隐患(图11)。

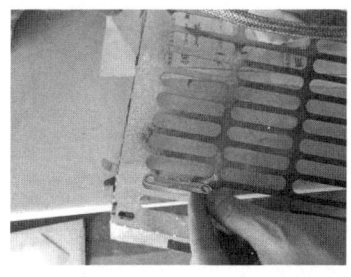
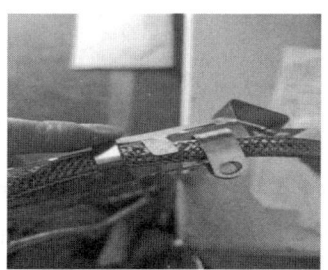

图11 设计电加热器接地装置

（6）在保证油田配温要求的前提下，根据实际需求，采用时间控制开关或温度控制开关对电加热器进行间断供电保温，节约电能（图12）。

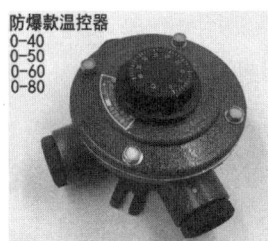

图12　利用时间、温度控制开关进行间歇供电

五、应用效果

通过对以上方案的实施，研制了JKRⅡ-200型井口保温箱电加热器（图13）。

图13　JKRⅡ-200型井口保温箱电加热器

2018年现场安装该装置20套（图14），使用后，解决了加热板易损坏、烤伤保温箱壁、安装位置不规范、安装维护不方便、没有接地保护装置和用电量过大的问题，效果良好。

1. 经济效益

硅橡胶加热板单井每天消耗电能4.8kW·h，采用间歇供电后，单井每天消耗电能2.88kW·h，保温周期内可省电（4.8-2.88）×20×150=5760kW·h，按0.8元/kW·h计，可节约电费5760×0.8=4608(元)。每套改造成本为197元，成本为197×20=3940(元)。当年经济效益4608-3940=668(元)。

图 14 现场安装使用

2. 社会效益

该装置解决了电加热器在现场使用过程中出现的问题，消除了安全隐患，减少了工人劳动强度，节约了能源（表1）。

表1 井口箱加热器改进前后效果对比表

加热方式 对比指标	改进前	改进后
加热板损坏情况	12%	0
有无可靠接地保护装置	无	有
加热板烤伤保温箱壁情况	5.2%	0
固定电热板时间，min	27	1
更换电热板时间，min	35	3
保温期电量，kW·h	4.8	2.88

六、技术创新点

利用薄铁皮进行激光切割制作护罩、支架，便于运输，组装方便；将连续供电加热改为间断供电方式，节约了大量电能。

螺杆泵井口机械密封装置泄漏故障与处理

李培斌　李阳超　刘敬龙

(新疆油田准东采油厂)

一、问题的提出

吉祥作业区吉7井区油层深度1600m左右，地面原油密度0.945g/cm³，具有高密度、高黏度、低含蜡量等特点，属普通深层稠油。经过多年举升工艺试验，优选螺杆泵举升，并建成了螺杆泵采油示范区，目前在用螺杆泵近400多台。随着螺杆泵使用数量的增加，采用机械密封的螺杆泵光杆密封装置渗漏日益严重，不但造成环境污染，增加了维护费用，停井维护也影响了油井生产时率。

二、故障现象

螺杆泵机械密封由静环、动环、压紧元件和密封元件组成，在使用过程中，动环随光杆同步旋转，动环和静环紧密贴合形成密封面，防止介质渗漏（图1）。由于结构特性和运行环境的影响，机械密封故障率较高，主要表现为密封端面磨损、热裂、变形、破损；弹簧长时间松弛、断裂和腐蚀；辅助密封环裂口、扭曲、断裂等，造成机械密封漏油（图2）。

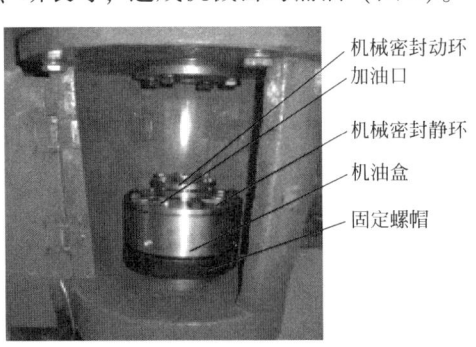

图1　机械密封结构图

图 2 机械密封漏油图

三、故障原因

（1）安装操作不当：安装时端面碰伤、变形，压盖没有压紧，使密封面贴合不严，运转时造成原油泄漏。

（2）机械密封振动大：螺杆泵运转过程中存在光杆不居中、偏磨，光杆变形、损伤，光杆直径小，井下扭矩大等引起机械密封振动，造成密封失效。

（3）密封元件损坏：操作不当、运行振动等因素导致弹簧、辅助密封环等元件损坏，造成密封失效。

四、故障处理

通过对比现场常用密封方式、密封结构及其优缺点，对机械密封进行改进，采用填料密封（图3），该密封具有以下优点：

（1）井口填料密封装置结构简单、安装方便（图4），其由盒体、压盖、压紧螺丝组成，采用螺纹连接于驱动头底座。

（2）井口填料密封装置填料弹性好，填料采用中空四氟乙烯填料，具有很好的自润性、耐热性、耐磨性，不受井内原油携带杂物的影响，减少了密封填料表面的磨损。密封填料为橡胶材料，当填料受挤压时，具有良好的膨胀性，增加填料的密封效果。

（3）井口填料密封装置可有效防止原油外流，安装有导流管，当密封漏油时，漏出原油会经导流管流入油污收集桶，有效地防止了井口、设备、环境污染，减少了污染治理工作量。

（4）井口填料密封装置调整、更换方便，发现密封装置漏油，员工只需将井口密封装置压盖稍微拧紧就可以达到密封效果。如需更换填料，则停机关闭胶皮闸门，可快速完成更换。

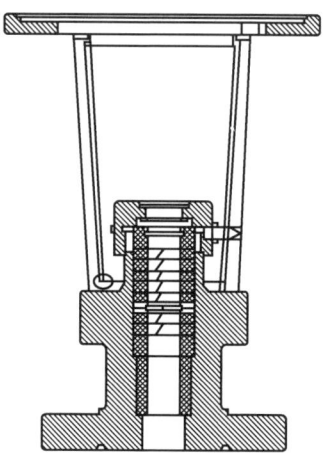

图3　填料密封结构图

图4　现场安装使用图

五、应用效果

1. 经济效益

机械密封每套4200元，平均2年更换一次，共安装20口井，发生费用4200×20＝8.4(万元)；更换机械密封动用吊车每井次1600元，发生费用

1600×20=3.2(万元);填料井口密封装置每套1600元,更换20口,投入费用1600×20=3.2(万元);节约成本:8.4+3.2-3.2=8.4(万元)。

2.社会效益

(1)填料密封使用周期长,更换方便、快速,降低了员工的劳动强度,提高了油井生产时率。

(2)导流管有效防止了原油外溢,节约了污染治理费用和时间。

(3)填料密封结构简单,加工方便,使用寿命长,节约了加工材料和成本。

六、技术创新点

用填料密封替代机械密封,改变了井口密封结构和方式,有效缓解了螺杆泵井光杆密封装置的漏油现象。

螺杆泵井驱动头漏机油故障与处理

李秉军　李　明　董立超

(华北油田第五采油厂)

一、问题的提出

目前有杆泵采油生产方式中，以抽油机井和螺杆泵井为主。其中螺杆泵采油技术以其工艺简单、运动部件少、一次性投资少、占地面积小、管理方便、适应于高黏度、高含砂开采等优点，越来越多地应用于稠油油藏的开发。截至2017年底，华北油田第五采油厂共有螺杆泵采油井87口。螺杆泵井的投入生产，给油田后期稠油开发，带来了强有力的支撑。螺杆泵井投入生产使用后，也发现了许多问题。从2017年1—6月的生产数据看（表1），螺杆泵井的问题主要以驱动头烧坏为主，占比2/3以上，而螺杆泵的地面驱动部分主要是驱动头，驱动头坏损率高，给连续生产带来困难。

表1　泽南油田部分螺杆井更换泵头统计表（2017.1—6）

井号	生产日期	时间 h	产液 t	产油 t	产气 m³	产水 t	含水 %	回压 MPa	冲次	备注
泽70-62X	2017.2.7	21	35	3.3	26	31.7	90.6	0.5	80	11：00—14：00换泵头停
泽70-22	2017.2.18	19.5	19.5	1.6	12	17.9	91.9	0.8	90	10：00—14：30换泵头停
泽70-11X	2017.3.15	19.5	7.4	1.9	15	5.5	74	0.5	83	12：00—16：30换泵头停
泽70-67X	2017.3.23	4	8	4	4	0.5	53.3	0.3	80	10：00—13：00泵头坏
泽70-54X	2017.2.23	22	21.1	4	31	17.1	81	0.46	110	14：00—16：00换泵头停
泽70-15X	2017.4.27	20	7.1	3.1	24		56	0.3	60	9：00—13：00换泵头停
泽70-12	2017.5.15	22	18.3	6.5		11.8	64.4	0.5	80	15：00—17：00泵头坏停
泽70-12	2017.5.17	19.5	16.2	7	55	9.2	56.7	0.5	80	11：00—15：30换泵头停
泽10-84	2017.5.24	19	2.4	0.2	1	2.2	91.9	0.4	55	11：00—16：00换泵头停

二、故障现象

驱动头内的机油沿分箱面及输入、输出轴泄漏,尤其冬夏两季,温差变化较大,渗漏现象更为严重(图1)。当驱动头机油补充不及时,就会造成驱动头轴承抱死,烧坏驱动头的故障现象出现。

图1 驱动头漏机油

三、故障原因

螺杆泵井驱动头在结构上均设置有通气装置(图2),通气装置上的通风孔正对风口,增加了堵塞的概率,同时因通风孔过少和孔眼过小,泵头内外压差不平衡,造成驱动头内机油渗漏。另外,添加机油的孔道过于狭窄,造成添加机油困难,机油浪费较多(图3)。

图2 驱动头原呼吸装置　　　　图3 驱动头添加机油

四、故障处理

针对造成螺杆泵井驱动头漏机油的原因,根据螺杆泵工作原理和驱动头通气装置本身的缺陷,对呼吸器装置采取以下改进。

1. 增加呼吸道孔眼个数

原通气装置只有一个呼吸调节孔眼,又是正对风口,受环境中的沙尘,以及作业施工中油泥等因素的影响,孔眼极易堵塞。为此,在新的呼吸器上增加孔眼个数,从而减少了堵塞概率(图4)。

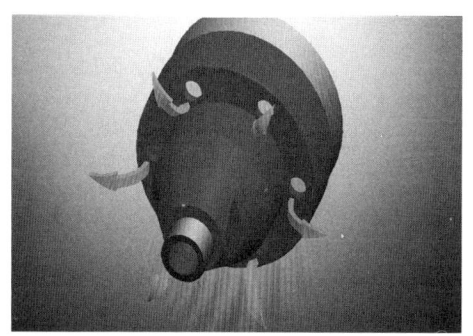

图4　新呼吸器呼吸孔眼

2. 增大加油孔径

螺杆泵井驱动头的添加机油孔道为 $\phi 10mm$,孔道过小造成机油添加困难,机油极易洒在驱动头上,造成机油的浪费。为此,通过增加一个外径为40mm的变径漏斗,增大加油孔道,添加机油自如,提高了加油效率(图5)。

图5　新呼吸器加油效果图

3. 增加机械海绵和密封盖

原驱动头通气装置孔眼没有封堵泥沙、油泥功能,造成了孔道堵塞。新呼吸器增加了机械海绵,用来阻挡风沙,同时可吸附蒸汽和水分,密封盖可以阻挡雨水侵入(图6)。

图6 新呼吸器功能图

根据以上改进思路,绘制了螺杆泵井新型多功能呼吸器的示意图(图7)。

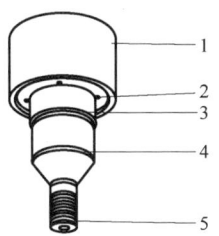

图7 新型多功能呼吸器示意图
1—密封盖;2—通风孔;3—管箍;4—变径接头;5—连接头

4.使用方法

用活动扳手卸掉原有的通气装置,清理孔道周围杂物,用活动扳手把单丝头变径装好上紧,组装上管箍、密封塞和密封盖(图8)。

图8 新型呼吸器安装图

五、应用效果

螺杆泵井多功能呼吸器,先后在 70-1 等 20 口螺杆泵井上进行了安装使用(图9、图10),在 1 年的时间里,取得了良好的效果,20 口油井减少停井维修时间 121h,累计增油 189.6t。该装置已在全厂 6 个作业区进行推广使用,成效显著。

图9 70-1 井安装图

图10 70-8 井安装图

1. 经济效益

(1) 效益计算=停井损失产量×(原油价格-吨油成本)= 189.6×(2423-923)= 28.4(万元)。

(2) 以 2018 年螺杆泵井更换泵头数据统计计算,每年减少更换泵头次数 16 次,一次更换泵头费用 8000 元,节约费用:8000×16=12.8(万元)。

(3) 每口油井年减少机油浪费 10kg 计算:20 口×10×28 元(机油价格)= 0.56(万元)。

(4) 每个呼吸器加工成本 500 元,共 20 个,费用支出=20×500=1(万元)。

(5) 经济效益=28.4+12.8+0.56-1=40.8(万元)。

2. 社会效益

螺杆泵井多功能呼吸器在生产现场投入使用后,大大降低了油井的成本消耗,为螺杆泵井的节能降耗提供了保障,具有较好的社会效益。

六、技术创新点

螺杆泵井多功能呼吸器采用组合型方式,增加了呼吸孔的同时、增大了呼吸道,延长了驱动头的使用寿命,机械密封棉的加入,既能阻挡风沙的侵入,又能吸附驱动头内部所产生的蒸汽、水珠。该装置已获得实用新型专利(专利号:ZL2017213769124)。

曲柄孔与衬套损伤的原因与处理

王振东　冯　松　郭连升

(华北油田第一采油厂)

一、问题的提出

游梁式抽油机在调整冲程过程中，经常发生衬套和曲柄孔损伤故障，严重时还会造成人身伤害。

二、故障现象

经统计，2016—2018年，郑州油田21口抽油机井在冲程调整操作过程中，共发生9起衬套损坏和2起曲柄孔损伤的事故。

三、分析原因

进行现场调研，产生故障的原因主要有：一是销子与衬套装配过于紧密，零部件锈蚀造成衬套与曲柄孔粘连，造成曲柄销衬套很难从曲柄孔中退出；二是操作人员在拆卸过程中由于没有专用工具，造成操作中衬套周边受力不均，不但影响操作速度，同时导致曲柄衬套或冲程孔损伤（图1）。衬套及曲柄孔损坏给油井的正常生产运行带来了安全隐患。

四、故障处理

从以上的分析中可知，曲柄孔及衬套损伤的主要原因是：常规拔取曲柄销子衬套时，因没有专用的拔取工具造成衬套周边受力不均，使曲柄衬套或冲程孔损伤。通过研制衬套拔取工具来解决这一难题。

1. 衬套拔取工具的设计方案

（1）将工具的整体结构进行细化，定位块设计成间断的弧瓣，弧瓣外部与衬套内弧面接触，起定位作用，把备板套入锁紧丝杆上紧锁紧螺母，利用大锤敲击工具端面,能达到1人安全操作,不损伤衬套和冲程孔的目的(图2)。

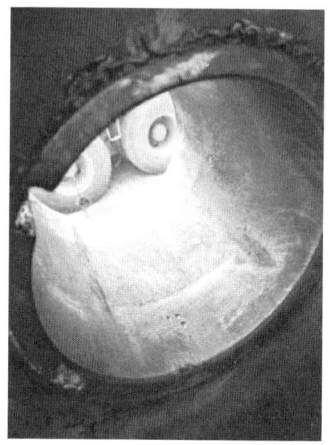

图1 曲柄孔及衬套

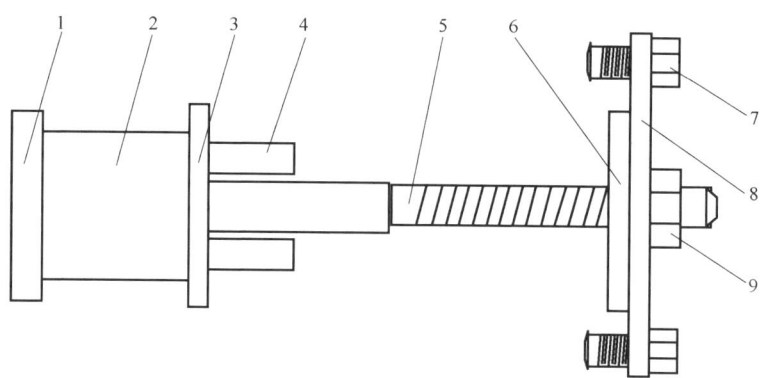

图2 衬套拔取工具设计图

1—敲击端面;2—扶正轴把;3—挡板;4—定位块;5—锁紧丝杆;
6—固定板;7—顶板螺杆;8—顶板;9—锁紧螺母

(2)抽油机曲柄衬套一般采用弹簧钢,屈服强度为1375MPa,所以衬套拔取工具的材料尽量采用强度较高、成本适中的碳素钢。

(3)拔取工具通过将定位块装入衬套内进行定位、稳固,前后挡板、备板通过锁紧丝杆和锁紧螺母的作用将衬套锁紧固定,利用大锤敲击工具端面将力通过加长杆、锁紧丝杆、挡板传递到衬套。

2. 衬套拔取工具技术特点

(1)结构牢固,耐受性好。曲柄销子衬套拔取工具的机械结构合理,加长杆保证衬套在砸出时,敲击桩露在曲柄孔外端,长度约等于衬套长,挡板起推出衬套的作用，定位块将拔取器装入衬套内起定位、稳固作用，锁紧丝杆连接紧固作用，备板固定拔取器作用，锁紧螺母连接紧固作用，整体结构采用45#碳素钢材质加工，耐冲击。

（2）根据抽油机型号的不同，研制了不同型号的曲柄销子衬套拔取工具，分别为：$\phi 56mm$、$\phi 60mm$、$\phi 64mm$、$\phi 68mm$，以保证定位块外径与衬套内径匹配，便于拆卸曲柄销衬套。

五、应用效果

通过现场应用，在拔取曲柄销衬套操作的过程中非常轻松方便，根据衬套与曲柄上的冲程孔之间的摩擦阻力要求，该工具选择硬度匹配的45#碳素钢，抗冲击力、材料屈服强度大于355MPa，保证了工具的强度，一名员工在2min内便可将衬套拔出，降低了员工的劳动强度，提高了工作效率。目前，该工具已在现场推广应用20套，取得较好效果。

1. 经济效益

衬套拔取工具应用后，避免了衬套及曲柄孔的损伤，减轻了劳动强度，增加了开井时率确保了油井正常生产，全年共计创效6.3万元。

对比2017年同期，使用衬套拔取工具在97口油井调参及更换维修曲柄销操作中，操作时间平均缩短1.5h，减少衬套损坏12副，曲柄冲程孔损坏3副，以衬套单价820元/副，曲柄总成单价13000元/副，油井平均日产油量3t/d，吨油价格3400元计算。

（1）加工费用：300元×20=6000（元）；

（2）增产效益：（97×1.5）÷24×3400=20612.5（元）；

（3）节支效益：12×820+3×13000=48840（元）；

（4）经济效益：增产效益+节省费用-加工费用，20612.5+48840-6000=6.345（万元）。

2. 社会效益

通过对衬套拔取工具的推广应用，大幅降低了抽油机拔取曲柄销子衬套造成的损伤，为抽油设备安全有效运行提供了物质保障和技术支持。有效防止了人身伤害事故，消除了安全隐患，保障了油井生产任务的完成。

六、技术创新点

加长杆设计使工具便于操作，挡板设计助推衬套脱离，敲击桩加厚设计防止损伤衬套，定位块设计起定位、稳固作用。

燃油加热炉积灰故障原因及处理

冯 松　王振东　郭连升

(华北油田第一采油厂)

一、问题的提出

燃油加热炉积灰是普遍存在的问题,以华北油田第一采油厂同二采油站为例,站内安装有4台相变加热炉,负责263口油井掺水集液系统的升温。运行过程中,由于积灰造成加热炉传热能力降低,烟气流通截面积减小,流动阻力增大,水浴温度逐步升高,安全阀自动排气。同时,导致出口温度降低,无法满足正常生产要求,直接危及作业区冬季生产安全运行(图1)。

图1　加热炉积灰

为解决这一问题,厂工程所工程师联合燃烧器维护技术人员来到现场会诊后,采取了两项措施:一是立即机械清灰处理(图2);二是调节加热炉燃烧器油风比,收到一定效果,但三个月后,问题依旧发生。如何寻找到问题产生的根本原因,抓住主要矛盾,从根本上解决这一问题,成为摆在站内员工面前的一个新课题。

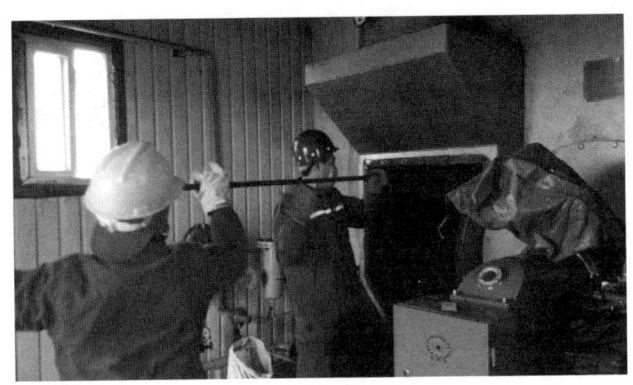

图2 加热炉机械清灰

二、故障现象

问题的发生、发展可分为三个阶段。

第一阶段,故障初始现象为:烟囱冒黑烟(图3),加热炉周围建筑物及地面上落有大片的黑灰,用手指细捻为未完全燃烧的细小油滴。

第二阶段,故障加剧后:加热炉水浴温度升高,出口温度降低。

第三阶段,故障影响正常生产:加热炉水浴温度升高超过限定值,加热炉自动停炉保护;安全阀动作,自动排气保护(图4)。

图3 加热炉冒黑烟

图4 加热炉安全阀动作排气

三、故障原因

燃油加热炉以原油作为燃料,由于原油中有不可燃的杂质以及燃烧器雾化不良等原因,产生积灰现象,影响加热炉工作效率。

1. 燃料油物性差

燃料油中"灰分"含量越高,残碳量越高,燃烧后生成的烟气中烟灰就越多。烟灰主要分为两种:一是燃料油燃烧后残留下来的不可燃组分,主要有 Na、K、Mg 等金属固体盐类和其他杂质;二是燃料油中的可燃组分碳元素在燃烧不完全的情况下残留下来的微粒。

2. 燃烧器的雾化质量差

燃料油经燃烧器雾化后的粒子粒径越大,生灰量就越高。雾化质量与喷嘴大小、加工精度等因素相关,即使是同一火嘴,长期使用受到磨损后雾化质量也会恶化,从而导致烟气灰垢的增加。原油燃烧过程分为三个阶段:第一阶段,燃料油与空气混合;第二阶段,油气预热,烃类物质挥发形成气相后产生热分解留下"残碳";第三阶段,燃烧,燃料油中已经汽化的烃类同空气混合不充分,不完全燃烧生成"烟灰"。

3. 工艺条件的影响

燃油温度、压力、油风比及空气温度等参数的变化直接影响到燃烧器雾化质量、火焰温度、烟气温度和加热炉积灰量的多少,进而影响加热炉工作效率。

1) 燃油温度不符合标准

同口作业区燃料油黏度为 $217mm^2/s$,为保障燃烧器雾化质量,经过黏温特性曲线换算得出燃油温度应控制在 80~90℃(图 5)。现场加热炉自动温控装置显示平均温度为 66.8℃,低于燃油温度标准。

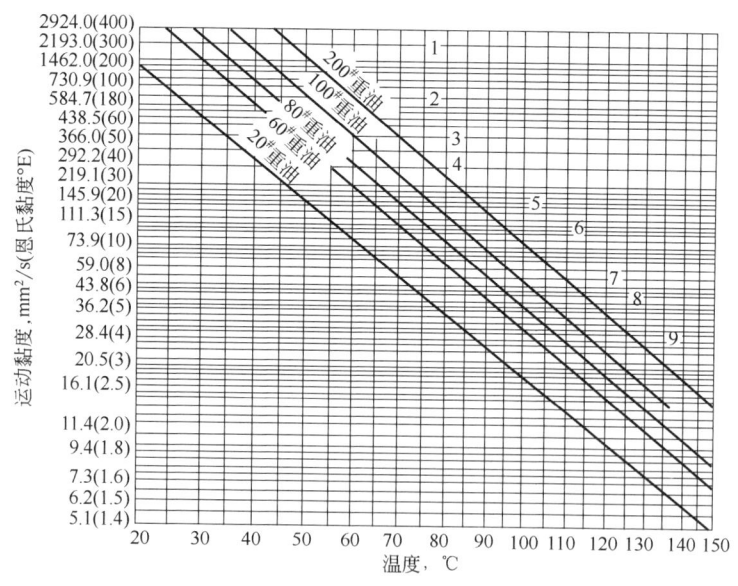

图 5 燃料油黏温曲线

2) 燃油压力不符合标准

加热炉操作间内燃料油进油管路平均压力为1.8MPa，低于燃烧器额定燃油压力2.0MPa。

3) 过剩空气系数不符合标准

燃油加热炉过剩空气系数应控制在1.2~1.3之间，依据烟气成分测定结果，进行加热炉过剩空气系数计算，得出过剩空气系数为1.34，不符合加热炉操作要求。

四、故障处理

1. 添加助燃剂，提高燃料油的燃烧效果

对加热炉进行烟气测试（图6），分析烟气组分，依据分析结果，在加热炉燃烧的过程中配入助燃剂，提高燃料油的燃烧效果（图7）。助燃剂使用比例为200∶1，以称重法配置到同一容器并溶解于燃料油中。使用助燃剂后，改善了燃烧效果，火嘴降低一个等级，即原来使用22号火嘴通过加入助燃剂后使用17号火嘴。助燃剂价格虽然昂贵（22000元/t），但因用量小、效果佳，使用后仍有很大的收益，正确选择并合理使用助燃剂，对解决加热炉积灰问题起到了较好效果。

图6 加热炉烟气成分测试现场

2. 合理选用火嘴，提高燃烧器雾化质量

加热炉燃烧器安装的压力雾化火嘴是靠燃料油自身的压力转化为喷射动能，通过液膜或液柱受空气的剪切扰动完成雾化。这种火嘴的优点是结构简单、运行成本低，但存在缺点是当燃料油压力降低或喷油孔径过大造成负荷变小时，雾化颗粒度及平均尺寸迅速增加，造成不完全燃烧。站内员工对加热炉在用火嘴进行现场拆检，发现火嘴在长期使用中受到磨损，喷油口径变大，造成燃料油进炉流量大、压力低、雾化质量差。重新进行选型更换燃烧器火嘴后，将火嘴由22号减小至17号,提高了燃烧器的雾化质量(图8、图9)。

图7 燃油池中加入助燃剂

图8 不同型号燃烧器火嘴

图9 更换燃烧器火嘴

3.优化控制工艺参数,提高加热炉工作效率

为了提高加热炉工作效率,减少加热炉积灰量,针对影响炉效的三项重要操作参数,设计正交试验,从而找出最佳工艺参数组合。

通过正交试验确认燃油温度对加热炉工作效率影响最大,应在现场操作中重点关注此项参数变化并及时调整。基于对正交试验结果分析,最后选定最佳工艺组合是:加热炉燃油温度90℃,过剩空气系数1.2,燃油压力2.5MPa。

五、应用效果

采取上述措施后,加热炉烟囱不再冒黑烟,水浴温度升高、出口温度降低、安全阀动作等现象消失（图10），保障了作业区掺水集液系统的正常运行，燃油加热炉积灰问题得到解决，清灰次数由5次/年降低至1次/年，取得了较好的效果。

图10 加热炉故障处理完成后现场图

1. 经济效益

节支费用：节约自用油781t/年（操作价957元/t），781×957=74.74(万元)；减少拉油车台班27车（单车台班1184元），27×1184=3.20(万元)；减少清灰4次/年（3.5万元/次），4×3.5=14(万元)。

投入费用：助燃剂用量108桶/年（25kg/桶，22000元/t），（108×25/1000）×22000=5.94(万元)。

同比创效：74.74+3.20+14-5.94=86(万元/年)。

2. 社会效益

解决加热炉积灰问题后，减少了环境污染，提高了安全生产系数，对湿地环境保护起到了积极的作用。

六、技术创新点

抓住了产生问题的关键因素——燃料油物性，使导致问题的根本原因得到消除；改进加热炉的核心部件——燃烧器火嘴，改善了雾化质量，解决了积灰问题；应用正交试验法科学的优化了工艺参数，提高了加热炉工作效率。

三型抽油机悬挂盘故障分析与处理

肉孜麦麦提·巴克　杨雪峰　王　成

（新疆油田重油开发公司）

一、问题的提出

抽油机长期在野外环境运转，雨雪易在悬挂盘轴面及轴孔处积聚产生锈蚀，造成拆卸悬挂盘时，悬挂盘无法取出。目前解决手段主要是使用大锤敲击使其震松，或者是使用电气焊进行加热或切割，作业时间较长，平均耗时为 3h 以上，人员要相互轮换配合操作，作业人数至少为 3 人。同时作业高度在 3m 以上，属于高空作业，给现场操作带来安全隐患。

二、故障现象

在维护更换悬绳器时，要将损坏的悬绳器取下，新悬绳器挂入悬挂盘。悬绳器毛辫子卡在驴头侧板与悬挂盘之间，因悬挂盘和驴头的连接销轴锈蚀，造成悬绳器毛辫子无法顺利取出和安装（图1）。

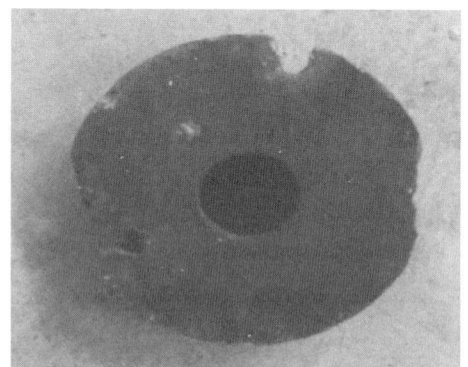

图 1　拆卸过程中被损坏的悬挂盘

三、故障原因

1. 悬挂盘工作原理

悬挂盘位于驴头顶端，外径为190mm，驴头两侧板之间的距离为200mm，驴头弧面和悬挂盘之间的距离为30mm，驴头侧板与悬挂盘的间隙为5mm。悬挂盘通过轴销安装在驴头弧面，用来悬挂悬绳器，悬绳器毛辫子的直径为20mm，通过悬绳器悬挂光杆带动井下深井泵工作。

2. 原因分析

抽油机长期经受雨水、风沙的侵蚀。悬挂盘轴销连接处没有润滑脂加注点，易锈蚀。拆装悬绳器时，操作人员携带工具爬到抽油机游梁前端，卸下悬挂盘固定螺母，通过敲击扩大悬挂盘与驴头侧板的间隙。更换新悬绳器操作时，会因锈蚀、粘连而无法移动悬挂盘，不能完成更换操作。

驴头上部的操作平台距离地面3m以上，在更换悬绳器时，敲击操作不易使力，在挂入悬绳器时，需要多人配合，由单人将悬绳器提至驴头上进行更换，悬绳器自重约为25kg左右，安装难度大。

四、故障处理

1. 设计分体式挂盘

经过分析，对悬挂盘结构进一步改进，将原来整体式的悬挂盘按照安装的需要分解成两部分：承受重量的内盘［图2(a)］；起到固定作用的外盘［图2（b）］。改进后可以解决悬挂盘与驴头侧板间距过小造成的毛辫子不易取出的问题，拆卸时易被卡的内盘不必取出，就能更换悬绳器，极大地方便了悬绳器毛辫子的拆装。

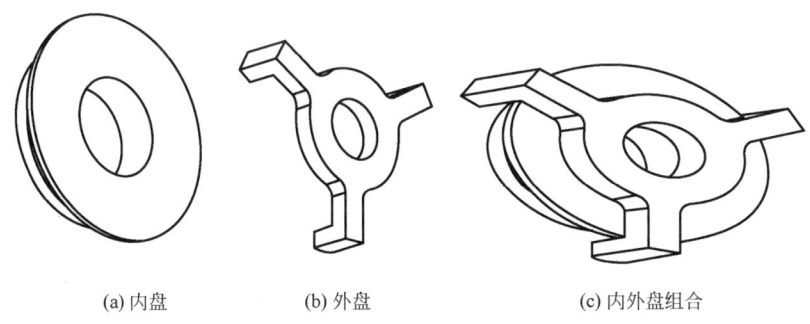

(a) 内盘　　　　　　(b) 外盘　　　　　　(c) 内外盘组合

图2　改进后的悬绳器分体式挂盘

2.改变悬绳器结构

日常使用的悬绳器是由上下压板、毛辫子、铅块等组成。上下压板材质是铸钢，质量约为20kg，高空作业上提难度大。因此将悬绳器上下压板改为一体式承重板，封闭式压板孔改为敞开式绳槽，绳槽尾端开限位孔，安装毛辫子限位螺栓，固定悬绳器毛辫子。在进行悬绳器更换作业时，只需要将限位螺栓抽出，即可更换受损的毛辫子。悬绳器承重板可重复使用（图3）。

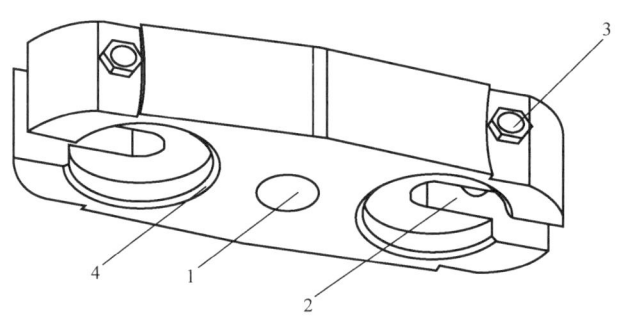

图3　改进后的悬绳器—体式承重板
1—光杆孔；2—绳辫槽；3—绳辫限位螺栓；4—绳辫铅头定位槽

五、应用效果

改进后，更换悬绳器只需卸下悬挂盘外盘，将毛辫子挂在驴头挂盘上即可，其他操作都可在地面平台上完成，更换悬绳器由原来的3h缩短至30min以内，降低了员工劳动强度，降低了高空作业的风险，提升了安全性和可靠性，节约了材料成本。

六、技术创新点

将原悬挂盘分解为内、外盘，更换时只需拆卸外盘；悬绳器上下压板改为一体式承重板，封闭式压板孔改为敞开式绳槽，更换悬绳器时只需更换毛辫子。

调径变矩抽油机过平衡故障分析与处理

覃 勇

(新疆油田陆梁油田作业区)

一、问题的提出

随着油田地质开发进入攻坚克难阶段，生产层位之间井深相差数百米，入井管杆载荷发生大幅度变化，导致原有的机采系统（抽油机）与井下载荷不匹配。目前陆梁油田作业区调径变矩抽油机存在过平衡33井次。常规处理抽油机过平衡的方法有3种：一是加重抽油杆柱配重；二是去除抽油机尾部平衡或调配较小配重栏；三是更换抽油机。以上几种方式虽可以解决一部分抽油机过平衡的问题，但是还有一部分抽油机仍然无法满足平衡条件。

二、故障现象

利用常规手段调整平衡即使调整到极限（加重抽油杆柱配重并且去除抽油机尾部平衡块），依旧存在抽油机"头轻尾重"现象，下行电流成倍数大于上行电流，现场观测电动机噪声大，抽油机运行工况变差，影响了抽油机使用寿命以及整机运转的平稳性，使得抽油机系统能耗增加。

三、故障原因

从相关文献调研分析总结得出，目前造成抽油机出现过平衡现象的主要原因：抽油机结构以及工程设计悬点载荷设计存在欠缺，造成现场实际设计井下杆柱组合并不能保证设计的载荷完全匹配理论值，从而使得工程设计悬点载荷不标准，导致抽油机出现过平衡现象的出现。

陆梁油田陆九井区层系多达12个层位，随着油田开发的不断深入，一些油井开始动用上部潜力层，开发初期配备的抽油机型偏大，出现一部分机型与井下载荷不匹配的抽油井。

四、故障处理

CYJ6-3-26HY 和 CYJ8-3-37HY 调径变矩型抽油机因结构问题平衡调整余量较小,在井下加重抽油杆柱配重的前提下去除抽油机尾部平衡块,依然存在"头轻尾重"的现象。经测算,确定在靠近驴头位置游梁上端面安装方便固定和拆卸的配重箱体,箱体内部安装一定数量平衡块,保持抽油机主体结构不变,满足平衡条件。

测量游梁尺寸后,利用电焊车制作配重箱体,箱体内部可安装一定数量的平衡块(图1)。

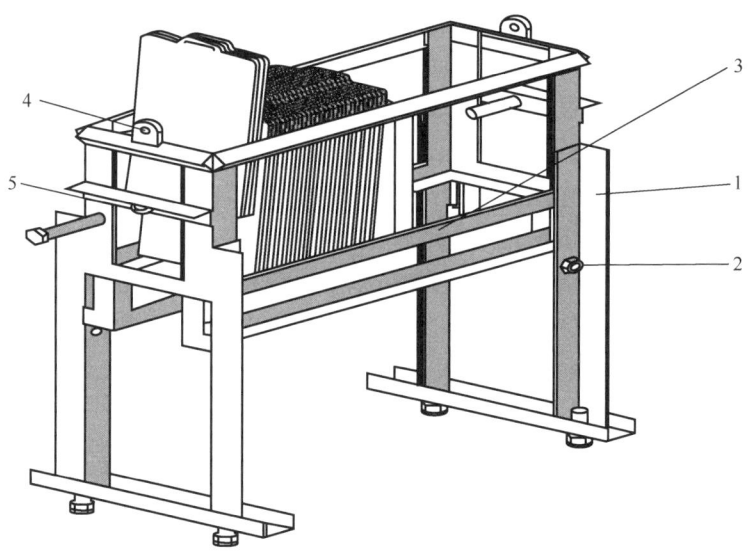

图1 游梁式抽油机可拆卸配重挂箱
1—支架;2—装置固定顶丝;3—配重栏;4—穿杆;5—配重块固定顶丝

可拆卸配重箱主要由5部分组成:支架,作用是将装置安装在抽油机游梁上;装置固定顶丝,作用是将装置固定在抽油机游梁上,防止装置移动;配重栏,放置不同数量的配重块,以达到平衡的目的;穿杆,作用是将配重块串在一起,防止配重块在抽油机运行过程中脱落;配重块固定顶丝,作用是将配重块固定在配重箱内,防止配重块在抽油机运行过程中来回移动。选择 LUHW2526、LU3057 两口井作为试验井(图2、图3),安装前平衡率大于 150%,安装后平衡率 101%。

图 2　LUHW2526 现场安装图　　　　　图 3　LU3057 现场安装图

五、应用效果

1. 经济效益

先后在调径变矩型抽油机安装可拆卸配重箱 20 口井,达到平衡后节电率可达 4.9%,电动机功率 18.5kW,工业用电 0.4 元/(kW·h),20 口井全年可以节约电费 20×18.5×24×0.4×4.9%×365≈6.4 万元。

2. 社会效益

通过安装可拆卸配重箱提高了调径变矩抽油机平衡率,节约了电能,保障了设备平稳运转。

六、技术创新点

采取在调径变矩抽油机游梁前部安装配重箱体的方式,有效解决了该机型过平衡现象。

真空加热炉效率低的故障原因及处理

杨培伦　陈长运　付国艳

（华北油田第四采油厂）

一、问题的提出

在油气田开采过程中，真空加热炉广泛地应用在油气生产和集输领域。真空加热炉由燃烧器、炉胆、对流室、盘管、烟囱等部件组成，其中燃烧器作用是将天然气与空气混合成一定比例后进行燃烧。在加热炉运行过程中，经常发生停炉事件，这是因为燃烧器采用全自动燃烧程序控制管理，当进入燃烧器内的空气比例不合适时，燃烧器就会发出报警并停止工作，即使不发生停炉事件，也会造成天然气燃烧不充分，热值下降。有时在风机吸引力的作用下，吸附在滤网上的杂质进入到燃烧器内，也会对加热炉的炉膛造成损坏。

二、故障现象

燃烧器内的火焰方向不稳定，烧烤燃烧器炉头，造成燃气喷头鼓包变形，炉膛结垢，烟道堵塞。经常发生加热炉燃烧异常报警和停炉现象，停炉后，燃烧器点火困难，即使成功点火，炉膛内火焰发红，燃烧热值低。

三、故障原因

为了保障燃烧器的正常工作，在燃烧器的空气进口处装有过滤装置，对进入的空气进行过滤，防止枯草、树叶等杂物进入燃烧器内。但现有的过滤装置为单层滤网结构，起不到二次过滤的作用，若有一处破损，就降低了过滤效果，且过滤装置的滤网安装及拆卸较为复杂，不方便清除滤网内的杂物。风季，干草、枯叶、砂粒极易通过滤网，进入燃烧器喷气室内，阻塞燃气通道，使燃气方向改变，造成燃烧器炉头鼓包变形，严重时造成燃烧器炉头报废，即便没有阻碍燃气通道，杂质进入炉膛后，经过高温的作用，产生的水气及杂质在炉膛及烟道内结垢，降低了加热炉的热效率，严重时还会堵塞烟道，使加热炉不能正常运行。春夏交换的季节，柳絮、杨絮易吸附在过滤网表面，减少了通风面积，阻碍了空气进入燃烧器内，致使燃烧器在吹扫阶段检测到空气压力不合格，点火失败，即便点火成功，因为燃烧器的空气摄入量不足，致使炉膛内的氧气含量降低，天然气在炉膛内不能充分燃烧，造成了加热炉火焰发红，烟囱冒黑烟，炉膛及烟管内积垢增加，影响了传热效果，降低了加热炉的效率，严重时还会造成加热炉无法正常工作。

四、故障处理

经过现场调研，造成真空加热炉效率低的原因是进入燃烧器内的空燃比不合理，天然气燃烧不充分，而空燃比未在最佳状态是因为加热炉使用的空气过滤装置有问题。针对以上难题，研发了一种用于真空加热炉的空气过滤器：将原来的固定式滤网，改为活动式滤网；将单层滤网结构改为多层滤网结构；将只有一种规格和样式的滤网孔，设计为不同规格和不同样式网孔；增加改变空气流动方向和收集杂物的功能。

空气过滤器由壳体、顶端滤网、活动式滤网、底端滤网、导向槽、挡板、锁紧把手组成，如图1所示。壳体为空气过滤器的承载体，底端滤网通过合页与壳体相连，前方有活动式挡板；顶端滤网与壳体一体，壳体的左、右及后侧是用0.5mm厚不锈钢钢板做成的挡板，在壳体左、右挡板上设有导向槽，活动式滤网推入导向槽后，与顶端滤网和底端滤网在纵向上成为一个面，

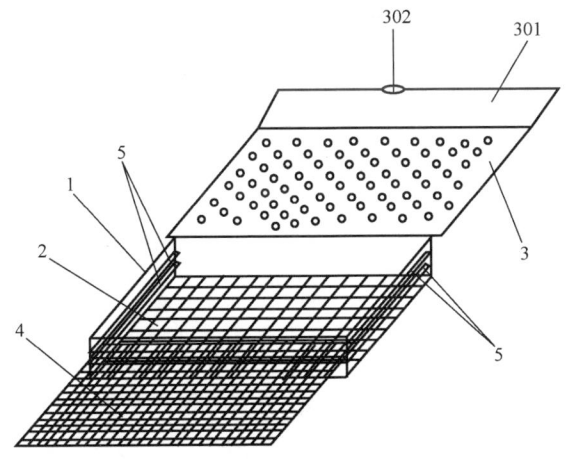

图1 真空加热炉空气过滤器结构图

1—壳体；2—顶端滤网；3—底端滤网；301—挡板；302—锁紧把手；
4—活动式滤网；5—导向槽

空气依次通过3个滤网，能进入燃烧器内，3个滤网的网眼形状、大小彼此不同，而且网眼的位置彼此交错。

空气过滤器安装在真空加热炉燃烧器的进气口处，推入活动式滤网，底端滤网通过锁紧把手扣在壳体上，底端滤网挡板封堵住壳体前面，过滤器四周都有挡板遮挡，掺有杂质的空气只能依次经底端滤网、活动式滤网、顶端滤网才能进入到真空加热炉的燃烧器中。由于顶端滤网、活动式滤网、底端滤网的网眼形状、大小彼此不同，网眼位置彼此交错，能够对空气进行多层次过滤，空气在进入加热炉膛前，方向多次改变，能有效地除去空气中所掺有的各种不同大小的杂质，提高了过滤效果。同时，若滤网中有一处发生破损，其他滤网还能继续使用。当滤网中的杂质较多，需要进行清除时，通过打开底端滤网，将活动式滤网从壳体内取出，清理滤网内杂质，完成清理后，再将活动式滤网放入壳体内，关闭底端滤网，进行新一轮的空气过滤过程。根据加热炉不同工作地点、不同季节，以及空气中的不同杂物种类及数量，可选定不同形状和规格的滤眼及活动式滤网的数量，如图2所示。空气过滤器的材质为不锈钢材质，使用时安装在真空加热炉中燃烧器的进气口处。

图2 真空加热炉的空气过滤器

五、应用效果

三年来，空气过滤器在华北油田多个真空加热炉上开展了应用，不仅降低了员工的工作强度，而且节约了燃气，降低了生产成本，延长点火电极、火焰探测电极、风压检测开关及炉头的使用寿命，缓减了炉膛及烟囱的结垢严重问题。通过对采油四厂永清采油作业区的中岔口站外输岗使用效果调查，真空加热炉的燃气表流量由 $80m^3/h$ 下降到 $75m^3/h$，基本消除了因空燃比不合理而发生停炉的现象，提高真空加热炉的工作效率，燃烧器的检修周期由2个月延长到6个月。

六、技术创新点

通过对真空加热炉空气过滤器的研制和应用，改变了原有的空气过滤方式，保障了燃烧器的充分燃烧，提高了真空加热炉的效率，消除了原有的技术缺陷。该装置已经取得实用新型专利（专利号：ZL201521005665.8）。

注水泵泵头压盖拆卸故障原因与处理

兰成刚　王爱法　王春洁

(华北油田二连分公司)

一、问题的提出

油田采油集输生产中高压注水泵负荷大、压力高，注入水含有腐蚀性介质等原因，注水泵的阀芯、阀片等易损坏，造成注水泵打不起压，影响生产的正常运行，必须及时取出泵头压盖维修。目前取注水泵压盖没有专用工具，常用的方法是撬杆撬或用两个顶丝顶的方法。取压盖时两侧受力不均匀，压盖经常顶偏，损坏压盖和固定螺杆，并且结垢严重的压盖还无法拆卸，不但降低了劳动效率，存在安全隐患。

二、故障现象

注水泵泵头压盖在拆卸维修过程中，经常出现顶丝顶弯、螺纹损坏（图1）。

一组顶丝用几次后就无法使用，顶丝顶到头后泵头压盖不能正常取下，还得用撬杠边撬动边用手锤敲击才能取下，造成泵头压盖密封垫及密封面磨损（图2），使泵头压盖密封垫和压盖无法使用。注水泵泵头压盖拆卸没有专用工具，必须两人配合操作才能完成，拆卸时间长、劳动强度大，易出现砸伤等安全事故。

三、故障原因

1. 泵头压盖工作方式

高压注水泵泵头压盖（图3）用于密封高压注水泵液力端，由压盖、密封圈及螺栓固定在注水泵的泵头上，与泵缸通过密封圈配合达到密封。压盖与泵缸配合紧密，泵缸内的压力可达30MPa左右。

高压注水泵拆卸方法是：先卸掉注水泵压盖上的螺母，再用扳手对称转动两个顶丝，同时用撬杆撬注水泵压盖（图4），使压盖从泵缸内向外移出。

图1 顶丝螺纹损坏

图2 泵头压盖磨损

图3 泵头压盖

图4 撬杆撬注水泵压盖

2. 原因分析

高压注水泵头压盖拆卸过程中，存在问题的原因有：

（1）没有专用工具。注水泵在拆卸泵头压盖时，无专用工具，现方法是用两个顶丝，用扳手对称旋转，由于不能同时转动两个顶丝，易将泵头压盖顶偏，使密封垫及压盖受损无法使用。

（2）泵头压盖与泵缸结垢。注水泵泵内水质差，含有大量杂质和腐蚀介质，并且压盖与泵缸间隙小，杂质和腐蚀介质在间隙内结垢，泵头压盖拆卸时阻力过大，顶丝顶力过小，无法拔出。

（3）顶丝不符合标准。顶丝直径、螺纹过小，在操作时，压盖阻力大时就会将顶丝顶弯或顶丝螺纹损坏。顶丝长度短，当顶丝顶到头时，压盖还没有拔出泵缸内。操作时转动两个顶丝，达不到同步转动，易损坏密封垫等。

四、故障处理

为了提高维修效率，保证注水泵正常运行，降低安全事故的发生，节约维修费用，研制了方便快速拆卸的便捷式泵头压盖取出装置，并成功地应用于实际生产中。

思路：在拆卸泵头时，能不能制作一个工具，将现在两个顶丝顶泵头的顶力变为一个垂直向外的力，这样就不会出现顶偏损坏泵头；用一种省力装置，代替人力使用杠杆撬动泵头压盖的方式，从而降低维修人员的劳动强度，提高维修效率。

1. 便捷式泵头压盖取出装置原理

便捷式泵头压盖取出装置，能够拆卸高压注水泵泵头压盖，在压盖中心到用千斤顶的轴向力防止了压盖的偏斜损坏；利用提升座中心与提升架连接原理，将两侧顶力合为中心拉力方式，实现对泵件的拆卸。

2. 便捷式泵头压盖取出装置结构

便捷式泵头压盖取出装置（图5、图6、图7）由支撑板、护套、提升架、手柄、千斤顶、固定螺杆、支撑座、连接头、接头螺母、连接螺杆、提升座、护套孔、固定螺孔、连接螺杆孔组成。支撑板焊接在支撑座两侧，支撑座上焊接有两个护套，护套内有护套孔，支撑座中心有固定螺孔，固定螺杆穿过固定螺孔固定千斤顶，提升架穿过两个护套，提升架上下是两个圆柱形杆，左右焊接两个长方形板，左侧板上焊接有连接头，右侧焊接有手柄，连接头与接头螺母用螺纹连接，提升座与接头座焊接，提升座上有两个连接螺杆孔，穿有两个连接螺杆。

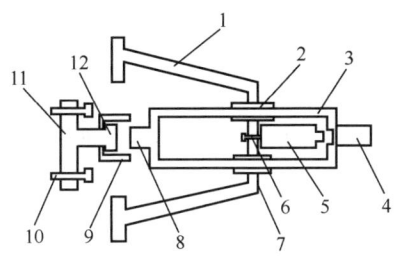

图 5 便捷式泵头压盖取出装置示意图

1—支撑板；2—护套；3—提升架；4—手柄；5—千斤顶；6—固定螺杆；7—支撑座；
8—连接头；9—接头螺母；10—连接螺杆；11—提升座；12—接头座

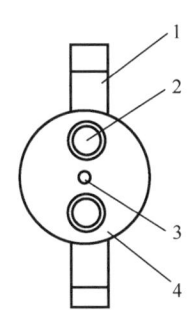 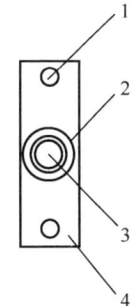

图 6 支撑座和支撑板示意图　　　　　图 7 提升座示意图

1—支撑板；2—护套孔；　　　　　　　1—连接螺杆孔；2—接头螺母；
3—固定螺孔；4—支撑座　　　　　　　3—连接螺杆；4—提升座

　　泵头压盖取出装置利用两个连接螺杆可将提升座固定在要拆卸的泵头压盖上，支撑板靠在泵头压盖两侧，移动提升架使连接头与接头座接触，上好接头螺母，转动千斤顶带动提升架向外移动，提升架同时带动提升座和泵头压盖向外移动，移动到泵头压盖松动可取出位置时停止，反向转动千斤顶卸力，转动接头螺母使连接头与接头螺母分开，取下泵头压盖取出器，取出泵头压盖，从泵头压盖上卸下提升座，操作完成。

3. 便捷式泵头压盖取出装置具体操作步骤

正确倒流程，进行泄压、放空操作，确定无压力时开始操作。

（1）将泵头压盖的固定螺丝拆卸掉。

（2）调节连接螺丝把提升座固定在泵头压盖上。

（3）调整接头螺母将使提升架与提升座连接。

（4）转动千斤顶使千斤顶受力，带动提升架移动，提升带动提升座与泵头压盖向外移动。

（5）移动到可取出泵头压盖位置，转动接头螺母，取下装置，再取下泵头压盖。

（6）转动连接螺杆将泵头压盖上的提升座卸下，取出泵头内的阀芯等配件进行维修操作。

五、应用效果

将高压注水泵泵头压盖拆卸装置在作业区应用后，拆卸方便快捷拆，降低了员工劳动强度，有效地降低维修成本。

1. 经济效益

该套装置前期投入：液压式千斤顶100元，60cm×15cm钢板200元，制作工时费500元，其他材料作业内部调剂合计投入400元，总投入1200元。

该装置全部推广后，预计每年节约人工成本：(14×5×100/60)×30=3500(元)。年节约维修费用：O形密封圈12×5×60=3600(元)；固定螺栓50×50=2500(元)，泵头压盖8000×4=32000(元)；顶丝80×20=1600(元)。全年节约：3600+2500+32000+1600=39700(元)。

总计：3500+39700-1200=4.2(万元)。

2. 社会效益

应用后，每次拆卸泵头时间由13min减少至1min，保证了注水泵的维修效率，操作省时省力，降低了维修人员的工作。

六、技术创新点

泵头压盖取出装置结束了注水泵泵头拆卸无专用工具的现象，利用千斤顶代替顶丝与撬杆。用护套与提升架间隙配合作用，防止了千斤顶顶偏。利用提升座中心与提升架连接原理，将两侧顶力合为中心拉力方式，实现对泵件的拆卸。

注水泵柱塞密封故障处理

许 杰

(华北油田第三采油厂)

一、问题的提出

注水泵是油田注水系统中重要的设备。注水泵属于往复式泵,主要依靠柱塞的往复运动对输送介质做功,柱塞的密封填料长时间在高压下(10~32MPa)承受柱塞频繁的往复摩擦,会在短时间内出现发热、起毛、漏失。更换周期一般为2~3d,由于频繁更换密封填料,增加了操作员工的劳动强度。柱塞池内空气湿度大、通风不良也加速了柱塞密封填料总成的锈蚀。

二、故障现象

注水泵柱塞密封填料使用周期短,柱塞密封填料发生漏失后需要通过调整密封填料压盖的压紧量来减小漏失量,如果压盖已经调整到极限位置,就必须更换密封填料。

柱塞密封填料总成容易发生锈蚀,调整密封填料压盖松紧度时操作困难,锈蚀严重时必须更换柱塞密封填料总成。

三、故障原因

为了延长注水泵密封填料更换周期,技术人员选择新型耐磨材料或者多种耐磨材料组合使用,却忽略了对柱塞表面采取润滑措施,对延长注水泵柱塞密封填料更换周期这一问题的研究进入了一个误区。因为耐磨材料本身会给柱塞表面造成一定的损伤,如果柱塞密封填料发生漏失必须拧紧密封填料压盖,这样就形成了一种对柱塞表面磨损的恶性循环。同时注水水质对柱塞表面的腐蚀,使柱塞表面容易出现腐蚀凹坑,也使柱塞与密封填料的摩擦阻力增大,缩短了密封填料的使用寿命,密封填料在使用2~3d后由于漏失量增大就必须更换。此外,由于柱塞池内不通风,造成潮湿空气不能及时散发加速了柱塞密封填料总成的锈蚀。

四、故障处理

为了解决注水泵柱塞密封填料更换周期短以及柱塞密封填料总成锈蚀这两个问题，研制了"注水泵柱塞池通风及柱塞润滑装置"。该装置由自动滴注式柱塞润滑装置和百叶窗式柱塞池通风盖板两部分组成：

1. 自动滴注式柱塞润滑装置

1）设计思路

采用多种耐磨材料制成柱塞密封填料，密封填料的使用周期没有明显延长，又用多种材料的密封填料进行了组合使用，也没有取得理想效果。在实验过程中发现，柱塞在做往复运动时，如果不让密封填料发生漏失，那么柱塞的密封填料压盖就必须压紧，但是密封填料在被压紧后与柱塞的摩擦阻力会增大，加速了密封填料的磨损又会很快发生漏失，密封填料发生漏失后又要再继续压紧压盖来减少漏失，这样的循环直到柱塞密封填料压盖到极限位置，就必须更换柱塞密封填料了。利用反向思维考虑，不再从密封填料的耐磨程度上做过多的研究，而是研究能否利用润滑油对柱塞润滑来减少柱塞与密封填料的摩擦阻力实现延长注水泵柱塞密封填料的更换周期。

2）方案实施

为了研究对柱塞表面加润滑油是否可以延长柱塞密封填料的更换周期，选用CC30润滑油，对做往复运动的柱塞表面进行滴注，每30min滴一次，通过30d的试验注水泵密封填料使用寿命由原来的2~3d延长到30d。但是这样采用人工滴润滑油的方式虽然延长了密封填料的更换周期，但是又增加操作员的劳动量，因此研制自动滴注式柱塞润滑装置，并制定方案。

设计储油箱，安装在注水泵柱塞池上方，储油箱底部打孔后安装滴注笔，滴注笔位于运行的柱塞正上方，以保证润滑油能够滴在柱塞表面。滴注笔可以调节润滑油的滴注速度，操作员工可根据运行情况调节滴油速度。

3）设计原则

便于安装、操作简单，滴油速度可以控制在1~30滴/min范围内。

4）储油箱的设计

储油箱采用0.5mm的冷轧钢板，制成与柱塞池同宽的长方形油箱，固定在柱塞池上。油箱底部开有等距离的直径为$\phi0.62mm$的圆孔，各圆孔间距与柱塞的间距相同，保证每个圆孔在柱塞正上方距离柱塞150mm，圆孔的个数可根据注水泵柱塞的数量而定，圆孔中安装滴注笔（图1）。

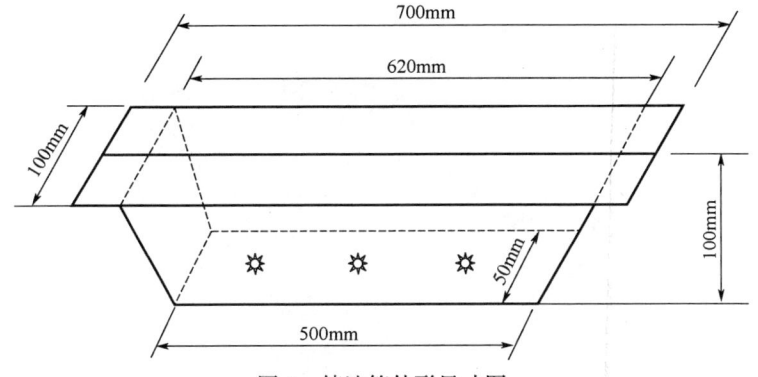

图1 储油箱外形尺寸图

5）滴注笔的设计

滴注笔安装在油箱底部的圆孔内，作用是调节润滑油的滴油速度，滴注笔采用直径为 $\phi0.60mm$，长度为8mm的螺杆，螺杆上开有由上到下沟槽，沟槽从上到下由浅到深，最下端沟槽深度为2mm，宽度为1.5mm。滴注笔通过螺母固定在储油箱底部的圆孔内，通过螺杆在螺母中上下旋进，来改变沟槽与螺母结合的深度位置控制滴油量，螺母起到固定滴注笔和调节滴注笔位置的作用（图2）。

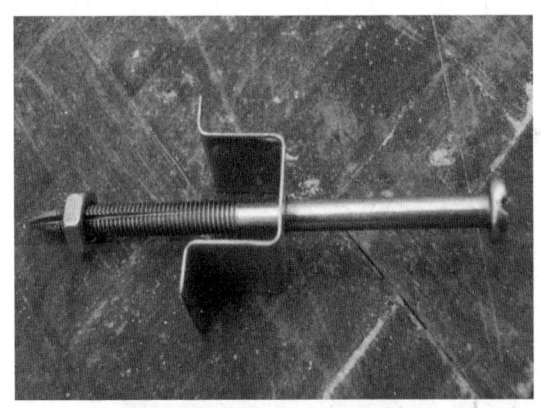

图2 滴注笔结构图

当储油箱装满润滑油后，润滑油在重力的作用下，从滴注笔上的沟槽滴出，通过滴注笔滴到正在运行的柱塞表面对柱塞进行润滑（图3）。

2.百叶窗式柱塞池盖板的研制

1）设计思路

注水泵在运转过程中，柱塞池内由于密封填料漏失造成空气湿度大，加速了零件锈蚀。原盖板太重操作员工搬动不方便，不能及时通风和观察柱塞

图 3　自动滴注式柱塞润滑装置结构

运行工况,如果去掉柱塞池盖板又存在螺丝松动滑脱飞出后伤人、高压水刺出等安全隐患。安装自动滴注式柱塞润滑装置后,原有的柱塞池盖板不能安装,这样就存在以上所列举的安全隐患。因此必须设计一种既不影响自动滴注式柱塞润滑装置的使用,又能使柱塞池透气的柱塞池盖板。

2)设计方案

将注水泵柱塞池盖板设计成活动的双开门百叶窗式,便于更换密封填料时操作,在两窗之间的柱塞的上方安装柱塞润滑装置,组成注水泵柱塞池通风及柱塞润滑装置。百叶窗的隔栅可以翻转90°,操作员工可以随时翻转隔栅观察柱塞运行情况(图4)。

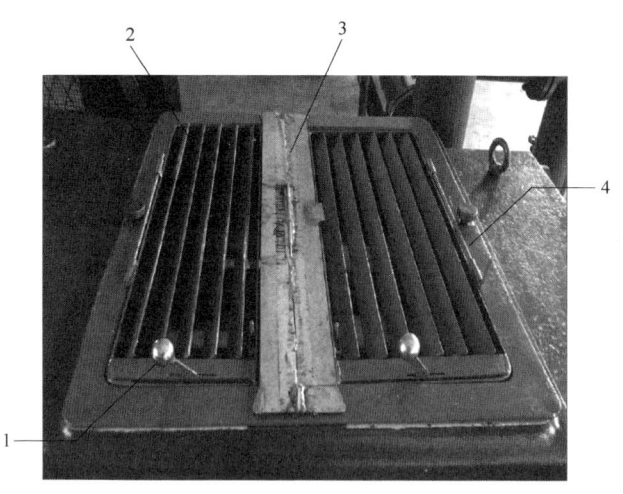

图 4　现场使用效果

1—隔栅开关;2—隔栅;3—自动滴注式柱塞润滑装置;4—开关轴

通过现场安装试验，该装置既可以对柱塞实现连续滴油润滑，又可以保持柱塞池内通风良好。

五、应用效果

该技术在华北油田推广应用以来，密封填料的使用周期由原来的约 2~3d 延长到大约 90d，潮湿空气对密封填料总成的腐蚀明显降低，取得以下经济效益。

该装置在投入使用之前，每台注水泵每年密封填料的使用成本为：
$$P = nSa = 120 \times 15 \times 20 = 36000 \text{ 元}$$

式中　P——每年密封填料成本；

　　　n——每年更换密封填料次数；

　　　S——每次更换密封填料数量；

　　　a——每根密封填料成本。

该装置应用后，每台注水泵每年的密封填料使用成本为：
$$P = nSa = 4 \times 15 \times 20 = 1200 \text{ 元}$$

每台注水泵每年节约成本：
$$H = P_0 - P_1 = 36000 - 1200 = 34800 \text{ 元}$$

式中　H——每年节约密封填料成本；

　　　P_0——润滑装置使用之前每年成本；

　　　P_1——润滑装置使用之后每年成本。

每台注水泵每年仅密封填料即可节约 3.48 万余元，同时减少启停注水泵 116 次，减少对注水管线的冲击 116 次。

六、技术创新点

在注水泵柱塞池上方，安装储油箱、百叶窗、滴注笔，以保证润滑油能够滴在柱塞表面。该项目成果获两项实用新型专利（专利号分别为：ZL 201620362035.0、ZL201320414213.X）。

工艺类

玻璃钢油水管线刺漏故障与处理

李秉军　吴桂强　周　燕

（华北油田第五采油厂）

一、问题的提出

玻璃钢管线，具有轻质高强、耐酸碱、耐腐蚀、表面光滑、不结垢、无二次污染、抗老化、安装方便等特点。目前已在各油田生产单位广泛应用，生产效果显著、成效明显。由于玻璃钢管材特殊性，在使用过程中也出现了各种问题，连接处的管接头极易腐蚀损坏，管材表面受坚硬物质的外力作用，也极易破损，发生管线泄漏，造成大面积环境污染，给企业造成损失（图1）。玻璃钢油水管线的维修也存在施工人员多、施工强度大、赔偿面积大、修复时间长、维修效果差等问题。

图1　现场玻璃钢油水管线

二、故障现象

目前采油五厂有玻璃钢油水管线近100km。在维修中发现，玻璃钢管线碰到坚硬铁器，极易出现二次损伤造成大面积泄漏，所以不能动用机械设备维修，只能人工清理管线（图1）。玻璃钢管线一根长为8~10m，发生渗漏就得挖出两根管线，露出连接头（图2），使用4把1200mm的管钳合力才能打开。如果连接头腐蚀变形，则需要挖出前面的一根管线，甚至更多管线。如果用粘补的方法，成本较高，停井时间长，需要48h候凝。

图2　玻璃钢管线接头

三、故障原因

由于土层松软，一旦下雨，地面下陷，造成巨大的剪切力和扭转力，并且地下的流沙导致玻璃钢管线变形穿孔严重。玻璃钢管的特点是抗腐蚀强，但是它的力学性能比钢管差。为了达到少占用、不占用农田的目的，油田的油水管线大都分布在地头、沟边，每年春季，浇地开河槽增加了油水管线受到伤害的概率，春季也是油水管线发生刺漏的高峰期。这些内在的、外在的不确定因素，就是导致玻璃钢油水管线发生故障的原因。

四、故障处理

为了达到快速处理油水管线刺漏的故障，降低油井维修时间，维修人员发现使用连接装置是解决问题的最佳方法。

对上下接头攻丝并形成倒扣。钢质接头内攻丝并形成倒扣，这样钢质接头能够很好地和玻璃钢管线形成一体。

用钢质黏补剂涂抹在玻璃钢管线螺纹处，再连接上钢质接头，凝固后，承压效果更好。

根据玻璃钢管线工作原理和生产维修中发现的问题，制作一套玻璃钢管线快速连接装置。使用活接头等快速连接方式，进一步提高油井维修效率。

操作流程：首先将玻璃钢管渗漏部分切除，清理出玻璃钢表层，使玻璃钢头形成锥度。用前后接头进行管线表面攻丝成螺纹。退出前后接头，在玻璃钢表面成螺纹部分，涂抹均匀钢质黏补剂。套入前后接头、拧紧，中间用活接头连接。在钢质接头内扣上和玻璃钢表面处，再次涂抹强力胶。候凝2~3h，即可开井试压，管线不渗不漏，正常后启井。

注意事项：

（1）玻璃钢连接处表面，一定要清理干净；

（2）玻璃钢表面攻丝一定要成螺纹，由外到内保证由深到浅；

（3）涂抹强力黏胶时，一定要涂抹均匀；

（4）管线连接后，一定要打压试验8MPa合格后，方可投入生产。

五、应用效果

2018年，全厂24口油井和6个环线管线，利用此装置进行了管线维修，效果显著。

1. 经济效益

（1）效益计算=180（24口油井两天产量及环线停井产量）×1883.59元/吨（原油效益）=34（万元）。

（2）每年减少管线更换及维修费用=1500元×20次=3（万元）。

（3）减少青赔费支出：20次×5000元=10（万元）。

（4）装置费用：20次×1200元=2.4（万元）。

（5）创效=34+3+10-2.4=44.6（万元）。

2. 社会效益

使用玻璃钢管接头维修管线，大大提高了玻璃钢油水管线维修效率，为油水井管线正常运行提供了物质保障和技术支持，为企业消除隐患、提质增效做出积极贡献。

六、技术创新点

玻璃钢管线连接装置的钢接头内扣为锥形倒扣设计，便于在玻璃钢表面攻丝成扣，还能与玻璃钢管线形成一体，增加牢固性，整个装置利用活接头连接，提高了维修效率。该装置已获实用新型专利（专利号：ZL201821268106X）。

常用阀门密封故障与处理

徐立东　何志刚　郭丹婷

(华北油田第四采油厂)

一、问题的提出

目前华北油田广泛使用的阀门是闸板阀和截止阀，这两种阀门的外密封均采用填料密封。由于阀门开闭频繁或由于制造、使用选型、维修不当，阀门密封填料磨损严重，发生跑、冒、滴、漏现象，既影响正常生产，又污染环境，还易引起火灾、爆炸、中毒、烫伤事故，为了保证阀门密封可靠就需要及时更换密封填料。但在更换阀门密封填料过程中存在掏取不容易、加工制作困难、加工质量难以保证以及更换前需要断流放空等问题。

二、故障现象

阀门密封填料处发生跑、冒、滴、漏现象，通过压紧密封填料压盖还不能消除泄漏时就需要更换阀门密封填料。更换密封填料前要先对泄漏阀门段进行断流并放空，然后拆卸阀门密封填料压盖，用特制的工具掏取出旧密封填料，人工量取剪制新密封填料并按要求加入。但目前常用掏取密封填料及制作密封填料方法都费时费力，掏取密封填料不平稳易损伤丝杠及填料函，并可能对操作者造成人身伤害。制作密封填料受人为操作影响因素较多，易造成实际值与测量值不符，密封填料长短不一，切割角度达不到要求，毛边较多，制作质量差，易造成刺漏，污染场地，重新加工又造成浪费。

三、故障原因

1. 常用阀门内部结构

闸板阀和截止阀内部结构如图 1 所示。

2. 原因分析

阀门在长时间使用中，由于开闭频繁造成阀门密封填料磨损严重，发生

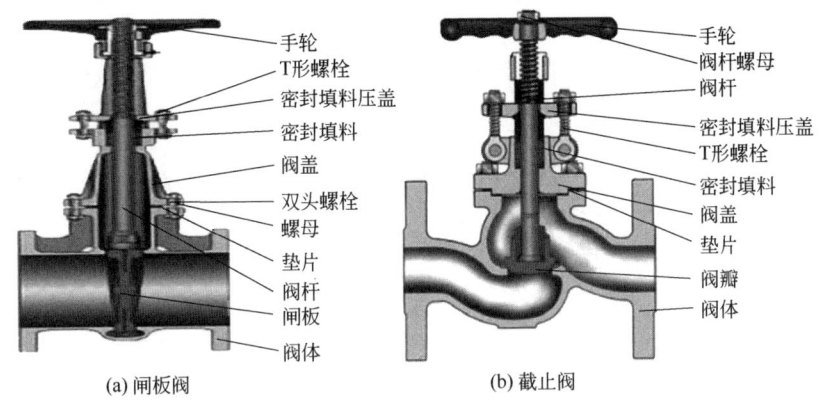

图 1 常用阀门的内部结构图

跑、冒、滴、漏现象，密封填料磨损老化，造成泄漏。而阀门拆装密封填料处因为空间狭小，常用的自制工具取出密封填料较困难，费时费力，其操作不平稳，易损伤丝杠及填料函，并可能对操作者造成人身伤害。

常用密封填料制作方法是将密封填料围绕丝杠做记号并用剪刀剪取，由于密封填料的卷曲到位不易把握，人为操作影响因素较多，易造成实际值与测量值不符，密封填料长短不一，切割角度达不到要求，毛边较多等问题，从而造成密封填料安装质量达不到要求，易造成刺漏，污染场地，重新加工制作还造成一定的浪费。以往在取出旧的密封填料时密封填料压盖靠自重下沉，影响取出密封填料操作，通常都是一手托扶或找铁丝等拴挂住。

更换阀门密封填料时，为了防止管道中的流体在进入阀门的空腔后从阀门中漏出，一般需要先将管道中的流体排出而后再进行更换密封填料作业。此时必须将流程切换至旁路管线，然后将与阀门连接的上下游管路停用，压力放空落零后才能操作，有时候上、下游控制阀关闭不严，还必须停产，既烦琐又耽误生产。高温、高压、有毒介质放空时还容易造成环境污染或火灾爆炸危及生命安全，存在一定的危险性。

四、故障处理

1. 故障处理要求

根据阀门的构造、密封特点、加工方式、工作原理等进行系统分析研究，找出故障处理要求（图2），提出了多套阀门密封故障处理解决方案，通过实施应用对比进行优化。

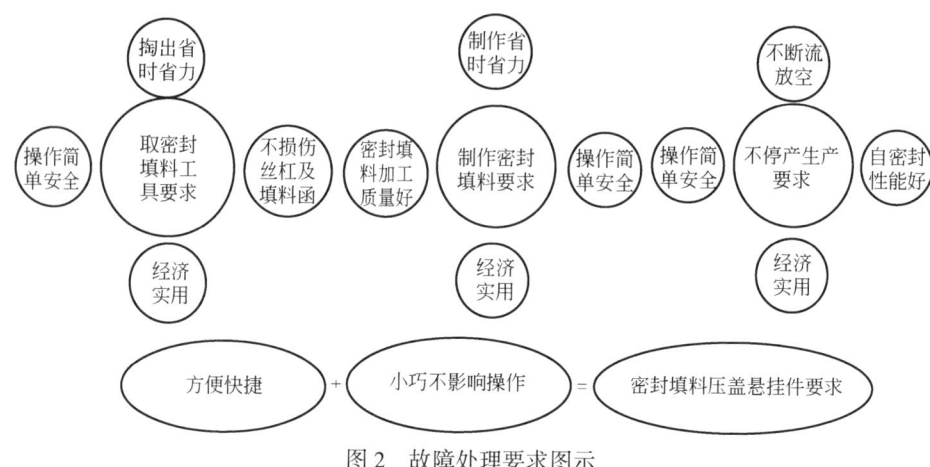

图 2 故障处理要求图示

2. 选择密封填料压盖悬挂件

通过对比分析（图3），常用铸钢材质阀门悬挂密封填料压盖件选用小块永久强磁铁，在需要加密封填料时直接将压盖吸附在阀门手轮支撑座上，简单易行。

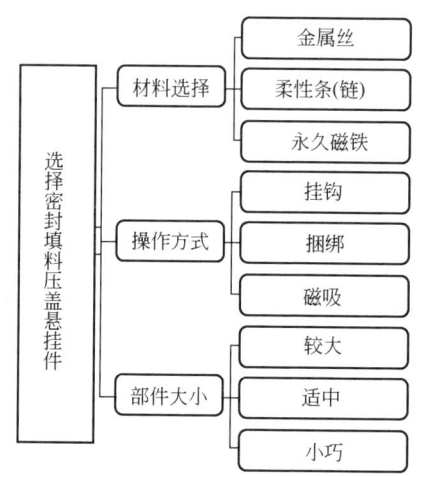

图 3 选择密封填料压盖悬挂件故障处理要求图示

3. 使用新型掏取密封填料专用工具

研制多种掏密封填料工具，经过对比实验，形成了现在的双尖头结构掏密封填料专用工具（图4），该工具掏取密封填料省时省力，不损伤设备。

4. 应用新型切割密封填料专用工具

研制出一种新型切割密封填料专用工具（图5），适应不同的密封填料大小、长度量取切割，方便小巧，经济实用，切割密封填料快且质量高。

图4　新型掏取密封填料专用工具　　图5　新型切割密封填料专用工具

5.研制应用新型自密封阀门

研制出一种新型自密封阀门（图6），能够通过提升动密封件，该动密封件固定于阀杆上，可以随着阀杆向上运动，直至该动密封件与阀盖的上端内壁接触并密封阀门的空腔，因此，由于阀门的空腔已经被密封，使得管道中的流体在进入阀门的空腔后不会从阀门中漏出，不需要停产放空就能进行更换密封填料作业。

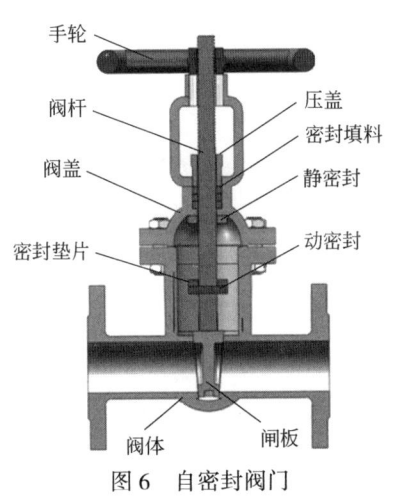

图6　自密封阀门

五、应用效果

2018年初这套阀门密封完整性解决方案通过了第四采油厂采油作业区的应用试验，实现了不用停产放空就能更换密封填料。

（1）经济效益：目前已经推广应用 20 个自密封闸阀。换自密封闸阀密封填料每年减少各类区域停产放空 360 次，区域停产放空一次平均损失原油 0.5t（原油价格 3000 元/t），每年可减少原油损失达 180t。平均每次更换阀门时间由 90min 减少至 10min，需要两名员工操作，员工平均工时 55 元/h，一套自密封闸阀制造成本约 2500 元。

每年减少人工费用：（90−10）×360÷60×55×2 = 5.28(万元)。

每年减少原油损失：360×0.5×3000 = 54(万元)。

20 套自密封阀门年创效：（52800+540000）−（2500×20）= 542800(元) = 54.28(万元)。

（2）社会效益：提高工效，节省劳力，降低员工维修中的机械伤害风险，杜绝排放环境污染，操作便捷安全。

六、技术创新点

悬挂密封填料压盖件选用小块永久磁铁实用便捷；双尖头结构掏密封填料工具，掏取密封填料省时省力，不损伤设备；新型密封填料切割器，切割密封填料安全快捷质量高；新型自密封阀门的应用可实现不停产放空就能更换密封填料作业。该项成果已获实用新型专利，专利号：ZL201620818297.7。

抽油机井单井加药效率低故障原因与处理

方群 余刚 王新亚

(华北油田第四采油厂)

一、问题的提出

华北油田采油四厂别古庄采油作业区管理京9、京11等6个断块295口采油井（其中开井200口），为确保油井的正常生产，根据油井的不同特性加入不同的药剂，从而延长热洗、检泵周期，不断稳定并提高单井产量，平均每天有16井次需要加药。随着一线退休人员的增加，操作人员逐渐减少，致使在工作任务不变的情况下，生产一线员工人均工作量逐渐增多。在保证油井正常生产的首要前提下，降低员工工作量的同时，提高工作效率势在必行。

二、故障现象

目前作业区有50余井次需要加药，由于现场操作人员减少，油井加药不及时，不能按照规定的加药周期进行加药，致使单井加药效率逐渐降低，从而导致不正常检泵井增加，作业费用增加，不能按时完成生产任务。以作业区采油一站为例，目前共有6口井需要加防腐阻垢剂，加药周期为10d，加药量是每井次50kg，累计负重达1550kg。由于加药不及时导致管道的回压升高，损害采油设备，从而影响油井的正常生产。回压升高后需要及时进行扫线，使扫线成本增加，同时加药效率的降低造成油井检泵周期缩短，作业成本升高。

三、故障原因

1. 现场加药方法效率低

现场多采用可拆卸的加药罐加药，这种方法加药流程烦琐，加药用时长，3名员工将当天所用药剂、加药罐装入巡井车上，然后司机驾驶巡井车，拉上2名员工，来到单井现场。首先将加药罐的连接管通过卡箍连接在套管上，将

25kg药剂倒入加药罐内,关闭放空阀,打开套管阀门,等药剂全部流入井内后,再关闭加药流程,放掉加药罐内的气体,然后再举升加药桶,重复前一工序,直至将50L药剂加入井内,用时32min。6口井加完,算上路途时间至少需要4h。由于其负载重,所以该项工作只能由男员工进行操作,不适合女员工操作。

这种加药罐加药弊端多:一是需要多人配合;二是操作步骤复杂;三是加药罐容积小;四是浪费药剂。

2. 单井加药时间长

通过调查统计作业区单井加药时间,发现此种加药方法操作时间长达32min,耗时最长的是安装、拆卸加药罐的时间,其次是药剂入井的时间(表1)。

表1 单井加药时间统计表

序号	操作名称	操作时间,min	用时占比,%	备注
1	安装、拆卸加药罐	12	37.5	用时最长
2	药剂入井	9	28.1	—
3	举升倒药	5	15.6	—
4	连接流程	4	12.5	—
5	其他	2	6.3	—
	合计	32	100	—

四、故障处理

1. 提高单井加药效率分析

通过数据对比分析,确定造成单井加药效率低的主要原因是加药罐本体重、药剂入井时间长和流程连接烦琐等3个方面。鉴于加药流程是一道连续的工序,只要提高其中一项工序效率,就能提高单井加药的总体效率。首先,将单井加药工作量进行分解(图1),发现只要不用安装加药罐,就能减少57%工作量,而减少搬药剂次数,则能减少29%工作量。

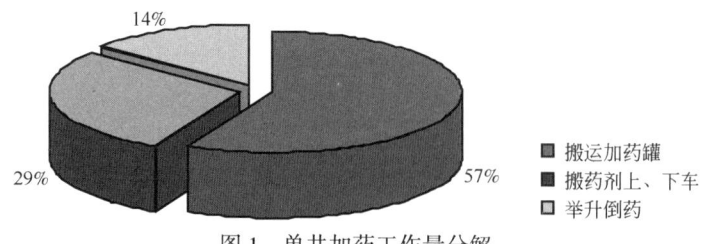

图1 单井加药工作量分解

2. 分门别类制定加药方法

为制定出有效的加药方法,对作业区各生产井井口状况进行了统计,共分以下四类:拉油点井、井口房单井、偏心井口油井和 250 型普通井口的油井。根据现场情况,可以采取不同的加药方法。

1) 点滴加药法

针对有井口房的油井或拉油点井,加药罐安装在井口、药剂放在井口房都不会丢失,因此采用点滴加药法(图 2)。将点滴加药罐直接安装在井口上,按时往加药罐内加入定量药剂,这样不用来回搬运药罐,省去了搬运的时间,从而提高加药效率。

图 2　点滴加药罐

2) 焊接三脚架,改进加药罐

针对无井口房、非拉油点生产井的采油树,对加药罐进行改造,焊接上一个三脚支架(图 3),将加药罐固定在巡井车上,用高压软皮管通过快速接头,连接加药罐与油井井口套管。这样可以不用搬运加药罐,节省搬运加药罐的时间,提高效率,但由于套管气上顶的因素,使加药罐内的药剂流入套管内速度缓慢。

3) 接气平衡旁通线,提高加药速度

借助分离器压液面原理,从偏心井口测试阀门处接气平衡旁通线,实现了压力平衡,加药速度显著提高。针对 250 型井口,在套管接头的连接处接气平衡线,实现了压力平衡,但加药速度不如偏心井口显著,而且依然需要人工举升药剂,加药效率提高不明显,同时受井口位置影响,药剂无法全部流入井内,造成药剂的浪费。

图3 三脚支架点滴加药罐

4) 利用计量泵做动力，改进车载加药装置

改进思路：利用最少的人力、物力，在最短的时间内将药剂加入井内，并且能符合生产要求，让装置达到省、快、灵的目标。

省力：把传统靠重力加药方法提升为靠外动力加药。

快捷：依靠动力连接加药剂和加药泵，连续不断地加药，设定加药量。

灵活：井口依靠快速接头连接灵活。

改进后的车载加药装置主要由动力系统、电力系统、连接部件等3部分组成。

选用型号为JGM-320/0.4-SS304的机械隔膜式计量泵作为动力系统，计量泵具有的特点：压力0.8~1.0MPa；密封不泄漏；不锈钢304泵头质量稳定、安全可靠、连接方便；5min内能抽完25L的液体。

电力系统由电源、防爆开关、快速插头、防爆空开组成。

选用DN65mm变DN25mm的变径，用承压10MPa的高压软管连接变径短节，再接至套管。将高压软管连接至泵出口，再用快速接头连接至套管变径短节，最后接至套管。以上变径、高压软管、快速接头各连接部件的经安全测试，其耐压等级均符合安全要求。

加药装置的操作方法是首先将泵固定在平台上，泵的进口连接加药桶，泵的出口通过承压10MPa的软管与套管相连，动力电源从配电柜接入，启动开关后可以将药桶内的药打入井内。改进后加药装置使用时每次只需要一人就能完成加药任务，解决了人员紧张、工作量大的实际难题，效果非常显著，可应用于作业区各单井加药作业。

五、应用效果

1. 经济效益

作业区单井通过分门别类采用不同的加药方法,平均单井操作加药时间由原来的 32min 降至 11min,大大提高了单井加药时间、单井加药效率。措施实施后,减少了天然气放空量,减少了环境污染,年节约天然气量 202m³,达到节能减排的目的。以往加药操作时桶内或罐内的药剂总有漏失,无法全部加入,措施实施后年减少药剂漏失量达 1010kg。

经济效益:年节约天然气排空量 202m³,按油公司天然气单价 1.09 元/m³,创效 1.09×202=221 元。年节约药剂漏失量 1.01t,创效 7000×1.01=7070 元。累计创效:218.8+7070-3080(计量泵成本)=4209 元。

2. 社会效益

加药程序简单化,提高了员工的工作热情;操作快捷方便,提高单井加药的工作效率;提高了油井化学防蜡的及时性;由多人操作变为单人操作,降低员工工作量;减少放空次数,降低环境污染。

六、技术创新点

依据油井生产特性,分门别类加药,用计量泵当动力,大幅度提高加药效率,降低岗位员工工作量。该装置已获专利授权(专利号:ZL201420735589.5)。

抽油机井口偏磨故障与处理

曾庆伟　张文超　李海军

（华北油田二连分公司）

一、问题提出

在抽油机井的日常管理中，经常会遇到抽油机井口与光杆偏磨的问题。在偏磨问题井中，有一部分抽油机井调节井口对中无效，造成了光杆偏磨、密封填料损坏、井口污染等诸多问题，导致抽油机光杆、密封填料使用寿命降低，更换频繁。不但增加了采油成本，影响了油井生产时率，增加了操作员工的工作量，还会造成环境污染。

二、故障现象

2013年，针对二连分公司阿南作业区部分抽油机井偏磨情况的现场调查结果如下：A7-17井口下沉引起偏磨；11-219井因井口管线下沉，造成井口与抽油光杆产生倾角，无法进行光杆对中调整。2013年作业区A11-219、A36-5两口井更换光杆2根，更换密封填料120次，清理井口油污34次。更换密封填料影响生产120h；清理油污耗时17h；更换光杆影响生产16h；2口井当年影响生产时率136h；因井口偏磨导致操作员工工作量增加153h。

三、故障原因

因井口改造、作业施工、部分油井处于土质松散地带，尤其是雨季雨水浸泡等原因，地下管线错位、变形、基础下沉，地层变化等原因拉拽采油井口，造成采油井口与抽油机光杆不同心，导致密封填料磨损严重，从而发生井口偏磨漏油。

四、故障处理

1. 方案一

1) 设计分体式光杆密封器

为解决抽油井光杆轴心线与抽油机井口轴心线产生的倾角问题,根据"曲面原理",防偏磨光杆密封器上、下两部件可调节接触面,采用球、瓦式连接;球面与球瓦的连接方式,借助曲面连接特点,实现光杆密封器密封部分与光杆的轴心线同心度调节,以达到调正光杆与光杆密封器之间的偏斜角度的目标(图1)。

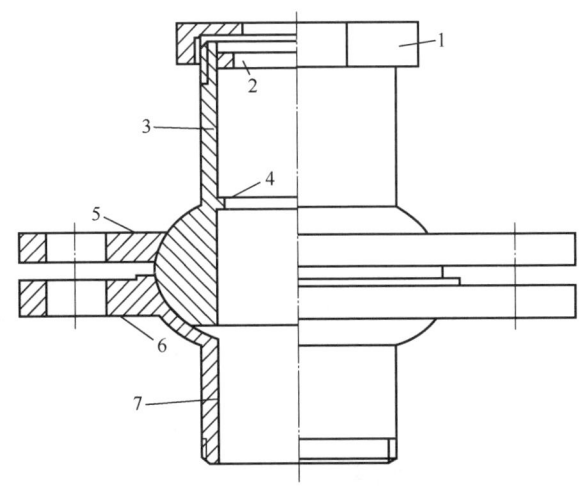

图1 防偏磨光杆密封器结构示意图
1—光杆密封器压盖;2—上格兰;3—光杆密封器主体;4—下格兰;
5—上调节法兰;6—下调节法兰;7—尾部

防偏磨光杆密封器主要由密封填料盒压盖、上格兰、光杆密封器主体、下格兰、上调节法兰、下调节法兰、尾部组成(图2)。其中下法兰与尾部一体化设计;上法兰与光杆密封器主体为活动配合。上部分接触面设计成半球形,下部分接触面设计为半球瓦形,由于是两曲面相连接,因此可以实现竖直方向的角度调节。通过光杆密封器上部角度的调节,保持光杆密封器与抽油机光杆垂直同心后,紧固上、下两部件间的连接法兰。

2) 现场应用

在现场安装使用时首先将防偏磨光杆密封器下部带有调节瓦(固定法兰)部件,螺纹一端朝向下方从抽油机光杆顶端套入;通过尾端螺纹与胶皮闸门

(a)防偏磨光杆密封器下调节瓦　　　　(b)防偏磨光杆密封器部件分解图

图 2　防偏磨光杆密封器加工实物图

连接紧固。将调节球部分及上活动法兰两部件，按调节球朝向下方位置从光杆上套入，坐封在调节瓦上。将密封填料添加到光杆密封器内，通过填料的扶持作用，将光杆与防偏磨光杆密封器的调节球部分调节同心对正。此时将调节球端的活动法兰盘与调节瓦端的法兰盘对正，调节好间隙，安装好螺栓，紧固，即可正常投入使用（图3）。

(a)防偏磨光杆密封器分解图　　(b)防偏磨光杆密封器安装过程图　　(c)防偏磨光杆密封器安装效果图

图 3　防偏磨光杆密封器现场安装图

2. 方案二

1）设计一种密封填料盒扶正装置

装置的总体设计主要由扶正块、扶正器主体、两大部分组成（图4）。扶正块由聚四氟乙烯加工而成；扶正块为高度40mm，直径ϕ60mm的圆柱体，首先沿中轴线纵向切割出一个直径ϕ30mm的通孔。扶正块20mm处（高度的一半）横向切割深度为30mm（扶正块直径的一半），扶正块纵向切割深度20mm，切除扶正块的四分之一，在扶正块环状本体上进行宽度为30mm的开槽与通孔相连；两块扶正块成为一组，一组的高度为60mm。每两个扶正块对接为一组，一共三组。

(a) 扶正块组合图　　　　　　　　(b) 扶正块分体图

图 4　由聚四氟乙烯加工而成的扶正块

扶正器扶正本体（图 5）由一个长度为 300mm 异径钢坯加工而成，一端敞口、一端封口；敞口一端为外径 86mm、内径 73mm、长 100mm，加工成内螺纹，与密封填料盒的外螺纹相连接；封口一端为外径 73mm，内径 63mm，本体长度为 200mm，加工成长 40mm 的外螺纹，与封井器相连接，封口端面厚度为 6mm，在封口边缘对称开两个直径 $\phi 10mm$ 的小孔。在短节封口端的中轴线上开一个直径为 34mm 圆孔。

(a) 扶正器扶正本体封口展示图　　　(b) 扶正器扶正本体敞口展示图

图 5　扶正器扶正本体

2）工具的组装

用自行研制的外径为 73mm 扶正器主体与内径为 73mm 的卡箍头连接。将扶正块 2 个一组，共计 3 组，依次装入扶正器主体内部（图 6）。

组装好的光杆密封器扶正装置，可以与多种型号的光杆密封器组装（图 7）。

3）现场安装

油井放压后，先安装扶正器装置，再连接光杆密封器。安装后光杆偏磨情况立即得到明显改观，达到了对中的正常范围之内（图 8）。

(a) 扶正器连接效果图

(b) 扶正器扶正块安装位置图　　(c) 扶正器连接方式图

图 6　扶正器主体与卡箍头连接

(a) 扶正块安装于光杆密封器下部

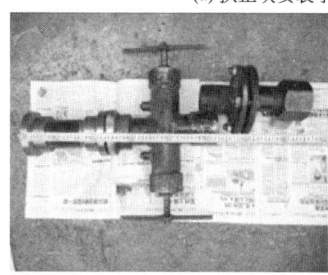

(b) 扶正器安装于胶皮阀门下部　　(c) 扶正器与纠偏光杆密封器配合

图 7　光杆密封器扶正装置应用场景

4）维护与更换

将扶正块两两一组依次嵌入扶正盒内，从而达到光杆与光杆密封器对中的目的。使用一段时间后，扶正块磨损严重时，卸下扶正装置。用一个小于

(a) 扶正器安装准备

(b) 扶正器安装扶正块位置图

(c) 扶正器安装效果图

图 8　扶正器安装图

10mm 的圆柱形金属棒从封口两侧的小孔中插入将损坏的扶正块，转动一个角度，可继续使用。在转动 4 次，扶正块无法使用后，再用螺丝刀将旧的扶正块取出，换上新的扶正块。一般情况下，半年转动一次扶正块，一套扶正块可连续使用两年以上。

3. 方案三

研制法兰式井口对中装置。法兰式井口对中装置的结构分上、下两部分（图 9）：上部分由一个外径 ϕ205mm 的活套法兰组成，活套顶部与脱皮阀门连接；下部分为一个外径 ϕ205mm 槽型法兰，槽内密封材质采用聚四氟乙烯材料。

槽型法兰处的环形凹槽用外径 ϕ130mm，内径 ϕ110mm，截面积为 10mm×10mm 的聚四氟乙烯环状密封环压入槽内密封，上下法兰用四条 ϕ16mm 的螺栓进行紧固。上部分活套法兰顶部与胶皮闸门底部连接，下部槽型法兰和井口管线连接在一起。光杆一旦偏磨，调整井口同心度时拧松螺栓、调整活套，当光杆调整到中心位置将四条螺栓对角紧固即可（图 10）。

(a) 调整活套示意图　　(b) 槽型法兰示意图　　(c) 聚四氟乙烯密封环

图 9　法兰式井口对中装置结构

(a) 调整活套结构图　　(b) 槽型法兰结构图　　(c) 调节装置安装效果图

图 10　应用效果图

五、应用效果

1. 经济效益

在二连分公司采用方案一推广应用 10 口井，年节约密封填料材料费：$10×(5-1)×6×12×8=1.44$ 万元。年节约更换光杆材料费及作业费 4.8 万元。年综合创效：$4.8+4.62+1.44=10.86$ 万元。

在采油四厂采用方案二推广应用 5 口井，单井更换此装置需费用 3500 元，单井增油产生效益 18.6 万元；全年产生效益 93 万元（5 口井×18.6 万元/井）。

在采油三厂采用方案三推广应用 2 口井，每月节支密封填料成本 1524 元；单井平均增产 3.018t/月，按吨油 3000 元计算，单井可实现经济效益 11.77 万元/年。

2. 社会效益

以上 3 种装置应用后，均减少了密封填料的更换频次。解决光杆偏磨问题，减少了井口油水的渗漏，降低了井场污染的风险。

六、技术创新点

防偏磨光杆密封器，通过分体式设计，上、下两部分间通过调节球与调节瓦的连接方式，可以实现装置的上半部分（密封部分）在一定角度偏转。以此来修复光杆与光杆密封器所产生的倾角，达到光杆密封器密封部分轴心与光杆保持同心的效果。解决了其他防偏磨光杆密封器不能解决的抽油机光杆产生的倾角所引发的偏磨问题。该技术获实用新型专利，专利号 ZL201320347455.1。

光杆扶正器包括扶正器本体和四组（每组 2 个，共计 8 个）扶正块。将一组扶正块（2 块）嵌入扶正盒内，起到扶正光杆的作用，使光杆与密封填料盒对中，解决了光杆与井口不对中产生的各种问题。该装置操作省时省力，杜绝了环境污染的发生，还节约了油井维护费用，已获实用新型专利，专利号 ZL201320400527.4。

法兰式井口对中装置利用分体式法兰微调原理，通过活套位置调节，解决了井口偏磨的问题，已获实用新型专利（专利号 ZL 2017 2 1907492.8）。

抽油井光杆断后联锁故障分析与预防

杨勇新　林文峰　魏昌建

（新疆油田准东采油厂）

一、问题的提出

抽油机井光杆是抽油设备的关键部件，具有两个作用：一是通过悬绳器和光杆卡子承受井下载荷；二是与井口光杆密封器配合起到密封井口的作用。由于光杆质量和各种复杂工况的影响，断脱现象时有发生。

二、故障现象

（1）光杆断脱后，如果光杆断口掉入井口光杆密封器以下，光杆密封器失去密封作用，井内油气水混合物喷出井口，造成环境污染。

（2）光杆断脱后如果不及时发现，电动机将会因上下行程负荷差距过大造成电动机过热而烧坏。

（3）光杆断后，离井口不到30m的盘管炉仍然明火进行保温，如果原油泄漏面积过大或天然气浓度过高，存在发生着火爆炸的安全隐患（图1）。

三、故障原因

造成故障的主要原因有以下3个方面：

（1）井口无防喷装置，光杆断后，井口无法控制井内及集油管汇中的油气从井口光杆密封器泄漏。

（2）光杆断后，如果电动机过载保护失效，抽油机不能及时停机，造成电动机上下负载差距过大，烧坏电动机。

（3）由于盘管炉是以天然气为燃料的明火加热装置，光杆断后，当油气大面积泄漏时盘管炉仍在燃烧，不能及时熄火，会造成着火爆炸的危害。

(a) 井场污染情况

(b) 烧坏的电动机　　　　　　(c) 井口与盘管炉间距

图 1　光杆断后造成的危害

四、故障处理

1. 解决思路

（1）防止油气污染→防喷→制作断后防喷装置——机械加工。

（2）防止烧坏电动机→停机→制作断后停机装置——电路控制。

（3）防止着火爆炸→停炉→加装可控燃气装置——电路控制。

2. 制作断后防喷装置

防喷器的结构见图 2，其原理是：光杆断后掉入井筒内，弹簧将推动杆推至限位孔处，使阀球进入内腔中，在浮力、井筒及输油管线压力的作用下，阀球与防喷器内腔锥筒面接触达到密封作用，从而避免了油气外泄。井筒中没有压力时，阀球在下挡板的作用下也不会落入井筒中（图 3、图 4）。

3. 研制联动电路

联动电路由直流 24V 电源、直流 24V 线圈中间继电器、激光对射开关、燃气电磁阀组成，其作用是将光杆断后实现停机并与燃气电磁阀实现联动（图 5）。

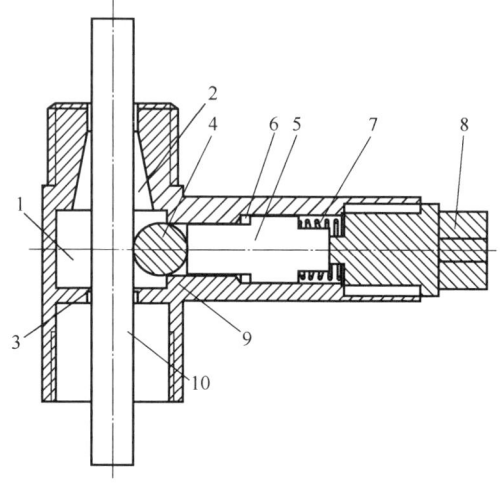

图 2　防喷器结构图

1—内腔；2—圆台面；3—下挡板；4—阀球；5—推动杆；6—推动杆限位孔；
7—弹簧；8—堵头；9—本体；10—光杆

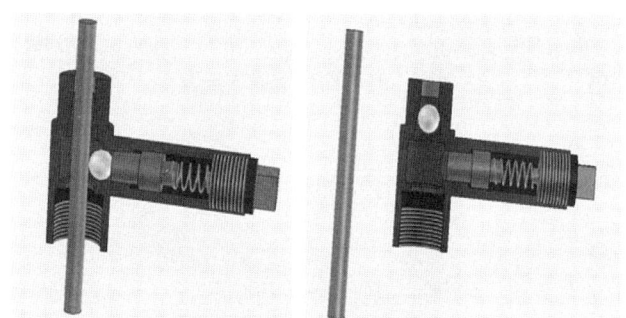

图 3　防喷器示意图

图 4　防喷器实物图

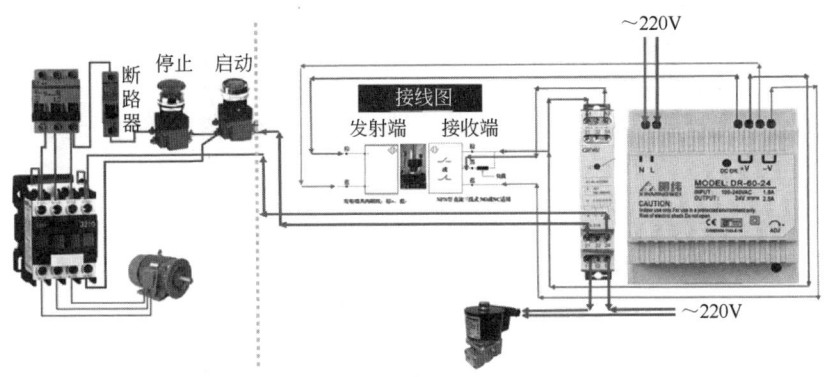

图 5 联动电路示意图

联动电路工作原理：

正常运行时：合上电源→直流 24V 电源得电→输出 24V 直流电→激光对射开关（NPN 型，中间有光杆遮挡）得电→直流 24V 中间继电器线圈得电→直流 24V 中间继电器两组常开触头闭合。燃气电磁阀得电吸合阀芯→盘管炉正常通气→点火；按下抽油机启动按钮→启动电路形成回路→交流接触器线圈得电→电动机得电启动。

光杆断脱后：激光对射开关（NPN 型，中间无光杆遮挡）→激光对射开关接收机受发射机光电信号动作→内部回路断开→直流 24V 中间继电器线圈失电→直流 24V 中间继电器两组常开触头断开。燃气电磁阀失电阀芯下落→盘管炉断气→熄火；抽油机控制电路回路断开→交流接触器线圈失电→电动机失电停止运转（图 6）。

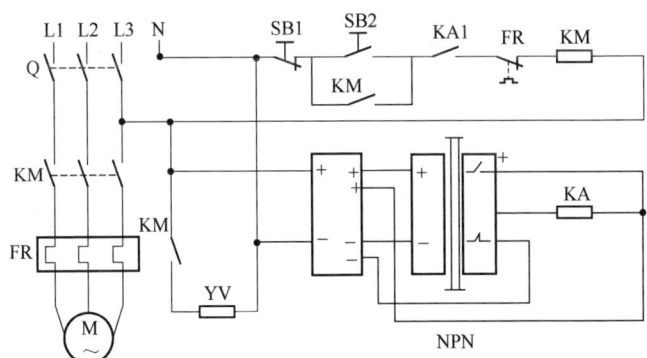

KM：交流接触器线圈　　SB1：停止按钮
YV：电磁阀线圈　　　　SB2：启动按钮
KA：中间继电器线圈　　FR：热继电器

图 6 联动电路电路图

五、应用效果

制作了光杆断后应急联锁装置整体试验平台（图7），对防喷器及联动控制电路的应用效果进行试验。

图7 光杆断后应急联锁装置试验平台

1. 光杆断后应急联锁装置安装步骤

（1）安装光杆断后防喷器（图8）。将防喷器安装在光杆密封器与胶皮闸门之间，便于在加密封填料操作时可进行检查防喷器阀球磨损情况。

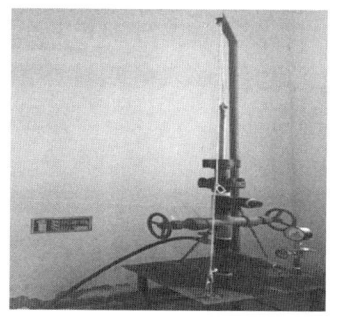

图8 光杆断后防喷器的安装

（2）安装激光对射开关（图9）。激光对射开关支架采用折叠式设计不妨碍填加密封填料、紧光杆密封器操作。

（3）加装燃气电磁阀（图10）。将燃气电磁阀与原有盘管炉供气管线中手动控制阀门进行并接，正常运行时手动控制阀门关闭，盘管炉供气、停气由燃气电磁阀控制。

2. 光杆断后应急联锁装置试验效果评价

通过对防喷器及联动控制电路应用效果试验，证明本装置具有防止油气污染、保护电动机、避免着火爆炸的作用。

 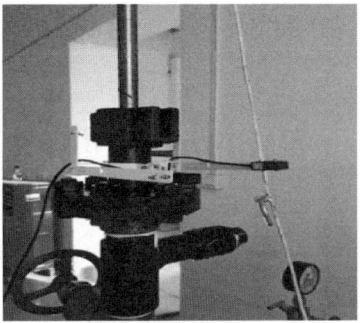

图 9　激光对射开关的安装

图 10　盘管炉供气管线加装燃气电磁阀

六、技术创新点

利用防喷器内阀球与内腔锥筒面接触达到密封作用，从而避免了油气外泄。通过加装燃气电磁阀及激光对射光电开关组成的联动控制电路，在光杆断后进行联动，保护了电动机并及时关闭了燃气阀，消除了安全隐患。该装置已获得实用新型专利（专利号：ZL 201520312901.4）。

抽油井口偏斜故障原因与处理

张 军 李小方

(新疆油田陆梁油田作业区)

一、问题的提出

采油生产现场时常出现井口偏斜现象。对于抽油井,需要进行光杆对中,由于井口偏斜或大小四通法兰不水平导致光杆无法对中,甚至在抽油机运行过程中光杆偏磨,造成光杆密封器密封周期缩短,更换密封填料十分困难。增加了现场生产管理难度。

二、故障现象

(1) 抽油机在基础上已调至极限位置,光杆依旧紧贴于井口管壁。

(2) 井口大小四通法兰不水平,采油树或光杆密封器纵向不垂直,导致无法对中(图1)。

(3) 抽油井运行过程光杆偏磨,光杆密封器密封周期缩短,更换密封填料困难,加不进、掏不出。

图1 大四通法兰不水平引起井口不对中

三、原因分析

（1）抽油机井口对中操作是抽油机及光杆向井口找中心的过程，基准是井口，如果井口法兰不水平造成井口偏斜，抽油机需要移动的距离将大幅增加，而抽油机基础固定螺栓的位置是相对固定的，抽油机移动的距离受到限制。

（2）修井队坐封井口未按规定测量井口法兰水平度，井口大小四通法兰螺栓松紧不一致。

（3）井筒偏斜，固井质量不达标，表层套管水泥返高不合格。

四、故障处理

1. 常规处理及预防

修井挂抽前，修井队应按规定测量井口大小四通法兰水平度，确保井口大小四通及光杆密封器水平。现场操作者在抽油井对中操作前应先落实井口法兰水平度及井口垂直度。采油队与修井队针对光杆与井口对中工作交接应提前至修后挂抽环节，避免重复工作，影响开井时率。

对于偏斜不严重的井可采取调整大小四通法兰螺栓的方式进行调整，或采用异型钢圈进行调整。

2. 井筒偏斜处理方法

对于采取常规方法仍然不能调整的井口，极有可能是因为固井质量不达标，表层套管水泥返高不合格导致地表附近的井筒偏斜所造成的。需要开挖井口套管头，检查井口套管的偏斜状态，并在表层套管一定深度位置开窗，检验表层套管水泥返高。若需要校正，先用绷绳校正井口大四通法兰水平，配比比例合适的水泥浆进行表层套管水泥固井，固井后将表层套管窗口焊接封堵，待水泥凝固后即可开井生产。

3. 生产实例

SN6194井自2017年8月投产，原采用CYJ12型游梁式抽油机生产。检泵维修周期不足90d，每次修井后现场班组反映无法对中，抽油机基础已经调整到极限位置。采油树井口法兰间距一致，大四通底法兰严重不水平。抽油井运行后，光杆与井口有明显的偏磨现象，井筒内也有碰挂声。2019年4月，采用螺杆泵生产不足60d，杆柱磨断，井口螺杆泵小四通法兰严重不水平（图2），预判为井筒偏斜造成井口不正。开挖井口后发现表层套管水泥返高不合格，从地面至地下9m左右的表层套管环形空间为空（图3），油层套管偏向表层套管一侧，井筒偏斜严重（图4）。

图2　螺杆泵井小四通法兰不水平

图3　表层套管开窗

图4　套管偏斜

先用绷绳紧绳器校正井口大四通法兰水平（图5），然后在套管与表层套管环形空间顶部焊接支撑管（图6），配比比例合适的水泥浆进行表层套管与油层套管环形空间水泥封固（图7），并将表层套管窗口焊接封堵，待2d水泥凝固后开井生产。

五、应用效果

采油队与修井队将光杆与井口对中工作交接前移至挂抽环节后，避免了重复工作，提高了开井时率。

图 5　绷绳紧绳器校正井口水平

图 6　表层套管焊接支撑管

图 7　表层套管水泥固井

修井挂抽前，修井队按规定测量并调整井口大小四通法兰水平度，保证了井口的基准，修后井口对中操作频次大幅下降。

对于井筒偏斜的处理方法，已经应用调整 SN6941、SN6526 两口生产井，消除了井口偏斜导致的光杆无法对中故障，恢复正常生产（图8）。

六、技术创新点

因地制宜治理井口偏斜导致的抽油井井口无法对中、无法正常生产等问题。明确井口作为抽油井光杆对中基准的重要性。对于井筒偏斜问题的治理提供了切实可行的施工方案。

图 8 校正后螺杆泵井小四通法兰水平

稠油井套管放气故障及配套技术

杨文学　朱建雄　朱安江

(新疆油田风城油田作业区)

一、问题的提出

在油田开发过程中，随着油气的产出，在抽油机井套管内会产生大量的天然气，称之为套管气。如果不及时将气体排出，将影响井下深井泵的正常工作，采油工经常要对抽油机井内伴生的套管气进行放压。在稀油油田开发中，广泛采用井口定压放气阀，可以自动排出套管内的气体，但在稠油油田如何做到套管气自动排放却成了技术难题。

二、故障现象

在稠油油田生产现场，由于大多采用人工排放套管气，导致套管气体不能及时的排出，产生了各种各样的问题，具体表现在以下6个方面：

（1）套压高使得套管内的动液面下降，抽油泵的沉没度降低。

（2）操作人员在井口放套管气时，如未控制好阀门的开度，就会造成套管喷油，甚至会造成大面积环境污染。

（3）若不能平稳地排放套管气，会造成地层出砂严重，对油层造成破坏。

（4）人工放套管气会造成局部有毒、有害气体含量升高，形成安全隐患。

（5）套管气排放不及时，导致套压过高，造成油井间歇出油甚至停产，缩短密封填料的使用周期，使井口光杆密封器漏油，造成环境污染。

（6）冬季易发生井口套管气排放管线或阀门冻堵现象（图1），频繁地解冻堵作业，花费大量的人力、物力。

三、故障原因

人工排放套管气方式管理难度大，特别是稠油井采用注蒸汽开发，造成套管内气体湿度大，冬季易发生排气管线和阀门冻堵现象，操作员工劳动强度大。

图 1 套管阀门及出气管线冻堵

采用在地面安装定压放气阀进行自动排气,需要修改井口流程,进行保温工作,增加了维护保养的工作量(图2)。

图 2 地面放气阀工作量大

四、故障处理

1. 设计思路

把地面放气阀设计到井下,串接在油管上,在油管与油套环形空间形成通道,既能降低套管压力,又能将套管气排放到油管,随井液进入密封生产流程中。

2. 工作原理

井下放气阀结构见图3。

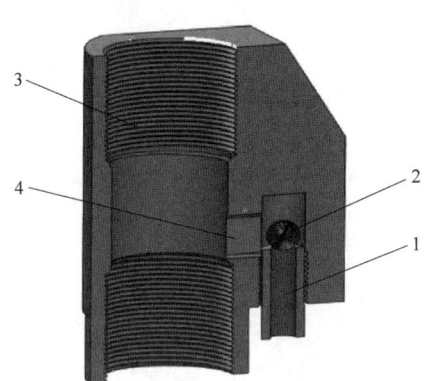

图3 井下放气阀全剖图
1—套管气进气通道；2—阀球体；3—管螺纹；4—套管气进入孔

工作原理：当套管内气体大于油管内部压力时，套管气从进气通道进入，将阀球顶起，经进气孔进入油管内腔，完成套管气泄压。

当套管内的气体压力低于油管内压力时，阀依靠重力下落，阀与阀座相接，油管内的油不能返回套管，完成套管气泄压。

放气阀连接在油管的中间，根据设定套管气排放压力差的大小，确定单流阀下入的深度，实现自动定压排气功能。

3. 现场安装

放气阀利用管螺纹与油管连接，使其与油管成为一个整体（图4）。

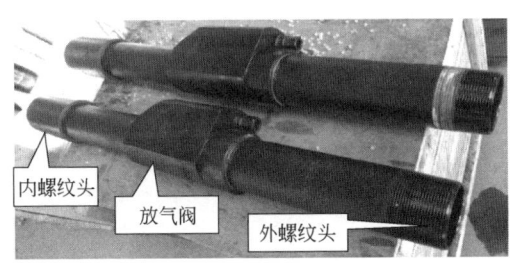

图4 放气阀

开展地面耐压密封性试验，试验压力达到10MPa以上，稳压5min，压降小于0.5MPa（试压介质为空气）。

放气阀连接在采油树下部与油管串接，根据串接深度进行定压（连接在油管中间不同深度的位置），在套管阀门出口安装压力表，方便观察套管内定压情况（图5）。

图 5 井下放气阀现场安装

五、应用效果

本装置在风城油田作区安装 3000 余套，应用效果良好，产生如下社会效益：
（1）降低操作员工地面维护的劳动强度。
（2）避免了因人工放套管气不平稳造成地层激动出砂的隐患。
（3）减少地面排放套管气对环境的污染。

六、技术创新点

通过改变放气阀的外形结构，将套管气放气阀下入油井内，实现了稠油井套管气自动定压排放。

储油罐罐基故障与处理

李培斌　李阳超　刘敬龙

（新疆油田准东采油厂）

一、问题的提出

吉7井区开发过程中，60m³圆形储油罐是单井新投后储油和标定产液量最常用的容器。随着新投井的逐年增加，所需60m³圆形储油罐数量也随之增加，而在投用60m³圆形储油罐时必须先堆建罐基，但罐基在使用过程中存在许多问题，需要改进。

二、故障现象

60m³圆形储油罐罐基在建设、使用过程中存在建设成本高、周期长、破坏环境、无法重复利用、存在安全隐患等问题（图1）。

图1　60m³圆罐罐基图

三、故障原因

（1）建设成本高、周期长，每建一座罐基需要 5 万元投入，建设周期为 7~10d。

（2）建设罐基，需取土堆土，破坏环境。每建一座罐基，需要从指定的取土点来回拉运，动用土方量大，造成环境破坏。

（3）无法重复利用。油井进系统生产后，需要将罐基推平，恢复地貌，造成罐基无法重复利用，浪费成本。

（4）存在安全隐患。由于风蚀雨浸，生产过程中罐基疏松、局部塌陷，导致油罐倾斜，存在安全隐患。

四、故障处理

针对以上问题，按照模块化、橇装化的思路，研制储油罐泵装系统，取消罐基，采用装车泵将罐内液体直接打入罐车运出。

储油罐泵装系统由储油罐、进液软管、装车泵、电动机、装油鹤管组成，其工作原理是：储油罐内液体通过进液软管经装车泵增压后通过装油鹤管从出液口流入拉运罐车运出（图2）。

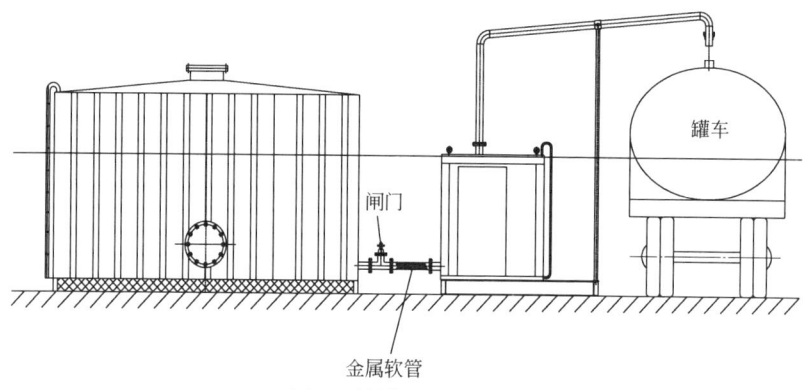

图 2　储罐改进示意图

五、应用效果

储油罐泵装系统目前安装应用 6 套，可适用于单个罐装油（图3），也适用于双罐装油（图4）。

图 3　单罐泵装系统图

图 4　双罐泵装系统图

1. 经济效益

每个 60m³ 圆形储油罐罐基建设费用 4.8 万元，恢复地貌费用 5 万元。每套储油罐泵装系统费用 2.2 万元。目前在用储油罐泵装系统 6 套。节约费用：$(4.8+5)\times6-2.2\times6=45.6(万元)$。

2. 社会效益

（1）取消罐基，避免了植被破坏，消除了油罐倾斜的安全隐患。

（2）装液鹤管向罐体方向倾斜，使液体回流，防止了环境污染。

（3）采用储油罐泵装系统，缩短了装油时间，提高了工作效率。

（4）储油罐泵装系统安装快捷，提高了油井投产速度。

六、技术创新点

（1）取消罐基，安装储油罐泵装系统，改重力流动装油为装车泵增压装油。

（2）装液鹤管向罐体方向倾斜，停止装油后液体回流，防止了环境污染和管线冻堵。

（3）在泵的抽吸作用下，液体流动速度加快，缩短了装车时间。

（4）借助装车泵动力，低温下液体流动不受影响，缩短了加热时间。

单井原油储罐加热系统故障原因及处理

郭连升　陈彦军　王振东

（华北油田第一采油厂）

一、问题的提出

油田开发过程中，新打的探井或者调整井因为远离原油集输管网，采出的原油临时储存于储油罐中，当原油达到一定液位高度时，用油罐车拉运至联合站进行处理。为了便于装车，储油罐中安装了电加热棒对罐内原油加热，原油温度保持在凝固点以上保证其处于流动状态。一般加热系统故障出现两个问题：一是电加热温度控制系统失灵，造成满罐原油沸腾溢流污染环境，存在发生火灾事故的安全隐患；二是加热系统发生接地故障停运，导致罐内原油低温凝结，不能按时拉油。

采油一厂现有120口拉油井，平均每年有12座储油罐发生加热系统故障，主要问题是温度控制器失灵造成停产故障，严重影响原油生产和运输。

二、故障现象

原油储罐（图1）温控系统出现故障有以下几种现象：正常送电后加热棒不工作，储罐内原油温度不上升；跳闸后送不上电，加热系统发生接地故障；热敏电阻、温控器失灵导致罐内原油持续加热造成高温沸腾等。

三、故障现象

原油进罐过程中，温度逐渐降低、黏度增大，无法从高架罐中流出装车，影响原油拉运工作，因此，在储罐中安装电加热棒，给原油加热保温。油井正常生产时，员工定时上罐检尺，当油罐液位达到1.2m时，手动送电启动电加热控制系统加热原油，当液位上升到1.8m且罐内原油温度上升到70℃时，自动控制电加热棒。装车拉油后液位下降到0.4m时，手动断电停止加热，进入下一次加热循环状态。

图 1　原油储罐

因季节不同电加热棒自动启动和停止设定参数不同。夏季温度控制器设定为 80~85℃，冬季温度控制器设定为 85~95℃。人工送电后依靠温度传感器采集温度，传送至温度控制器，在设定的上限和下限温度区间自动运行，低于下限设定值开始加热，高于上限设定值停止加热。温度控制器采集温度有 3 种形式：一是直接安装在加热棒中的热电偶，采集的是加热棒周围空气温度，最高加热温度约 130℃；二是安装在储罐内部高出加热棒 0.3m 的温度传感器；三是安装在储罐底部的温度传感器。这 3 种温度传感器都是通过有线传送的方式，将采集参数发送到温度控制器控制启停电加热棒。3 种温度采集形式一般选用一种即可，目前 3 种温度采集形式在采油一厂 120 口拉油井上均有使用。人工手动控制送电和有线传输温度参数造成了加热系统故障隐患。

四、故障原因

现有操作方法是人工估算时间，手动送电启动和停止电加热棒控制系统，人为和设备的因素易造成原油加热温度过低，无法及时拉运原油致使油井停产，或者温度控制器失灵，持续加热造成原油沸腾溢流。

（1）手动操作存在弊端。储油罐没有液位自动检测装置，加热控制系统不能与原油液位高度参数实现联动，故障发生率较高。

（2）温度控制器失灵。虽然能够接收和发送温控信号，但是不能依据设定参数控制加热棒温度。

（3）温度采集器信号传输线路发生断路。在送电加热工作状态下，信号传输线受到高温、摩擦、折损等因素影响，温度控制器接收不到真实的温度信号,加热棒持续加热工作,温度达到上限值时不能及时停止加热,温度下降到下限值时不能启动加热棒进行工作。

(4)温度传感器损坏。温度传感器的探头受到持续高温工作环境影响,产生数值漂移、误差增大甚至停止工作的情况。

五、故障处理

1. 完善温度控制系统装置

为了解决单井储油罐现有加热设备及控制方式存在的问题,根据液位高度和温度2个参数进行逻辑、浮点运算,最终控制电加热棒启动、停止状态。基于液位控制的原油加热系统包括高架储油罐、供电装置、检测装置、控制装置、执行装置、电量模块及显示报警装置。

2. 使用人机互动界面实现自动运行

高架储油罐的液位和温度参数,经过液位传感器和温度传感器检测后,将参数传送至单片微型计算机(MCU),当液位检测参数和温度检测参数超出设定范围时,控制器通过逻辑运算将结果转换为数字信号发送至执行装置,控制电加热棒电路的开和关,同时,控制装置将计算结果传送至上位机,通过显示器的组态界面显示(图2)。

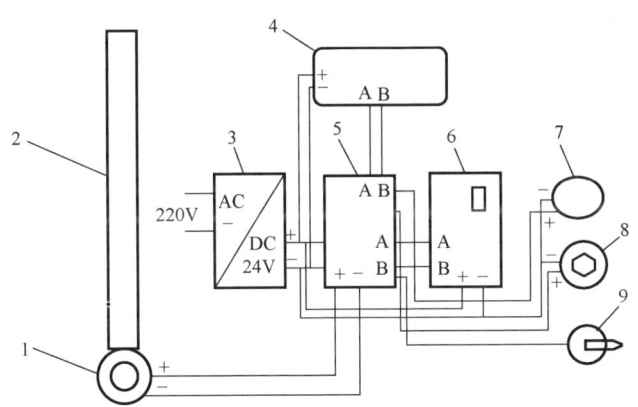

图2 储油罐加热控制系统原理图

1—变送器;2—磁控传感器;3—开关电源;4—触摸屏;5—MCU控制器;6—以太网模块;7—高音报警器;8—低音报警器;9—电加热棒

拉油报警提示,储油罐中原油液位经检测装置中的液位传感器测量,高于超高限设定值时,控制器通过逻辑运算将结果转换为电信号发送至显示及报警装置,提示及时外输以降低高架罐中的原油液位,防止溢罐事故发生。

六、应用效果

1. 经济效益

电加热棒功率为 30kW,耗电量 720kW·h/d,每度电价格按 0.71 元计算,每天支出电费 = 720×0.71 = 511.2 元。

按照单井拉油平均周期 7d 计算,一年拉油约 52 次。全厂 12 口故障井折算如下:

应用前,电加热棒按照运行 4d 计算,实际电费 = 4×52×511.2×12 = 127.6(万元)。

应用后,电加热棒按照运行 2d 计算,实际电费 = 2×52×511.2×12 = 63.8(万元)。

年节约电费 = 127.6-63.8 = 63.8(万元)。

2. 社会效益

实现了液位自动检测,消除了因储油罐液位高产生溢罐导致发生火灾等安全事故隐患。降低了员工劳动强度,提高了工作效率,具有参数设定科学合理、自动化程度高、系统工作稳定等优势,能够更好地对高架罐原油进行加热,满足了生产现场实际需要。

七、技术创新点

在电加热棒控制参数中加入了液位高度参数,实时自动检测单井储油罐原油液位高度及温度,通过单片微型计算机逻辑、浮点运算,实现自动控制电加热棒启停。操作人员可以通过组态界面进行人机互动,实现了技术参数的在线设置、调整、读取,以及远程启停电加热棒功能,同时还可及时获取预警信息。

电动球阀阀杆渗漏故障与处理

柏晓东　曹　晔　刘　涛

（新疆油田石西油田作业区）

一、问题的提出

电动球阀是工业自动化控制系统中的重要执行机构，通常用于管道介质的远程开、关（接通、切断介质）控制。石西油田石南 31 井区自 2004 年开发，先后在 8 座计量站投用了迪威尔自动化计量装置。随着油田开发年限的推进，2008—2013 年，石南 31 井区 8 套迪威尔自动化计量装置陆续出现了用于压油的电动球阀阀杆密封不严导致油气泄漏故障。由于自动化计量装置是安装在受限空间内，泄漏的原油造成污染，天然气滞留在受限空间内，严重影响了现场安全生产。

二、故障现象

石南 31 井区 8 套迪威尔计量装置担负着 150 口油井的计量任务，每计量一口井压油阀就要开、关一次。随着自动化计量装置使用年限的延长，用于计量压油的电动球阀阀杆密封处出现密封不严油气泄漏的现象（图1），并呈上升的趋势，给计量站的正常运行带来了安全隐患。

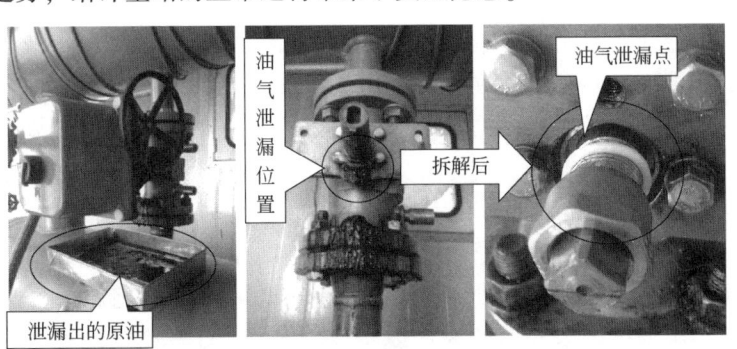

图 1　阀杆密封不严造成油气泄漏

三、故障原因

1. 电动球阀结构与工作原理

电动球阀是由电动执行机构和球阀共同构成,球阀是由阀体、阀杆、球体、密封阀座组件、O形密封圈、石墨垫子、氟垫子、阀杆压帽等部件组成(图2)。

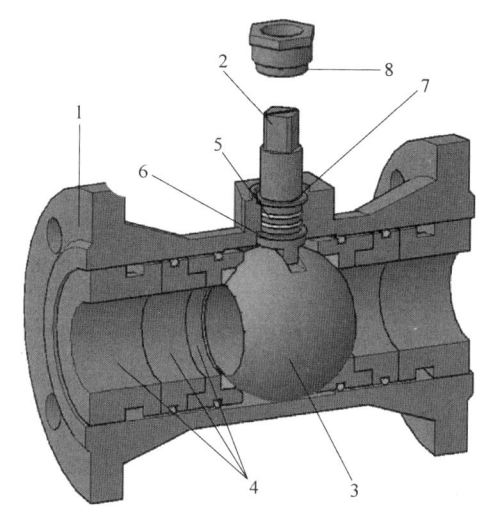

图2 球阀内部结构
1—阀体;2—阀杆;3—球体;4—密封阀座组件;5—O形密封圈;
6—石墨垫子;7—氟垫子;8—阀杆压帽

电动执行机构带动阀杆,由阀杆带动球体,围绕垂直于通道的轴线旋转,球体随阀杆转动从而达到启闭通道的目的。球阀只需通过旋转90°的动作就可完成一次开或关。球阀内的密封是借助流体压力、弹性元件作用力或预压缩产生的密封力使密封副(球体或阀座)相互靠紧、接触,以减小或消除密封面之间的间隙而达到密封的效果。阀杆密封是通过O形密封圈发生弹性变形,在密封接触面上造成接触压力,接触压力大于被密封介质的内压则不发生泄漏,以达到密封的效果。

2. 原因分析

电动球阀阀杆密封方式是属于动密封。用于计量压油的电动球阀在长时期多频次的运转下,O形密封圈会受到磨损线径变小,导致接触压力降低。当接触压力小于被密封介质的内压就会发生泄漏,O形密封圈磨损到没有接触压力时就完全失去密封效果。

四、故障处理

发现问题初期,维修人员针对阀杆密封不严采用的是常规处理措施,即在阀杆外填料箱内添加石棉绳、生料带、氟垫子等常用密封材料。由于外填料箱槽深只有5mm,加入填料有限,密封效果不佳。一般密封时效只有1~5d,频繁的维护既增加了维修人员的劳动强度,也使计量装置时常不能正常运行,生产数据不能正常提取。

1. 更换新球阀

为了保证设备可以正常运行且减少维修频次,直接对阀杆密封不严计量压油的电动球阀进行了更换,解决了阀杆密封不严的故障。

经过统计2008—2013年,石南31井区8个计量站已更换计量压油的电动球阀11次(表1),平均每个计量压油的电动球阀使用寿命只有3.6年,新阀使用时间仍然较短。材料费用11只×8500元/只=93500元。由此造成了材料费用的上升。

表1 电动球阀更换统计

序号	站号	换阀数量	换阀频次	备注
1	1号计量站	1	1个/5年	开井较少,计量任务轻
2	2号计量站	1	1个/5年	开井较少,计量任务轻
3	3号计量站	3	3个/5年	开井较多,计量任务重
4	4号计量站	1	1个/5年	开井较少,计量任务轻
5	5号计量站	2	2个/5年	开井较多,计量任务重
6	6号计量站	1	1个/5年	开井较少,计量任务轻
7	9号计量站	1	1个/5年	开井较少,计量任务轻
8	10号计量站	1	1个/5年	开井较少,计量任务轻

2. 改变密封方式

在现有条件下改变密封方式,将O形密封圈内挤压型密封改成外加压型密封,通过阀杆压帽将力作用在O形密封圈上形成挤压,在密封接触面上造成接触压力,接触压力大于被密封介质的内压则不发生泄漏,并且由于O形密封圈自身的弹力,而具有磨损后自动补偿的能力。

测量收集阀杆、外填料箱的各项尺寸数据,制定了尺寸为外径$\phi27mm$线径$\phi3.1mm$的O形密封圈及外径$\phi27mm$、内径$\phi22mm$、厚度2mm的氟垫子作为球阀阀杆密封组件(图3)。

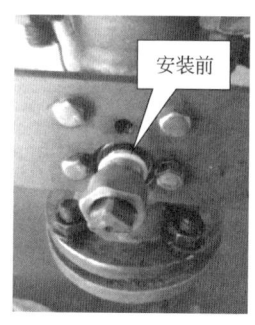 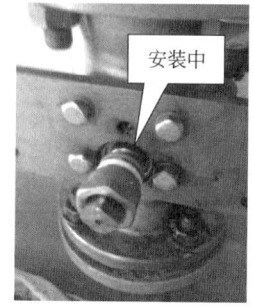 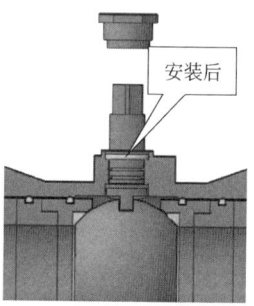

图 3　O 形密封圈及氟垫子安装示意图

2014 年，从商家订购了所需 O 形密封圈及氟垫子，对 8 个计量站阀杆密封不严的电动球阀陆续进行了 O 形密封圈及氟垫子安装。2015 年，经过 9 个多月的使用，8 个计量站压油球阀阀杆密封的情况良好，满足了现场需求（表 2）。

表 2　O 形密封圈使用效果统计表

序号	安装位置	安装时间	效果收集时间	使用状况	使用寿命
1	1 号计量站	2014. 2. 20	2015. 1. 6	无渗漏	>10 个月
2	2 号计量站	2014. 3. 16	2015. 1. 6	无渗漏	>9 个月
3	3 号计量站	2014. 3. 16	2015. 1. 6	无渗漏	>9 个月
4	4 号计量站	2014. 3. 16	2015. 1. 6	无渗漏	>9 个月
5	5 号计量站	2014. 9. 22	2015. 1. 6	无渗漏	>3 个月
6	6 号计量站	2014. 3. 16	2015. 1. 6	2014. 7. 24 渗漏	>4 个月
7	9 号计量站	2014. 3. 16	2015. 1. 6	无渗漏	>9 个月
8	10 号计量站	2014. 3. 16	2015. 1. 6	无渗漏	>9 个月

五、应用效果

将电动球阀阀杆密封不严出现故障所造成的维修频次由原来的约 2.5 天/只，延长为约 230 天/只。

1. 经济效益

相对于更换球阀，更换 O 形密封胶圈组合更经济适用。

材料费用：

（1）一组垫圈，O 形密封圈+氟垫子 = 2(元)；

（2）年消耗垫圈（组），365/230×2×8 = 25.4(元)；

（3）年消耗球阀（只），1/3.6×8500×8＝18888.89(元)。

每年可节约费用 18863.49 元，在油田持续开发中，长期效益巨大。

2. 社会效益

通过对电动球阀阀杆密封方式的改进，有效地降低了电动球阀阀杆密封不严故障发生的频次，减少了员工的劳动强度，保障了计量装置正常运行，生产数据正常提取。

六、技术创新点

采用阀体外添加 O 形密封圈及氟垫子组合解决了阀杆密封不严的故障，攻克了原有的技术缺陷，确保了计量设备的正常运行。

冬季测压阀门冻堵故障原因与处理

方 群

(华北油田第四采油厂)

一、问题的提出

在油田生产过程中,掌握好油井生产第一动态是必不可少的,定期录取油井压力则是重要手段。目前维护油井日常生产工作中存在以下问题:一是油井录取压力时利用开关测压阀进行录取,冬季冻堵,不能正常录取压力;二是现有采油树丝堵安装在保温套处,因其有拆装用的螺母,利用常用工具就能拆卸,不具有防盗功能。为了克服现有技术不足,提出了一种油井便于压力录取的防盗装置,具有防盗的功能,且不受季节影响,方便进行压力的录取。

二、故障现象

在油田生产过程中,为了及时掌握油水井的生产动态,需要定期录取油水井的油套压,从而第一时间获取油水井生产动态变化并采取对应措施。现场压力录取操作时,一般先将压力表安装至取样阀门处,开阀门读取压力值,再卸压,拆下压力表,平均用时 3min。冬季气温低时,取样阀门易堵塞,需要用单井伴热水进行浇灌,如果遇到伴热水温度不够高时,还需要自带暖壶用热水浇取样阀门,平均用时约 10min。同时,随着新《中华人民共和国环境保护法》的实施,对污染物的排放要求越来越严,取样阀处或者井口采油树保温套丝堵处发生盗油情况后,环境污染,整改用时也很长,现场管理难度很大。

三、故障原因

(1)油井录取油压时,无法适应季节变化,冬季阀门易堵塞,岗位员工需要用伴热水或带着暖水瓶去解堵,存在油样喷出及环境污染等隐患。

（2）油水井录取压力工具不通用，除了油井录取油压，录取其余压力时都需要安装测压补芯，费时费力，操作时间长。

（3）井口防盗措施不牢固，不法分子经常从油管保温套内的丝堵处放油，造成油量损失，并使井场地面出现污染物，需要进行人工处理。现场多采取安装井口房、卸掉取样阀门手轮，将套管阀门手轮焊死等防盗措施，但这几种方法都很被动，且影响油井日常维护工作。

四、故障处理

通过调查，现场录取的压力共有4类：油井油压、套压，注水井油压、套压。其中油井录取油压的次数最多，平均900井次/月，占比达76.9%。油水井录取压力的阀门连接处直径除了测油井油压的直径是15mm，其余3类都是75mm，且需要安装测压补芯，而冬季需要每天录取油压，工作量大。因此，研制一种采油生产用测压防盗油装置，是解决问题的最快办法。

1. 研制思路

通过改变压力录取的位置及方式，从采油树井口保温套入手，对安装在出油管线保温套上的丝堵进行改造，研制导压式测压防盗油装置，直接从油管内录取压力，达到既能实现录取压力不受季节影响，录取压力后自动闭合，又能具备防盗油功能的目的。

2. 研制方案及实施过程

研制方案：标准丝堵一般由丝堵头和外凸六方操作头组成，丝堵头带有外螺纹。由于丝堵有一个明显凸出的操作头，很容易被不法分子利用。因此可将操作头去除达到防盗的目的，同时在丝堵内开通孔进行压力的录取。丝堵头连接测压阀座，将带有弹簧的阀芯放置其内，并制作专门测压导管进行压力录取操作。

测压防盗油装置由装置本体、导压设备、测压导管3部分构成（图1）。

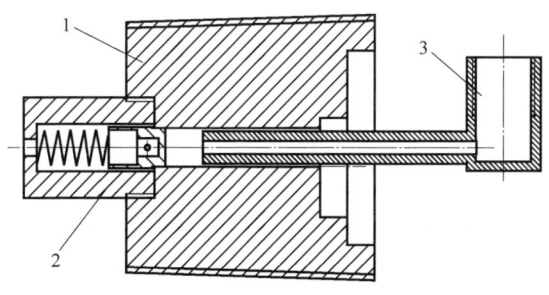

图1　测压防盗油装置结构示意图
1—装置本体；2—导压设备；3—测压导管

1）装置本体的制作

装置本体通过外螺纹与井口保温套连接，中部有录取压力的通孔，末端有安装用的偏心孔。制作方法：首先切除原丝堵的操作头，接着在丝堵正中心打 $DN10mm$ 变 $DN20mm$ 的通孔，最后在切割后的圆柱体端面上打深度为 10mm 的两个偏心孔，并制作专用工具进行拆卸与紧固。

2）导压设备的制作

导压设备是装置的核心，它不仅要达到防盗油的目的，更要实现自动闭合的目标。需要将其安装在液体管线或气体管线中间，并利用弹簧的回复力，达到自动闭合的目标。导压设备包括阀座、阀芯、弹簧3部分（图2）。

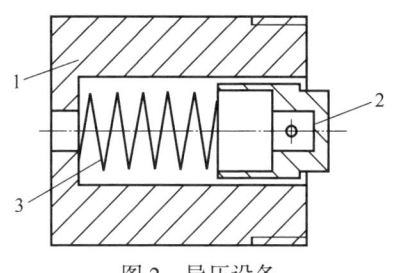

图 2　导压设备
1—阀座；2—阀芯；3—弹簧

阀座材料采用直径 15mm 的不锈钢管，阀座的一端打 3 个进油孔，另一端为通过外螺纹与本体连接；阀芯一端通过弹簧与阀座的一端接触，另一端与装置本体的端口接触；弹簧置于阀座与阀芯的间隙处。通过手按压测压导管压缩弹簧，开启导压设备录取压力，完成后再依靠管线内液体压力及弹簧自身的回复力达到自动闭合的目标。

3）测压导管的制作

装置本体长 54mm，测压通孔直径 10mm，测压导管直径 9mm、长 70mm 的普通碳素钢 45 号空心管制成，在空心管的端部连接一个压力表接头（图3）。

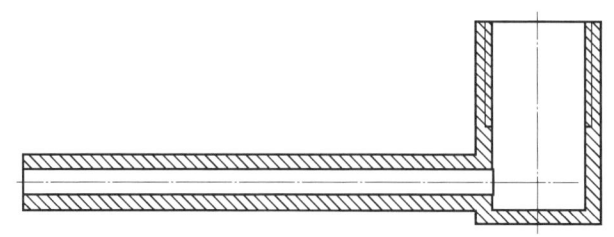

图 3　测压导管

3.测压防盗油装置的组成及适用范围

首先将弹簧放入阀芯内,再将阀芯放至阀座内,最后通过螺纹将阀座与装置本体连接,组成测压防盗油装置。适用于所有压力低于3MPa的生产井及长停井、闲置井的压力录取工作。

五、应用效果

测压防盗油装置使用专用工具安装完成后,没有任何部分露在管线外面,普通的工具无法旋出和破坏,防止了原油被盗和装置被破坏现象的发生,使用一年来,没有发生过因录取压力口而造成的盗油以及录取压力口损坏后的污染事件。本装置操作方便,缩短了录取压力时间,平均用时由10.5min降至3.5min。测压防盗油装置在流程内进行,测压口处的温度与流程内液体温度一致,不会发生冻堵的问题。

由于制作简单、价格低廉,并具备压力录取、防盗油等功能,可以在采油井上推广应用。

六、技术创新点

在保温套丝堵处录取压力,利用测压导管用时不足1min可完成操作。利用弹簧的回复力,使装置自动闭合,消除压力录取阀门的冻堵隐患,使压力录取工作不受季节影响。统一了压力录取工具,提高了岗位员工的工作效率。创新采用偏心孔的防盗方式,消除了保温套处的盗油点(专利号:ZL 2016 2 0098054.0、ZL 2016 2 1476135.6)。

干化池污油污水回收泵故障与处理

王爱法　曾庆伟　李进川

（华北油田二连分公司）

一、问题的提出

二连分公司蒙古林油田蒙一联合站水区建有一个干化池，干化池进口处建有一个收油池，收油池液位达到一定高度后，下部的污水被压入干化池进口管线进入干化池。蒙一联合站内所有排污及联合站外单井洗井、放压、溢流的污水、污油均通过管线或罐车拉运方式排入收油池。干化池、收油池附近分别安装了一台地面离心泵，两台泵出口管线与水区污水沉降罐相连，用于回收干化池、收油池中的污油、污水。回收泵回收污油、污水过程中，经常出现不排液故障。

二、故障现象

投产初期，回收泵回收干化池、收油池中的污油、污水时，回收泵启、停正常，但出口管线不排液，压力表无压力变化。维修人员检查过程中发现进口管线放空无液，判断为进口管线上的单向阀内漏，通过拆卸、更换单向阀，回收泵仅当天正常。为彻底解决单向阀内漏问题，进行了流程改造，增加了一套人工灌泵流程，解决问题的同时，也增加了工人劳动强度。之后，继续出现出口管线不排液，压力表无压力变化问题。维修人员通过对离心泵检查、维修发现泵的进口管线堵塞、叶轮损坏。

三、故障原因

1. 离心泵结构与工作原理

离心泵主要由泵体、叶轮、密封环、叶轮螺母、泵盖、密封部件、中间支架、轴、悬架部件等部件组成（图1）。离心泵具有结构简单紧凑、流量均匀、质量小、便于操作等特点，广泛应用于油田现场污油、污水管道输送中。

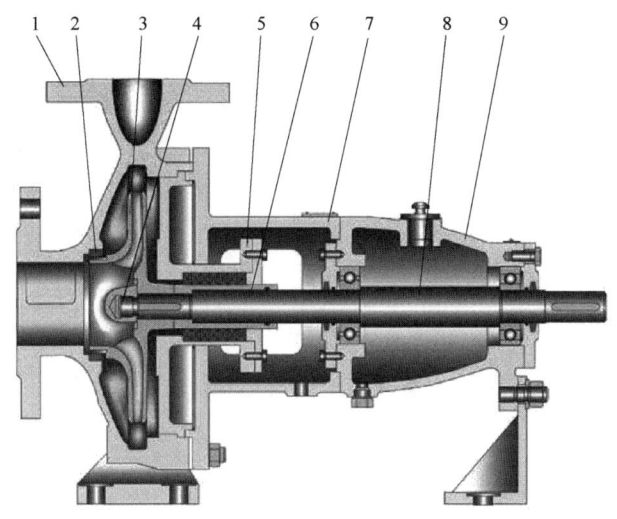

图1 离心泵结构
1—泵体；2—叶轮；3—密封环；4—叶轮螺母；5—泵盖；
6—密封部件；7—中间支架；8—轴；9—悬架部件

液体由吸入管进入离心泵吸入室，然后流入叶轮，叶轮在泵壳内高速旋转，产生离心力。充满叶轮的液体受离心力作用，从叶轮的四周被高速甩出，高速流动的液体汇集在泵壳内，其速度降低，压力增大。根据液体总要从高压区向低压区流动的原理，泵壳内的高压液体进入压力低的出口管线，在叶轮的吸入室中心处形成低压，液体在外界压力作用下，源源不断地进入叶轮，吸入中心低压区，使泵连续工作。离心泵的吸入口和排出口是相通的，叶轮中无液体而只有空气时，不论叶轮怎样高速旋转，叶轮进口都不能达到吸液所需要的真空度，即产生的离心力很小，因而在叶轮中心区所形成的低压不足以将液体吸入泵内。因此，离心泵在启动前必须将泵体和吸入管内灌满液体。离心泵叶轮完好、始终保证进口管线充满液体是保障离心泵正常运转的关键。

2. 原因分析

由于蒙一联合站内所有排污及联合站外单井洗井、放压、溢流的污水、污油均排入收油池，经沉降后，收油池底部会沉积大量污物，加之部分杂草、沙石、污物也会进入干化池及收油池中。回收泵回收污油、污水时，池底的杂草、沙石、污物堵塞进口管线及单流阀、损坏回收泵叶轮，是造成回收泵不排液的根本原因。

四、故障处理

维修人员根据回收泵进口管线及单流阀堵塞、叶轮损坏的根本问题,提出处理故障的 3 个突破方向:提高进液口油质、水质;最大限度降低杂质、污物对叶轮的损伤;降低劳动强度。针对 3 个突破方向,设计研制了一种收油、收水装置(图2)。

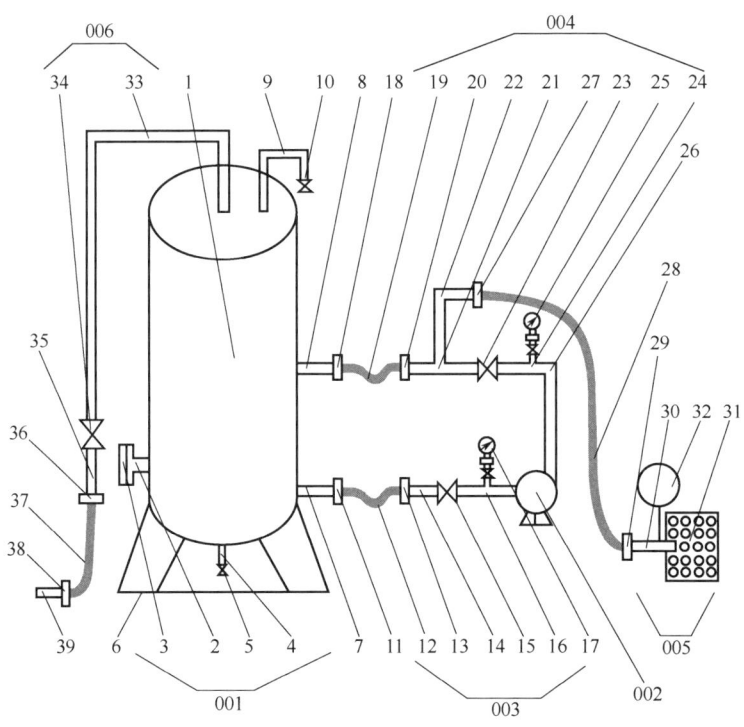

图 2 收油、收水装置

001—回收罐;002—回收泵;003—回收泵吸入装置;004—回收泵排出装置;005—过滤装置;
006—回收罐排出装置;1—罐体;2—人孔;3—人孔盖板;4—底部接头;5—排污阀;6—底座;
7—下部接头;8—中部接头;9—U 形管;10—放空阀;11,13,18,20,27,29,36,38—活接头;
12,19,28,37—软管;14,35,39—接头;15—回收泵进口阀门;16—三通;17—压力表装置;
21—射流器;22—弯头;23—回收泵出口阀门;24—三通;25—压力表装置;26—弯头;
30—吸液接头;31—过滤网;32—浮子;33—U 形管;34—回收罐出口阀门

1. 处理方式

1)增设过滤装置

加工制作一个进口过滤网,利用一个浮子产生的浮力,使进液口过滤网始终处于液面以下 3~5cm 区域，保证进液口的污油、污水始终处于沉降效果最佳区域。

2）增设沉降装置

利用废弃的油气分离器，作为一个简易沉降罐。增设一台射流器，借助射流器的原理，将干化池、收油池中的污油、污水通过回收泵出口管线直接排入沉降罐，回收的污油、污水可在沉降罐中进行沉降后，再进入回收泵进口。

3）取消人工灌泵

利用简易沉降罐，出口连接蒙一联合站水区污水沉降罐，利用高度差，使沉降罐中始终充满污水，回收泵进口与沉降罐相连，保证了泵进口始终充满污水，取消了人工灌泵。

2. 操作方法

（1）收油、收水装置收油、收水具体操作如下：

① 将接头 39 与之前收油池安装的泵的出口管线连接在一起，直通联合站污水沉降罐，拆除之前的回收泵。

② 将过滤网 31 放入干化池或收油池中，通过浮子 32 产生的浮力，确保吸液接头 30 进口始终处于液面以下 3~5cm 区域。

③ 倒通联合站污水沉降罐至接头 39 之间的所有阀门，之后打开回收罐出口阀门 34，同时打开放空阀 10，此时联合站污水沉降罐的污水进入罐体 1 中，待放空阀 10 流出污水时，关闭放空阀 10，此时罐体 1 中充满了联合站污水沉降罐排出的污水。

④ 启运回收泵 002，抽出的污水进入射流器 21 中，借助射流器工作原理，与吸入射流器 21 的干化池、收油池中的污油、污水混合后，一同排入罐体 1 中。

⑤ 待罐体 1 中混合液体达到一定压力后，便被压入联合站污水沉降罐中。

⑥ 干化池、收油池的液位抽至合理范围后，停运回收泵 002。

（2）罐体 1 内部需要清污、防腐等工作时，具体操作如下：

① 关闭回收罐出口阀门 34，打开放空阀 10，打开排污阀 5，排空罐体 1。

② 打开人孔盖板 3，操作员工通过人孔 2 进入罐体 1 内部，进行清污、防腐等工作。

③ 待罐体 1 内部清污、防腐等工作结束后，将人孔盖板 3 与人孔 2 重新固定连接，关闭排污阀 5。

④ 打开回收罐出口阀门 34，待放空阀 10 流出污水时，关闭放空阀 10。

五、应用效果

设计研制的收油、收水装置,在华北油田二连分公司蒙古林采油作业区开展试应用,效果显著,主要创效情况如下。

1. 经济效益

加工费用:购买一台射流器费用,800元×1=800元;加工制作过滤装置(过滤网、浮子)费用,1200元×1=1200元;电气焊加工费用,200元×2=400元。合计2400元。

创造效益:收油、收水装置使用前,离心泵维修保养费用为36000元/年,收油、收水装置使用后,仅发生例行保养费用1000元/年,年创经济效益35000元。

经济效益=创造效益-加工费用=35000-2400=32600元。

2. 社会效益

收油、收水装置使用后,杜绝了进口管线单流阀内漏造成的人工灌泵工作量,大大降低了工人劳动强度。

六、技术创新点

利用浮子产生的浮力,确保进液口过滤网始终处于污油、污水沉降效果最佳区域。借助射流器的原理,将污油、污水吸入真空室后,排入回收罐,经沉降后再进入回收泵进口。将回收罐出口与污水沉降罐连通,确保回收泵进口始终充满污水。收油、收水装置攻克了原有的技术缺陷,取得专利授权(专利号:ZL 2017 2 1901386.9)。

高气油比井水化物淤塞故障分析与处理

覃 勇

(新疆油田陆梁油田作业区)

一、问题的提出

天然气与水在高压低温条件下形成的类冰状的结晶物质称为天然气水合物,是水分子与气体分子以物理方式结合而成的一种固态物质。在高压、低温、高气油比环境下,油井中的气、液通过油管、井下节流器、油嘴等变径节流处时容易形成水化物,导致井口冻堵,严重影响产量。

针对此问题,通常是通过注入甲醇和甘醇类化合物作为抑制剂从而防止水合物的形成。但是此方法配套设备要求较高,抑制剂可回收性差、成本高,不具备现场推广性。

二、故障现象

SN6320 井于 2010 年 11 月压裂后自喷生产,日产原油 3t,天然气 5000m³,气油比为 1666m³/t,含水率 2%,地层静温为 82℃,井口压力 17MPa,是典型的高压、低温、高气油比井。在日常生产中,油嘴套等位置极易形成水合物,造成井筒和地面管线冻堵(图 1)。

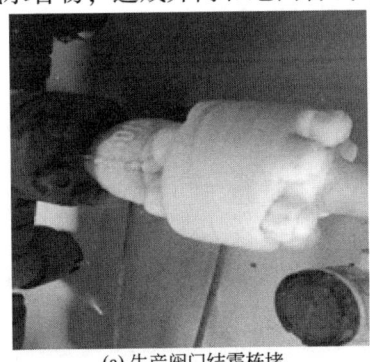
(a) 生产阀门结霜栋堵

(b) 单井阀池阀门结霜

图 1 SN6320 井口装置结霜冻堵现象

在安装井下节流器时,由于井筒遇阻无法到达预定位置,开井一月后井筒完全冻堵,被迫关井。关井期间,采油站通过防喷管加入少量乙二醇配合蒸汽车解堵等方法,效果不佳。主要原因在于堵塞点位于地面以下,化冻液和高温介质无法抵达到堵塞点。

三、故障原因

SN6320 井在正常生产过程中,当油气经过油嘴处,产生节流膨胀效应,使得体系温度降低,其根本原理是焦耳—汤姆逊效应,即较高压力下的流体(气或液)经多孔塞(或节流阀)向较低压力方向绝热膨胀过程。焦耳—汤姆逊效应程度可用焦耳—汤姆逊系数描述,表示在等焓变化的节流膨胀中(或是焦耳—汤姆逊作用下)温度随压力变化的速率,如表达式(1)。

$$u = \frac{V}{C_p}[T_a - 1] \tag{1}$$

式中 u——焦耳-汤姆逊系数,K/Pa;

V——气体体积;

C_p——气体的等压热容;

T_a——气体的热膨胀系数。

当 $u>0$ 时,气体降温,反之则升温。大气压下焦耳—汤姆逊效应中氦气和氢气通常为升温性质的气体,而大多数气体则是降温,对于理想气体焦耳-汤姆逊系数为零,在焦耳-汤姆逊效应中既不升温也不降温。不同气体在大气压下的焦耳—汤姆逊系数如图 2 所示。

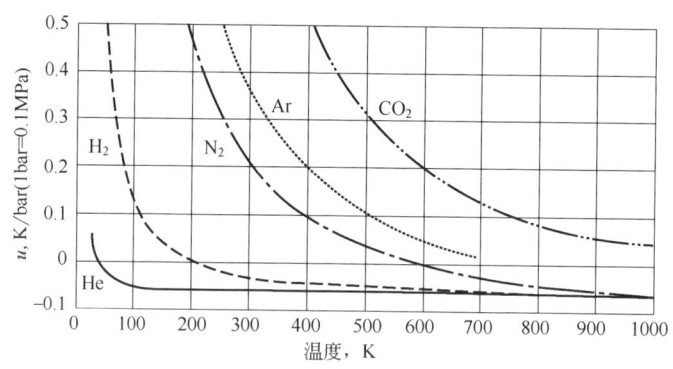

图 2 不同气体在大气压下的焦耳—汤姆逊系数

对于井筒流体,当体系温度等于水合物生成的临界温度时,井筒开始生成水合物。因此,保持井筒温度高于井筒水合物生成温度是防止水合物生成的关键。这就为SN6320井解堵和防止水合物生成提供了理论依据。

四、故障处理方法

1. 环套流体传温井筒水合物解堵

采用环空流体传温解堵油管水合物方法：通过物理加热，使套管液体温度高于水合物生成的临界温度，达到解堵目的。考虑到油套环空流体自身的温度，通过降低套压，使环套空间较高温度流体上升，利用上升至井口的原油温度对油管进行加温，使水合物与油管初步剥离，待井筒水合物松动迹象明显时，采用罐车控制外排，解除井筒水合物。

通过用套管液体对油管加温，在2012年4月24日井口解堵过程中，发现井筒冰合物松动明显，25日，通过阀门控排3h，将井筒内部水合物诱导进入罐车，顺利、安全、经济、环保地完成油管解堵。

2. 冰点外移法，防止井筒水合物再堆积

改变水合物生成位置即冰点外移法，该方法的关键是改变油嘴位置，将冰点位置外移至便于加热的管段。根据实际情况，SN6320采取了冰点外移法防止水合物再堆积。通过更改井口工艺流程（图3），从副生产闸门处接一套高压管线，裸露至距离井口10m处，其末端重新安装一套标准油嘴套。

通过该方法，使节流点由原装置的 A 点移至距离井口10m处的 B 点，体系冰点外移到地面，并在冰点处安装加热装置，融化不断产生的水合物，从根本上达到防止水合物再堆积的目的，保障油井正常生产。

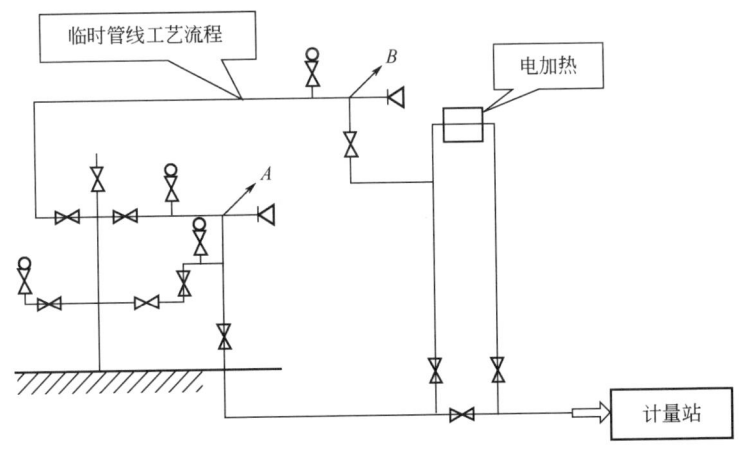

图3 冰点外移法简易工艺流程图

3. 控制井口压力

根据井筒积水原理逆向思维,采用静水柱压力公式计算,定期向井筒挤注同层水,人工制造井底积水的方式控制井口压力。将油压控制在 3~8MPa,合理控制地面油嘴大小,调整排蜡时间,以此来控制减小油管变径处的压差,进而降低水合物形成的临界温度,如此可延缓井口水合物生成的速率,满足生产条件。

五、应用效果

SN6320 井完全解堵后,2012 年 4 月 27 日对井口生产流程进行了优化,顺利开井生产 32d,2012 年 6 月 13 日安装了井下节流气嘴。截至 2012 年 12 月 31 日,该井累计生产 202d,平均日产油 9.6t,平均日产气 7534m^3,累计产油 1850t,累计产气 160×10^{4}m^3,生产平稳(图 4)。

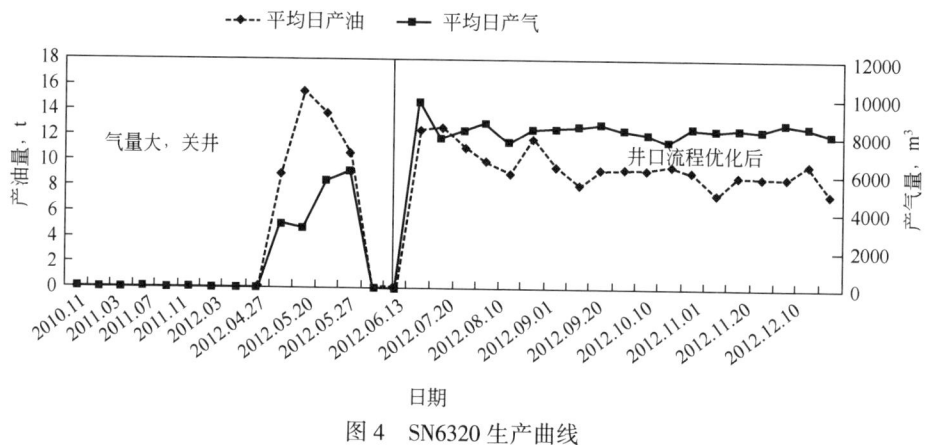

图 4　SN6320 生产曲线

六、技术创新点

套管流体传温加热井筒,促使水合物解堵,可有效解决水合物堵死油管的问题;冰点外移法通过改变油嘴位置,将冰点位置外移至便于加热的管段,利用物理手段加热,控制外界温度,从而解决井口冻堵的难题。

管线法兰错位故障与处理

陈 伟 吕玉兰 肉孜麦麦提·巴克

(新疆油田重油开发公司)

一、问题的提出

重油开发公司采油作业三区位于九6区,由于地形起伏大、土壤盐碱含量大、流体介质高温、高压等因素的影响,集油管线老化、破损现象严重。作业区每年组织专项治理,集中维修更换集油管线。现场施工中,部分法兰、管线在重新安装或组配时出现错位,增加了作业难度,严重时影响施工质量,给生产运行带来了潜在的风险和隐患。

二、故障现象

设备、管线因更换或维修拆卸、断开后,安装复位时法兰端面或管线端口错位而对接不上,现场多采用撬杠、千斤顶、倒链拉拽或卸松其他法兰螺丝调整对正,若错位严重,需使用电气焊进行切割、重新焊接使之复位(图1、图2)。

图1 法兰拆卸后常见状态

图 2 管线断开后常见状态

三、故障原因

管线长距离连接时，存在不同方向上的应力，在管线断开后会出现变形，造成管线端口或法兰面偏移；在焊接作业中，由于焊接角度偏差也会造成管线端口和法兰面偏移；管线长期埋地，输送高温高压介质，管线自身产生应力变形导致管线端口和法兰面偏移；回填管沟埋地，管线定位或其他因素的影响也会导致管线受压变形。这些现象均造成维护、更换作业时管线端口或法兰面之间无法对正，重新安装或组配时出现错位，增加施工难度。

四、故障处理

研制新型对管器，根据丝杆的调节度及最小对管的直径为 φ65mm，选择 φ8mm 的链条，拉力可达 10kN。该装置主要部件有：主体材料、支架部分、支架与顶丝配合、连接部分、悬挂装置、拉力爪、链条等组成（图3、图4）。

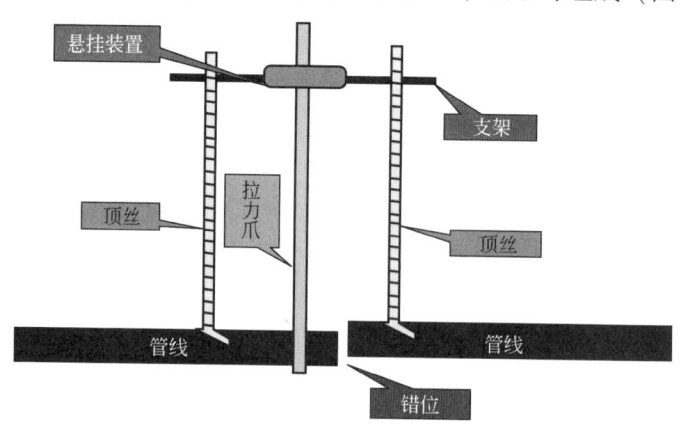

图 3 新型对管器结构示意图

图 4 新型对管器效果图

使用方法：观察管线断口或法兰面错开位置及方向，用链条软连接的方式将对管器安装在管线、法兰上，用螺栓控制支架两夹板的宽度。均匀用力旋转顶丝，使错位的管线端口或法兰面对正。对管器在管线的圆柱面上可以360°任意移动，管线端口、法兰面在任何方向上的间隙均可进行对正（图5）。

图 5 使用 360°对管器将断口偏移的管线对正

五、应用效果

现场使用中对管线和法兰分别验证，实现了在 $\phi 114mm$ 管径的快速对接；并在 DN150 法兰上装配，实现法兰快速对正。新型对管器在检修过程中，对管线、法兰连接时起到对中扶正作用，作业过程与前期对比，对中操作用时 3~5min，既省时、省力，又避免了使用撬杠易打滑伤人的问题。可适用于不同管径，包括非等径管线。

新型对管器解决了设备检维修中存在的管线、法兰错位、不对正的问题，节约操作时间和人力，有效降低员工的劳动强度。安全可靠，提高了作业质量和工作效率。

六、技术创新点

用链条进行软连接，利用夹板、顶丝相互作用产生的反拉力，对偏移管线、法兰进行对正，新型对管器在管线的圆柱面上可以360°任意移动。

计量分离器磁浮子液位计故障及排除方法

张 军

(新疆油田陆梁油田作业区)

一、问题的提出

分离器是油田生产现场实现气液分离的重要装置，按外形可分为立式分离器、卧式分离器和球形分离器。采油生产现场常用的计量分离器为立式分离器，是一种低压容器设备。随着生产年限的推移，计量分离器及磁浮子液位计经常出现一些故障，致使油井无法计量，影响了油井产量的及时分析。

二、故障现象

随着生产环境的变化，计量分离器、磁浮子液位计及其连通管受到计量介质中的砂、蜡、水、气，以及腐蚀、结垢等因素影响，易出现各类故障而导致计量中断，油井无法正常计量。

1. 浮子室内进油

由于部分油井井口及管线内压力较高，气液比较大，或因分离器底部水包内水位过低等原因造成磁浮子液位计浮子室内进入原油，磁浮子粘上原油后在浮子室内无法随液位变化运动或运动受阻，现场计量过程中反映的现象为：压不下液或浮子不动作。

2. 浮子室内结垢

随着油田含水的日渐上升，高矿化度的油井产出混合液与分离器水包内的底水逐渐发生置换，高矿化度的油井产出水进入浮子室内，在浮子室内壁或浮子表面逐渐形成一层垢，导致浮子在浮子室内不能正常浮起或下落。现场计量过程中反映的现象为：压不下液或浮子不动作。

3. 磁浮子腐蚀穿孔

高矿化度的油井产出混合液以及部分油井产出气液中的含硫物质与磁浮子表面发生化学反应，逐渐腐蚀磁浮子表面，致使空心的磁浮子腐蚀穿孔后进水，失去浮力。现场计量过程中反映的现象为：不上液。

三、故障原因

1. 计量分离器结构及原理

计量分离器主要由壳体、安全阀、压力表装置、液位计、混合液进口管线、分离伞、散油帽、滤孔连通器、隔板、水包、压油管线、测气管线、气体流量计、放空管线等部件组成（图1）。

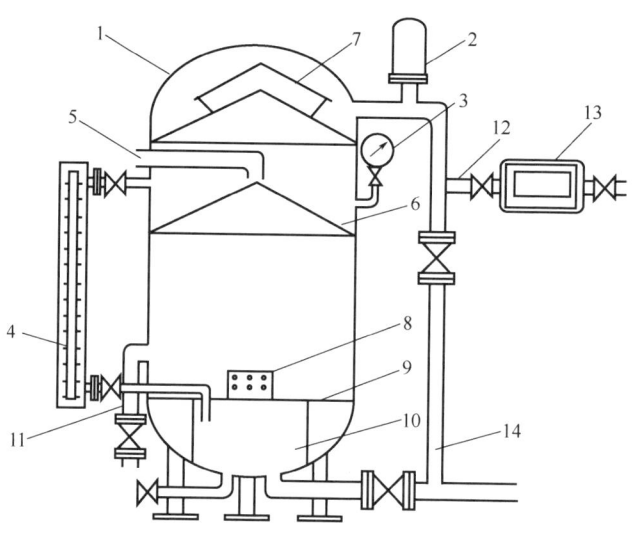

图1　计量分离器结构

1—壳体；2—安全阀；3—压力表装置；4—液位计；5—混合液进口管线；6—分离伞；
7—散油帽；8—滤孔连通器；9—隔板；10—水包；11—压油管线；12—测气管线；
13—气体流量计；14—放空管线

1）工作原理

油气水混合液经进口管线进入分离器后，喷洒在散油帽上，扩散后的液体依靠重力沿管壁下滑到分离器的下部，经压油管线排出。同时，气体因密度小而上升，经分离伞集中向上改变流动方向，将气体中的小油滴黏附在伞壁上，聚集后附壁而下，脱油后的气体经分离器顶部管线进入气体流量计。

2）计量原理

分离器计量是根据连通管平衡原理采取的定容积计量。分离器内混合液柱压力与液位计内的水柱压力相平衡，分离器混合液柱上升一定高度，液位计内水柱也相应上升一定高度。因油水密度不同，上升高度也不同，测算出液位计内水柱上升高度,就可换算出分离器内混合液柱上升高度,记录液位计内水柱上升高度所需时间,计算出分离器单位容积,即可求得日产液量。利用气体流量计即可测量日产气量。

分离器计量计算公式可根据连通管平衡原理推导得出:

$$Q = \frac{86400 \times H_水 \times \rho_水 \times \pi D^2}{4t}$$

式中　Q——日产液量,t/d;

　　　$H_水$——液位计内水柱上升高度,m;

　　　$\rho_水$——水的密度,kg/m³;

　　　t——液位计水柱上升时间,s;

　　　D——分离器的直径,m。

2. 故障原因

现场计量过程中,油井产出气液携带少量的泥沙进入分离器,沉降至底部。高矿化度的混合液、部分油井产出气液中的含硫物质发生化学反应形成垢,以及由于计量过程中压力、温度的变化,一部分蜡析出附着在分离器内壁或沉积在隔板上,日积月累,计量分离器内部及磁浮子液位计出现砂、蜡、垢堵塞造成故障,致使油井无法计量,影响了油井资料的准确性。

1) 腐蚀

随着油田含水的日渐上升,高矿化度的油井产出混合液以及部分油井产出气液中的含硫物质与分离器壳体内壁、滤孔连通器、隔板及压油管线表面发生化学反应,造成分离器底部壳体及隔板腐蚀。严重时会造成分离器底部壳体或隔板穿孔。分离器底部壳体穿孔后,现场巡检人员可以及时发现,隔板腐蚀穿孔后,分离器底部相对独立的水包环境被破坏,部分油井管线压力较高,气液比大,极易造成水包内水位过低而使磁浮子液位计浮子室内进入原油,现场计量过程中反映的现象与浮子室内进油的现象基本一致:压不下液或浮子不动作。

2) 结垢

结垢对分离器的影响也很大,不仅会造成分离器容积减小,严重时会造成滤孔连通器、液位计与分离器底部的连通管、压油管线等位置发生缩径或堵塞现象。现场计量过程中反映的现象为:不上液或上液缓慢,压油过程液位下降缓慢甚至压不下液。

3) 积沙

由于油井工作制度不合理,部分油井产出气液携带大量的泥沙进入分离器,逐渐沉积在隔板上,甚至进入液位计与分离器底部的连通管,不但造成分离器容积减小，严重时会造成液位计与分离器底部的连通管发生缩径或堵塞，甚至进入浮子室造成磁浮子卡阻。现场计量过程中反映的现象与结垢类似：不上液或上液缓慢，压油过程液位下降缓慢甚至压不下液。

4）结蜡

油井产出气液进入分离器计量的过程中，随着压力、温度的变化，会有一部分蜡析出附着在分离器内壁或沉积在隔板上，蜡结晶在压力作用和流动过程中进入浮子室造成计量故障。现场计量过程中反映的现象与浮子室内进油类似：压不下液或浮子不动作。

四、故障排除方法

1. 磁浮子液位计故障排除

检查清理磁浮子及浮子室，确保磁浮子能够浮起，确保浮子室内清洁、无油污、无杂物。若浮子室内有油污，则说明分离器底部水包内水位过低，及时将水包内的水位补满；若浮子室或磁浮子表面结垢，需对浮子室与磁浮子进行清洁除垢工作；若磁浮子腐蚀穿孔，则需要更换相同规格的磁浮子。

2. 分离器故障排除

在每年校验分离器系数工作结束后，对比历年数据变化情况，摸查分离器出现各类故障的规律。针对分离器壳体及内部腐蚀情况，定期检查分离器内部结构，确保分离器底部隔板正常；定期检测分离器壁厚，预防因分离器壳体腐蚀穿孔造成油气泄漏。对于分离器结垢、积砂、结蜡，需要定期进行分离器冲砂和清洗工作，每隔一段时间在热洗单井管线的过程中将流程倒入分离器，使得分离器内部也能得到彻底地热力清洗，消除分离器内壁结蜡、积砂和结垢。

现场生产过程中，液位计与水包连通管堵塞的现象时有发生（图2），堵塞物多为砂、蜡、垢的混合物。由于连通管是一根内径20~25mm、接近90°的弯管，清理难度较大，可利用旋转软钢丝进行反复机械清理，清理完成后由外向内冲洗水包，防止液位计与水包连通管短时间再次堵塞。

五、结论和建议

油气分离器是计量油井产出气液的装置，磁浮子液位计、气体流量计是实现计量功能的关键部件。生产过程中，分离器、液位计及各连接部件受到油井产出混合气液中的砂、蜡、水、气的多重影响造成积砂、结蜡、腐蚀、结垢等现象导致各类计量故障的发生，针对不同的故障现象采取有效措施排

图 2　连通管堵塞部位

除故障,可以提高工作效率,减轻劳动强度,保障计量资料及时、准确录取。除了正确地操作,还需对分离器及其附件进行日常检查和维护,确保安全运行。

井口回压增高故障原因及处理

杨万平　王振东　丁文昌

(华北油田第一采油厂)

一、问题的提出

第一采油厂鄚州作业区鄚二转油站位于任丘市西大务村,现有油井26口,日产液248t,日产油67t,综合含水73%。由于周边村民盗用伴热循环水的原因,鄚二站现在采用无伴热常温输送生产。

实施无伴热常温输送以后,油井管输温度降低,油井回压上升,为保证油井正常生产,采用加降黏剂和定期用泵车扫线的方法来降低井口回压。平均每口井年消耗降黏剂2.4t,药剂成本1.78万元/年,平均每两个月扫线一次,泵车及水罐车费用2.09万元/年。对于平均日产油2.6t/井来说,是一笔不小的成本支出,如何既降低成本又能保证油井的正常生产运行是急需解决的问题。

二、故障现象

鄚二转油站油井三管伴热生产时回压约为0.3MPa,实施常温输送以后,温度降低,油流阻力增大,回压上升,尤其冬季,华北地区夜间最低气温-15℃,油井回压上升至1.6MPa,影响油井产量,密封填料磨损加剧,易造成井口刺漏,原油泄漏污染环境。

三、故障原因

(1) 原油物性差,凝点高、含蜡量高、黏度大(表1)。

表1　鄚二转油站部分油井原油物性表

井号	黏度,mPa·s	凝点,℃	含蜡量,%	胶质沥青质含量,%
鄚32-18	34.98	37	12.15	14.82

续表

井号	黏度，mPa·s	凝点，℃	含蜡量，%	胶质沥青质含量，%
郑32-27	51.68	37	11.32	13.46
郑32-39	25.12	38	15.72	12.07
郑303	34.17	39	18.48	16.18

（2）常温输送以后，原油黏度上升，油流阻力增大，油井回压从0.3MPa上升至1.6MPa。

四、故障处理

郑二站油井产液的特点是温度低、含蜡量高、黏度大，三管伴热正常生产时，井口回压0.3MPa，无伴热常温输送后，虽然定期加降黏剂和清蜡剂，但是随着蜡和杂质的析出与沉积，井口回压最高达到1.6MPa，这时就需要用热洗泵车彻底冲洗地面集油管线。

1. 热洗泵车扫线的缺点

（1）扫线时间长，扫线时为了不影响产量，油井不能停抽，所以泵车的排量不易过大，一口井往往耗时5h以上。

（2）成本高，热洗泵车费用2080元/台次，25m³水罐车费用1107/台次，一口井扫线一次成本费用3187元。

（3）对平稳输油造成影响，由于液量增大，外输储油罐液位上涨，需要增大外输泵排量，给外输平稳运行造成压力。

（4）给郑一站后期原油脱水增加了负担。

2. 创新思路

郑二站现有一台自能热洗清蜡设备，利用超导热介质加热，燃料为柴油，用于给伴热水加温后洗井，由于郑二站早已拆除伴热系统，这台设备已闲置多年，可以把它利用起来，替代热洗泵车给油井产液加温，降低回压。

3. 方案实施

首先改造井口流程，在采油树另一侧生产阀门后侧加装一个$DN65$卡箍头（图1）。

用一个堵头拧紧堵死，需要扫线时将堵头卸下，连接自能热洗车，利用两侧生产阀门控制井口产液流程，油井产液从一侧生产阀门产出，通过高压钢丝软管进入自能热洗车，加热至90℃后，从另一侧进入集油线，融化带走集油线管壁内沉积的蜡质，降低流体阻力，达到降低井口回压的目的（图2）。

图1 焊接卡箍头

图2 井口连接

通过在郑48-3井试验，将油井产液温度提高到88℃，井口回压从1.2MPa降低到0.36MPa，冬季生产时有效期40d，达到了预期效果（图3）。

图3 自能热洗车应用

4. 应用自能热洗车扫线的优点及不足

通过在郑48-3井、郑48井、郑501井、郑48-2井等现场应用后，均取得了良好的效果，有如下优点：

（1）降本增效，将闲置设备重新利用起来，发挥出最大价值，实现了降本增效。

（2）利用油井自产液扫线，因此不会造成油井取样含水上升。

（3）单井次成本投入低、效果好，每口井消耗柴油40kg，成本327元。

（4）井口流程改造工作量低，流程简单。

（5）自能热洗车到场快捷迅速，避免了热洗泵车排班紧张的情况。

此种方法适用于250型采油井口装置，由于偏心井口装置只有一侧生产阀门，井口流程改造工作量大，所以目前暂不适用。

5. 操作步骤

井口流程示意图见图4。操作步骤如下：

（1）油井停抽，关闭生产阀门3和回压阀门8，放空后，卸掉卡箍头堵头。

（2）用软管连接热洗车进口阀门6和生产阀门4，连接热洗车出口阀门7和生产阀门3。

（3）打开生产阀门4、进口阀门6、出口阀门7；关闭生产阀门3。

（4）启动抽油机，自能热洗车点炉，逐步加温至90℃，至井口回压正常。

（5）结束后，油井停抽，关闭生产阀门4、回压阀门8，放空后卸掉热洗车软管，拧紧堵头。

（6）打开阀门3、回压阀门8，启动抽油机生产。

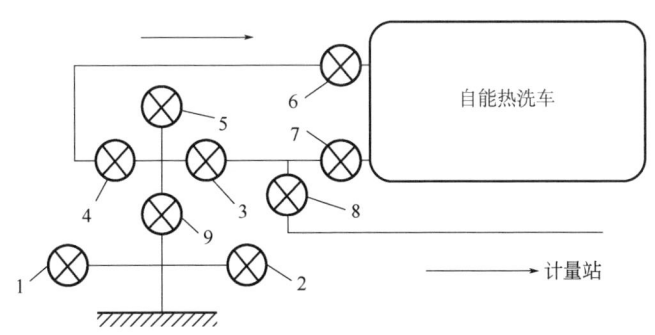

图4 井口流程示意图

1—套管阀门；2—套管阀门；3—生产阀门；4—生产阀门；5—清蜡阀门；
6—热洗车进口阀门；7—热洗车出口阀门；8—回压阀门；9—总阀门

6. 技术要求及注意事项

（1）连接软管采用耐油钢丝软管，承压不低于10MPa。

（2）倒流程必须遵循先开后关的原则。

（3）冬季炉膛必须进行预热，防止堵塞炉膛盘管。

（4）加热炉提温时要逐步提温，切忌温升过快，否则容易造成蜡块脱落堵塞管线。

（5）遵守安全环保要求，放空时落地油必须回收。

五、应用效果

由于原油黏度和结蜡程度受温度影响较大，可根据实际生产情况和气候变化灵活调整扫线周期，冬季平均一个月扫线一次，夏季可根据实际情况延长至三个月。鄌二站目前共有9口井加装了扫线卡箍头。2018年，利用自能热洗车扫线总计38井次，节约泵车及水罐车个38台次，平均每口井消耗柴油40kg，获得了良好的经济效益。单井次柴油成本=（8166/1000）×40＝327（元）；单井次泵车及水罐车成本＝2080+1107＝3187（元）；单井次创经济效益＝3187-327＝2860（元）；年创经济效益＝2860×38＝10.868（万元）。

注：柴油价格8166元/t；泵车费用2080元/台次；罐车费用1107元/台次。

六、技术创新点

利用自能热洗车扫线，达到了降低成本，增加效益的目的，通过闲置设备的再利用，充分发掘老旧设备的价值，高效迅速地解决生产问题，保障油井的安全平稳运行。

井口升高短节卸扣位置难控原因及处理

韩文华　杨培伦　张光军

(华北油田第四采油厂)

一、问题的提出

在油田开采过程中,采油井一般安装的是25MPa的套管大四通和底法兰,配套25MPa的采油树进行生产,在进行补孔、压裂、酸化等增产增注措施施工作业时,由于施工压力高,井口需要安装承压较高的350型、700型甚至1000型井口实施作业,因此需将25MPa的套管四通和底法兰换掉,这项操作统称换井口。在泉241-45一体化补孔施工后,要更换350型井口为原250型井口,在拆卸350型井口时,升高短节上部卸开,而原250型井口带有升高短节,由于两个升高短节卸扣困难,增加了施工难度,拖延了施工进度,产生了一定的井控风险。

二、故障现象

升高短节利用双向螺纹将井口底法兰与油层套管接箍连接在一起,在换井口过程中,由于更换的井口不同,如图1、图2所示,有时需要将升高短节上部卸扣,有时需要将升高短节下部卸扣(例如,压裂井口,已经整体试压合格,自带升高短节),这就出现了两种现象:当需要从上部卸扣时下部卸开,当需要下部卸开时上部螺纹开扣,给施工带来困难。

三、故障原因

通过更换井口程序可以看出,在更换、拆卸井口过程中,会对升高短节上部的底法兰施加反扭矩,反向扭矩同时施加在底法兰和升高短节上部螺纹的连接处,同时也施加在升高短节下部与套管接箍连接的螺纹处,此时,升高短节的上下螺纹同时承受一定的反扭矩,由于升高短节具有双向螺纹,上下螺纹的锁紧力不同,在卸扣时,会从预紧力较低的位置卸扣,这成为造成此类故障的主要原因。

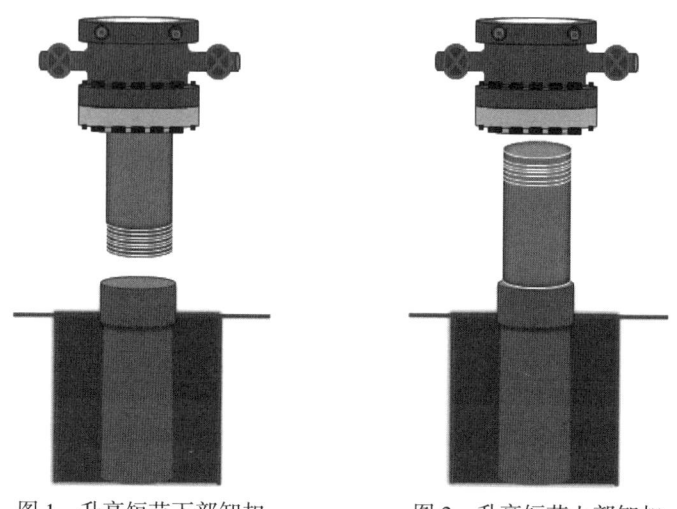

图 1　升高短节下部卸扣　　　　图 2　升高短节上部卸扣

四、故障处理

解决思路:设计一种工具,在拆卸、更换井口时,如果原井口需要保留升高短节(图 3),该装置能够将升高短节与油层套管接箍固定住,防止升高短节下部螺纹卸开,卸扣时,只能从升高短节上部卸开;当不需要保

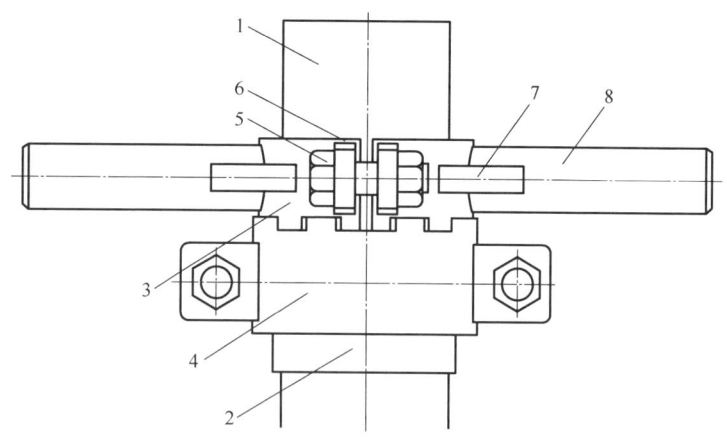

图 3　升高短节卸扣装置

1—升高短节;2—套管接箍;3—上部卡箍;4—下部卡箍;5—螺杆螺母;
6—锁紧耳帽;7—斜拉筋;8—加力手柄

留升高短节时,该装置能够将升高短节与井口底法兰连为一体,使升高短节从下部螺纹卸开。

工具结构:该装置分为上部卡箍和下部卡箍两个部分,上半部分外径180mm,内径140mm,高为56mm;下半部分外径188mm,内径155mm,高为86mm。锁紧耳帽两套,长70mm,高60mm,分别焊制在升高短节卸扣装置本体两边;牙块长55mm,宽22mm,置于工具内侧限位槽内;加力手柄直径24mm,长200m;装置总高160mm。

五、应用效果

使用该装置,在桐47-2、泉42-74等措施井的施工中应用效果较好(图4),在桐47-2井,需要卸开升高短节上部螺纹,将上下两部分装置分别咬合在升高短节和套管接箍上,同时两部分再互相咬合,这样将升高短节和套管接箍固定住,通过旋转上部井口底法兰,从而将升高短节上部螺纹卸开。在泉42-74,需要卸开升高短节下部螺纹,只要将上部分咬合在升高短节上,将加力杠套在手柄上,通过旋转,顺利卸开升高短节下部螺纹。

图4 现场应用效果

该装置实现了在所需部位自由卸扣的目的,更换井口工序更加顺畅、快捷、安全可靠,减少了换井口过程中的井喷风险。利用该套装置,已经完成了28口井更换井口的工作。

社会效益:提高了换井口的速度,防止了工序的延误,减轻了工人的劳动强度,减少安全隐患。

六、技术创新点

该装置有两部分组成，且两部分的直径不同，可以分别卡住套管底法兰和升高短节或是油层套管和升高短节，两部分通过边缘凸凹的楔子连为一个整体，实现了可以让升高短节与套管底法兰或油层套管任意组合成为一个整体，在换井口的过程中，达到了让井口升高短节在设定位置卸扣的目的。

油嘴套结蜡故障原因及处理

叶长新

（新疆油田百口泉采油厂）

一、问题的提出

检查和更换油嘴是自喷井日常工作之一。在检查和更换油嘴过程中，由于油嘴套内结蜡并堵在油嘴出油口前部，给拆卸油嘴带来不便，并且存在操作风险。

二、故障现状

卸下丝堵，借助扁铁或比较尖锐的铁棒清除油嘴套内的蜡，形成通道后，用捅针释放油嘴后端余压，再用套筒扳手拆卸油嘴，有时仍有余压，分析原因是捅针在收回时又有软蜡堵住油嘴。同时，油嘴通道狭小，套筒扳手回收时，油嘴受阻容易脱落掉入立管内，增加劳动强度。从整个操作过程来看，既耗时又不环保，还存在安全风险。

三、故障原因

由于采油地质、工艺条件的变化，油井的结蜡机理也会相应地发生变化。随着油井温度、压力的降低，结蜡范围扩大，溶于原油中的石蜡分子会析出并沉积。当油嘴保温效果不好时，油和气会通过油嘴结蜡，油流在井下压力作用下通过油嘴不断喷到丝堵上，逐渐沉积在油嘴套内，形成蜡棒（图1），给更换检查油嘴带来不便（表1）。

表1 检查油嘴操作耗时调查表　　min

井号\日期	2008.02.18	2008.06.13	2008.09.09	2008.12.26	平均
b1826	47	39	36	46	42.0

续表

日期 井号	2008.02.18	2008.06.13	2008.09.09	2008.12.26	平均
b1834	44	35	35	43	39.3
b1803	51	41	42	49	45.8

从表中可以看出，检查油嘴的平均时间是42.4min/次，季节不同操作用时不同，特别是在冬季，耗时更长。

图1 检查油嘴时套筒上带出的蜡棒

四、故障处理

通过分析，研制出井口除蜡装置，设计图见图2。

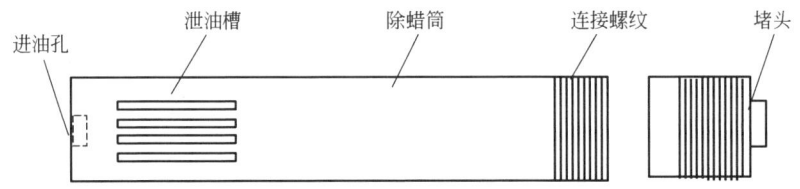

图2 除蜡筒设计图

工作原理：井筒混合液从油嘴喷出后，从进油孔进入除蜡筒，析出的蜡留在筒内，混合液从泄油槽流出，经除蜡筒与油嘴套之间的环形空间流入单井管线。检查或更换油嘴时，除蜡筒随堵头一起卸下，检查更换完油嘴，更换除蜡筒，将新除蜡筒和堵头一起装在油嘴套上，而更换下的除蜡筒，带回站区进行清洗。

五、应用效果

除蜡筒的应用，改变了工作方式，达到安全环保要求，切实解决了生产难题（表2）。

表2 现场验证情况表

井号	措施	操作人员，人	所用时间，min
B1834	检查油嘴	2	18.8
B1803	更换油嘴	2	16.8
B1826	检查油嘴	2	17.9

图3 井口除蜡器现场操作图

1. 经济效益

单套制作成本380元，总成本费用为：1140元。

使用井口除蜡器进行操作，平均用时17.5min，减少操作时间24.9min，共进行546次检查更换油嘴操作，减少占产时间13540.7min，而三口井平均日产油量为15.9t/d，共增产147.9t。按每吨原油成本300元，即节约成本＝147.9×300－1140＝42230元。

2. 社会效益

减轻员工劳动强度，提高劳动效率。在油田有较好的应用前景。

六、技术创新点

除蜡筒的安装，改变蜡的黏附位置，便于操作，节省时间，提高工作效率。

捞砂筒捞砂样不足故障原因及处理

米立和　刘俊啸　赵亚峰

(华北油田第四采油厂)

一、问题的提出

注水开发是保障油藏高效开发和提高采收率的基本手段,为了准确了解各区块高压注水井井下出砂状况,须制定合理工作制度及采取防砂措施。采油四厂每年都开展注水井砂面监测工作,对重点井要求每个月进行通井捞取砂样,对其砂面连续监测,为后续工作提供数据支持。在通井捞砂样工作中,经常会出现捞不到砂样或捞取的砂样很少,达不到定性砂面位置的要求。班组人员只有再次下捞砂筒进行二次砂样捞取工作,增加了员工工作量和工作时间。

二、故障现象

注水井砂面监测过程中,主要存在以下故障现象:
(1) 捞砂筒内无砂样,如图1所示。

图1　无砂样的捞砂筒

从图中可以看出老式捞砂筒捞取砂样状况较差,砂样经常出现捞不出的问题,导致员工重复工作。

(2)捞砂筒外筒无泄压槽,捞砂筒与球座接触后,形成锥面配合,易发生掉卡事故(图2)。

图2 发生掉卡的捞砂筒

在京726井井场进行捞砂样工作时,发生遇卡情况,最后发生掉卡事故,导致测试工作延长1d。

三、故障原因

1.产生重复捞取砂样工作的主要影响因素

通过分析,捞砂筒的进砂孔较大,而且是相互对称的,底堵内部深度不够,在高压水流和仪器高速上起的过程中,底堵中捞取到的砂样被冲刷出去,导致捞取不到砂样(图3)。

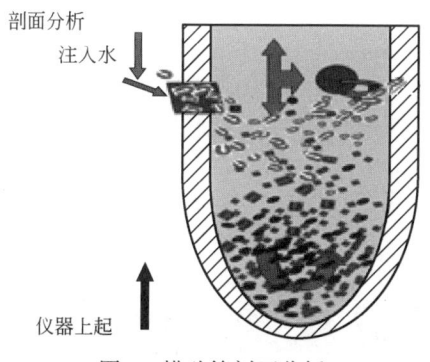

图3 捞砂筒剖面分析

2.产生捞砂筒掉卡的因素

掉卡原因是当井内没有返砂,捞砂筒与球座接触后,形成锥面密封,此时产生的静水柱压力全部集中到锥面,钢丝的极限拉力达不到解除该静水柱压力时,便发生掉卡事故。

四、故障处理

通过对捞砂筒的结构进行认真研究,确定为捞砂筒的进砂孔设计不合理和捞砂筒底部无导流槽导致掉卡事故。

1.重新设计进砂孔

设计一种进砂孔,让其具备砂样进得来、存得住、冲不走的功能。借助飞机整流罩进气孔进气原理,设计捞砂筒的进砂孔形状,按照功能要求加工捞砂筒,进砂孔3个,进砂孔外径由以前的10mm缩小到8mm,每个相距120°,与捞砂筒本体呈45°。存砂内腔为内径为28mm,长度为100mm。

2.增加捞砂筒导流槽

防产生静水柱导流槽3个,槽深2mm、宽2.5mm、长35mm,夹角为45°(图4)。

图4 设计的捞砂筒

五、应用效果

在京261井开展了试验(图5),试验结果表明该捞砂筒捞取砂样时操作

图5 捞砂筒对比图

方便，捞取的砂样量大，节省了工作时间。

改进后，在京621、京22-24、京723等井进行了现场试验均取得良好效果，防卡式捞砂筒技术指标见表1。

表1 防卡式捞砂筒技术指标表

名称	选用材料	表面调质处理	热处理	硬度	抗拉强度	耐磨性能	使用方式
防卡式捞砂筒	45号优质碳素钢	表面磷化处理	蓝火、油水介质处理	HRC50	大于25MPa	较好	螺纹连接

捞砂筒制作完成后（图6），对没有捞出砂样的20口井重新施工，有18口取得了砂样，测试成功率提高18%以上。从开展试验至今，共完成258口井的测试任务，经过现场应用，解决了老式捞砂筒在使用过程中砂样不易捞出的问题，有效提高了测试工作速度，减轻了员工劳动强度，避免了不必要的掉卡事故，确保了安全生产。

图6 防卡式捞砂筒实物图

1. 经济效益

捞砂筒改进加工费用：

（1）4套捞砂筒加工费用，400元×4=1600元；

（2）捞砂筒重新开导流槽费用：100元×4=400元。

合计2000元。

增产效益：

（1）按照每班每年避免因钢丝受伤导致的作业3井次，每口作业费用30000元计算，节约成本：3×30000元=90000（元）；

（2）按照每班每年节约4盘钢丝计算，每盘2000元节约费用：4×2000元=8000元；

（3）按照每班每年预防钢丝受伤导致的仪器掉卡4次计算，每次节约打捞费3000元：4×3000元=12000元。

经济效益=增产效益−加工费用=90000元+8000元+12000元−2000元=10.8万元。

2. 社会效益

通过技术攻关改造，杜绝了砂样被冲走的问题，减轻员工劳动强度。

六、技术创新点

在飞机整流罩进气孔形状的启示下，捞砂筒进砂孔设计成每120°一个进砂孔，每个进砂孔由于横向不通透，当捞砂筒横向摆动时，注入水水流不会对砂样造成冲刷。进砂孔与捞砂筒本体成45°斜进式，捞砂筒高速上起时水流对砂样无任何影响。该工具获得实用新型专利授权（专利号ZL201220446494.2）。

临投井排液流程常见故障处理

何新飞　戴练军　黄立新

(新疆油田百口泉采油厂)

一、问题的提出

玛湖油田临时投产井排液采用敞口方罐（图1），排液时容易发生气液飞溅现象，对地面造成污染；排液管线搭在罐口上，排液管线振动大，管线碰撞罐沿易产生火花，存在安全隐患；外排罐罐体未设计取样孔，取油样不方便。

(a) 管线固定焊接　　　(b) 封闭罐顶开取样口

图1　临投井井口排液罐现场使用图

二、故障现象

通过对所有方罐进行调查，存在以下现象：

（1）环境污染，常用外排方罐为敞口式，油气外排时易飞溅到地面上造成环境污染。

（2）安全隐患，外排管线搭在方罐上，不易固定；生产压力高时，外排管线振动碰撞罐沿。

（3）员工取样操作不便，常用的外排方罐无取样口，取样不便。

三、故障原因

结合问题分析，存在以下原因：

（1）罐体设计不合理，罐体未采用封闭式设计，敞口罐在临投井的排液压力下，不能将飞溅的气液控制在罐内，导致气液飞溅出罐外，污染罐周边环境；罐体未设计取样孔，致使操作员工取样困难，不易操作。

（2）外排管线无固定措施，外排管线搭接在敞口罐顶部，临投井排液压力高时，会造成管线振动碰撞罐沿，存在安全隐患。

四、故障处理

根据分析内容，对方罐进行改进（图2）：

（1）采用2mm厚防滑钢板对敞口方罐进行全封闭焊接，形成半密闭空间，减少原油外泄。

（2）在封闭钢板上焊接 $\phi 65mm$ 弯管，使其固定在方罐上，将外排安全隐患降到最低。

（3）在方罐顶部封闭钢板上方设置取样孔，方便员工取样及观察液位。

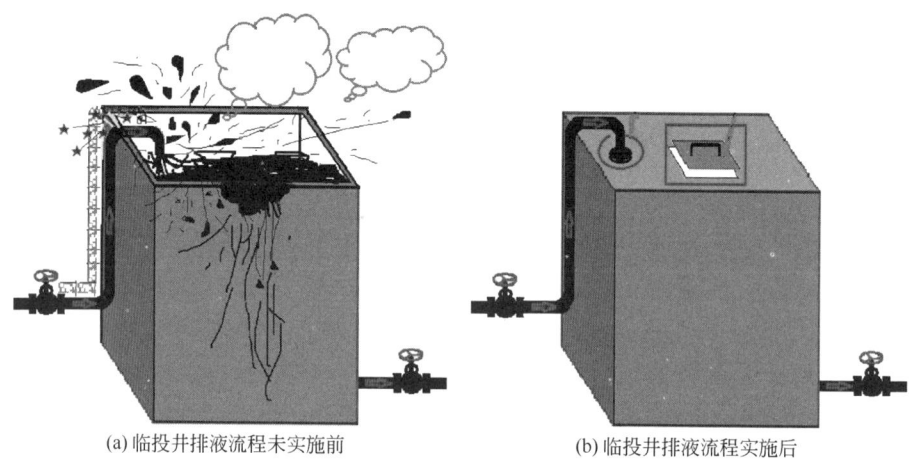

(a)临投井排液流程未实施前　　(b)临投井排液流程实施后

图2　临投井井口排液罐效果对比图

五、应用效果

改进后排液罐在生产现场运用,有效避免了排液罐外溢污染问题。方罐改进费用为 500 元,改进 20 口,总计成本为 10000 元。未改进前,需要每 3d 对放置方罐油井进行治污,特车费用共计 3600 元。按每月 10 次计算共计 36000 元。自采用改进后排液罐,再未产生治污费用。

六、技术创新点

临投井排液罐由敞口式改为全封闭,排污管线由搭接改为固定式,并增设取样口,既达到安全环保要求,又提高了劳动效率。

石南井区地面采油系统腐蚀故障分析及治理

张 军

(新疆油田陆梁油田作业区)

一、问题的提出

油田开发中后期,油井含水升高,地面采油系统腐蚀越来越严重。新疆油田陆梁油田作业石南 21 井区自 2004 年投入开发以来,一直保持较高的开采速度,油井综合含水率逐年升高,腐蚀对生产的影响越来越突出。腐蚀不仅给油田安全生产带来了极大隐患,同时也加大了油田开采维护成本。

二、故障现象

石南 21 井区地面采油系统主要流程:井口采出液经单井集油管线到计量站(U 形管、分离器),再通过集油支线、干线到达处理站。地面采油系统腐蚀多为内腐蚀,随着管线服役时间的延长,地面集输管网因腐蚀引起的穿孔、泄漏给安全生产带来严重威胁(图 1)。

图 1 集油管汇腐蚀穿孔

2012—2015年，石南21井区发生因腐蚀更换地面设备的故障总计17次，其中计量分离器发生腐蚀穿孔6台次，计量管线腐蚀穿孔5站次，站内及站后集油管线因腐蚀穿孔6站次，而且腐蚀情况有逐年加剧的趋势。井口和计量站钢质管线多在钢管底部腐蚀，而分离器多是底部侧面和隔板腐蚀。

三、故障原因

1. 井区产出水和伴生气分析

石南21井区自2004年投入开发以来，近几年油井综合含水率不断增高（表1），目前部分油井含水率超过90%。

表1　2011—2014年石南21井区综合含水率变化情况

年份	2011	2012	2013	2014
综合含水率,%	35.5	42.9	44.1	64.5

调查该井区248口油井表明：石南21井区超过80%油井的产出水为氯化钙（$CaCl_2$）水型和硫酸钠（Na_2SO_4）水型，产出液的pH值在7~8之间。

井区的产出液矿化度一般在20000~30000mg/L，氯离子含量为10000~20000mg/L。产出液主要离子含量分布，如图2所示。

根据石南21井区头屯河组油藏30井次单井溶解气分析资料，油藏的天

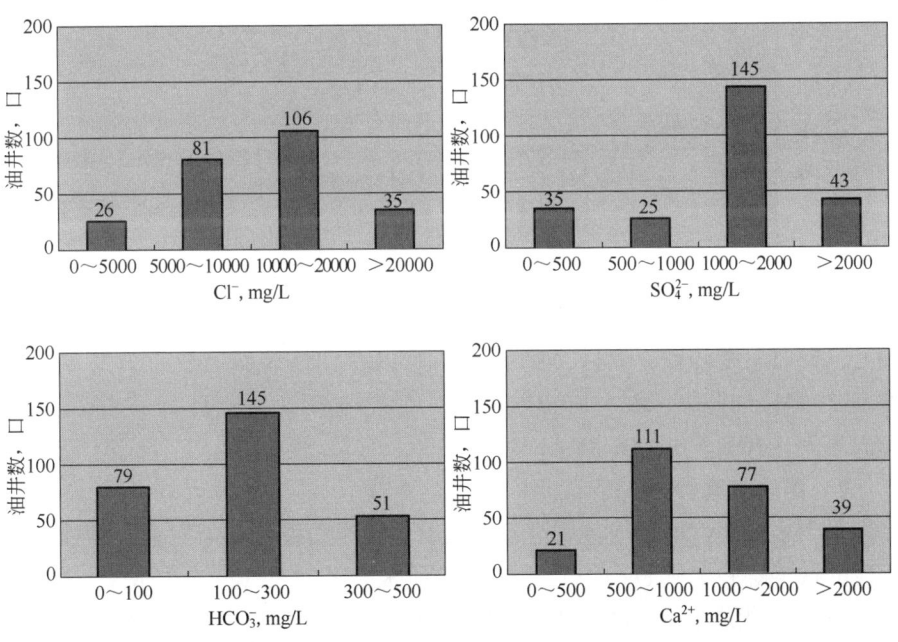

图2　石南21井区产出液主要离子含量分布

然气性质见表2。

表2 石南21井区头屯河组油藏天然气性质表

层位	相对密度	组分,%									
		甲烷	乙烷	丙烷	异丁烷	正丁烷	异戊烷	正戊烷	氧气	二氧化碳	氮气
J_2t	0.702	81.90	5.75	2.99	0.97	1.14	0.25	0.18	1.06	0.11	2.41

由表2可见，石南21井区油井采出液中含有CO_2、O_2等腐蚀性气体和高浓度的Cl^-等腐蚀性阴离子。油井采出液会对油套管、集输管线等金属管材产生腐蚀，井区绝大多数钢质设备内腐蚀都是由采出液而引起的。

2.管线设备腐蚀机理分析

1) CO_2腐蚀

石南21井区地面采油系统的腐蚀介质是以气、水、烃、固体颗粒共存的多相流介质，引起腐蚀的原因主要两类：腐蚀性溶解气体；采出水及采出水所含的腐蚀性离子。

CO_2溶于水中产生碳酸，在相同pH值下，碳酸比其他能完全离解的酸具有更大的腐蚀性。

阴极反应方程式如下所示：

$$CO_2 + H_2O \longrightarrow H_2CO_3$$

$$H_2CO_3 \longrightarrow H^+ + HCO_3^-$$

$$HCO_3^- \longrightarrow H^+ + CO_3^-$$

CO_2腐蚀的阳极反应：

$$Fe + 2H_2O \longrightarrow Fe(OH)_2 + 2H^+ + 2e$$

$$Fe + HCO_3^- \longrightarrow FeCO_3 + H^+ + 2e$$

$$Fe(OH)_2 + HCO_3^- \longrightarrow FeCO_3 + H_2O + OH^-$$

石南21井区单井管线温度和计量站出口集油线温度全年基本在18~40℃，反应温度较低，腐蚀产物$FeCO_3$难以在钢铁表面形成有效的保护膜。石南21井区油井采出液平均pH在7~8之间，这种偏碱性环境下$FeCO_3$溶解倾向不大，有利于$FeCO_3$腐蚀产物沉积。

2) 溶解氧腐蚀

采出水中的溶解氧与金属设备组成以金属为阳极、氧为阴极的腐蚀电池，阳极的铁溶解并生成$Fe(OH)_2$和氢气。阴极是氧和氢气反应生成水，同时将$Fe(OH)_2$氧化成$Fe(OH)_3$。反应式如下所示：

阳极： $$Fe \longrightarrow Fe^{2+} + 2e^-$$

阴极： $$O_2+2H_2O+4e \longrightarrow 4OH^-$$
$$Fe^{2+}+2OH^- \longrightarrow Fe(OH)_2$$

腐蚀产物： $$Fe(OH)_2+O_2+2H_2O \longrightarrow 4Fe(OH)_3$$

3）氯离子的作用

采出水矿化度高，电导率大，有利于电荷转移，腐蚀速度加快。石南21井区采出水高含 Cl^-，使得设备管线点蚀严重。

四、防腐措施

1. 采用防腐材料

在腐蚀严重部位采用耐蚀性优异的不锈钢管、玻璃钢管或者复合管来代替目前井区大量采用的碳钢和低合金钢管。

不锈钢由于成分中含有较多 Cr 元素，可以在材料表面形成一层氧化铬保护层，避免基体被腐蚀。玻璃钢管具有保温性能好、内表面光洁度高、防腐性能优良、力学性能合理、设计灵活性大等优点。双金属复合管则是在普通油管内覆上一层薄壁耐蚀合金，复合管的两端采用特殊方法焊接或特殊结构连接。耐蚀金属可根据油田腐蚀环境选择，既能满足耐腐蚀要求又可以降低整体耐蚀合金管的材料成本。玻璃钢管和双金属复合管已经越来越多地被用于陆梁油田集输管道改造。

2. 缓蚀剂防腐

有机缓蚀剂以其亲水基团吸附于金属表面，疏水基远离金属表面，形成吸附层覆盖金属活性中心，阻止介质对金属的侵蚀；同时缓蚀剂改变了金属表面的电荷状态，使金属表面的能量状态趋于稳定化，并改变腐蚀反应的活化能，降低腐蚀速度。选取石南油井 SN6152 开展缓蚀药剂性能评定（表3）。

表3 SN6152 井产出液性质 mg/L

井号	氯离子	硫酸根离子	碳酸氢根	钙离子	矿化度
SN6152	13079.04	1309.3	314.4	505.5	221561.2

设空白对照组2组，取其均值作为基准腐蚀速率；设缓蚀剂9组，浓度分别为 50mg/L、80mg/L、110mg/L、140mg/L、…、230mg/L，作为基准缓蚀效率参考。室内进行 72h 的密封挂片实验，实验前后精确测量挂片重量，计算腐蚀速率，并对表面腐蚀形态进行简单描述，SN6152 缓蚀性能测定具体数据见表4，缓蚀率变化曲线见图3。

表4 SN6152井缓蚀性能测定

序号	名称	加药量 mg/L	试验时间, h	腐蚀率, mm/a	平均腐蚀率 mm/a	缓蚀率, %
1	空白	/	72	0.1131	0.1226	
2	空白	/	72	0.1322		
3	缓蚀剂	50	72	0.1407		22.95
4		80	72	0.1298		26.37
5		110	72	0.1036		42.27
6		140	72	0.0786		35.92
7		170	72	0.0964		51.36
8		200	72	0.0429		65.05
9		230	72	0.0488		60.19

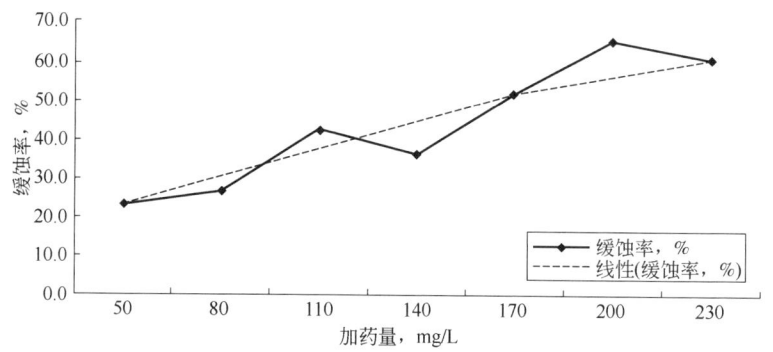

图3 SN6152缓蚀率变化曲线

上述实验结果显示,随着缓蚀剂加药量增大,缓蚀性能提高。从SN6152的缓蚀效果实验来看,缓蚀剂浓度要达到200mg/L以上,缓蚀效率才能稳定于60%以上。

根据现场情况,可以利用井口自动加药装置将缓蚀剂通过加药泵打到套管环空,从采油系统源头开始防腐。

3. 贴板加厚注脂防腐

石南21井区计量间U形集油管汇因受到高矿化度采出液的化学腐蚀以及携带砂粒的采出气液物理冲击等多重作用,管壁随着生产年限的推移逐渐变薄,甚至出现穿孔,造成油气泄漏事故。目前共有13个土建站计量间U形集油管汇在管汇的底部统一采取"贴板加厚注脂防腐"方案,在整体贴板与原管汇之间充填玻璃布环氧树脂涂层，消除腐蚀对管汇的不良作用，有效延长了集输管汇的使用寿命（图4）。

图4 集油管汇加厚注脂防腐效果图

断开计量站集输管汇，切换流程，保障动火安全。对集输管汇和预制好的贴板进行打磨，利用手工电弧焊焊接。焊接完成后，在贴板与集输管汇之间利用注脂装置通过注脂控制阀充注玻璃布环氧树脂形成防腐涂层，确保注脂充满环形空间。采用清水对集输管汇进行密封性试压，试压合格后恢复生产流程。

五、结论和建议

造成石南21井区地面采油系统腐蚀的主要原因是油井产出液中较高的含水率和矿化度含量，同时产出水还含有一定量的CO_2、O_2等气体组分造成局部腐蚀。

针对石南21井区地面采油系统Cl^-和矿化度造成的腐蚀，可选用缓蚀剂进行源头防腐；在新建管线时优先选择耐腐蚀的玻璃钢管线和双金属复合管。

对管线、重点设备定期检测壁厚，对管线容易腐蚀的部位进行贴板加厚注脂进行综合防腐，有利于保护钢质管线等生产设备。

参 考 文 献

[1] 魏新春，李鹏程，李强，等.新疆油田管道及设施腐蚀原因分析［J］.石油化工腐蚀

与防护, 2009, 26 (5): 18-20.

[2] 吴明菊. CO_2 驱三次采油地面系统的腐蚀研究与治理 [J]. 油气田地面工程, 2004, 23 (1): 16-18.

[3] 刘洋, 董事尔, 刘倩, 等. 玻璃钢管的应用现状及展望 [J]. 油气田地面工程, 2011, 30 (4): 98-99.

污水干化池水质差的故障原因及处理

何 群 杨培伦 孙云鹏

(华北油田第四采油厂)

一、问题的提出

古一注是华北油田规模最大的污水处理站之一,采用"气浮+流沙"装置的处理工艺,每小时 $10\sim15m^3$ 左右的洗沙水及气浮除去的絮凝物需要全部排入1号、2号、3号干化池,干化池对污水中的泥沙及悬浮物简单处理后,通过潜水泵打入沉降罐,使污水进入沉降系统进行净化分离。现有的干化池系统,截污蓄污能力差,造成打入沉降罐的污水水质差,给水质的处理造成了困难。

二、故障现象

经干化池处理后的污水水质不稳定,沉降罐出口及过滤器出口的悬浮物指标持续上升,如图1所示。同时负压排泥流程也接入干化池收集,将沉降

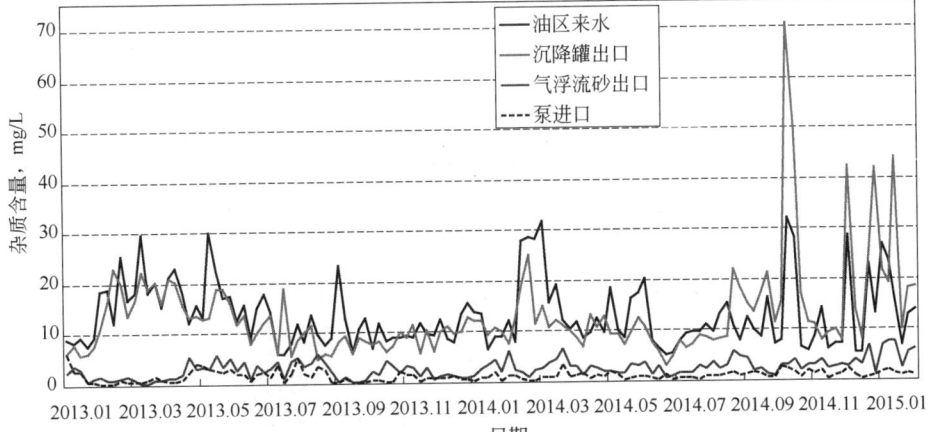

图1 水质波动图

罐和污水罐排出的泥沙及絮凝物简单沉降后，再次打入沉降罐，使悬浮物指标持续上升、水质变差。

三、故障原因

（1）处理量大，以前使用的多功能过滤器，间歇进液，每天工作约5h，排污液量200m³/d。采用气浮装置后，实现连续进液，24h不间断工作，排污液量16~20m³/h，每天处理液量在400m³左右，液量比以前增加一倍，这样就使得干化池内的来液没有足够沉降时间和空间。

（2）采用"气浮+流沙"装置的新型处理工艺，虽然提高了污水的处理量，但增加的负压排泥、浮筒收油等功能，造成干化池内杂质、悬浮物量的增加。

（3）干化池的容积小，现有3个干化池，总容积只有112m³。每天气浮流沙装置连续排入干化池的排污量在400m³左右，污水有效沉降时间不足，污水中悬浮的泥沙又被重新提升至沉降罐中。

（4）地下池污水泵安装位置不合理，原有的污水提升泵安装在地下池底部，启泵后，会将地下池内包括泥沙、悬浮物等同污水打回到沉降罐。

四、故障处理

1. 沉降试验

针对干化池出现的水质处理差的难题，首先进行沉降对比试验，图2为从干化池取出的水样，图3为沉淀2min后水样，图4为沉淀5min后水样，图5为沉淀20min后水样，通过以上污水样的沉降试验说明，只要有足够沉降时间和空间，干化池的污水水质能得到改善。

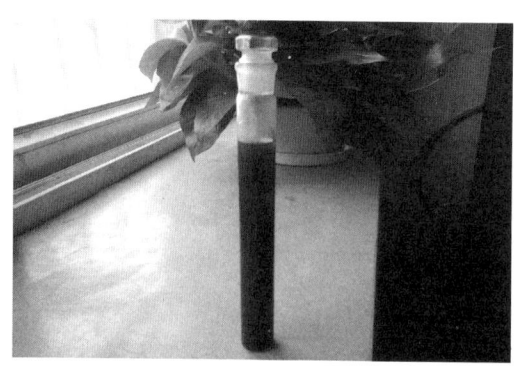

图2　未沉淀水样

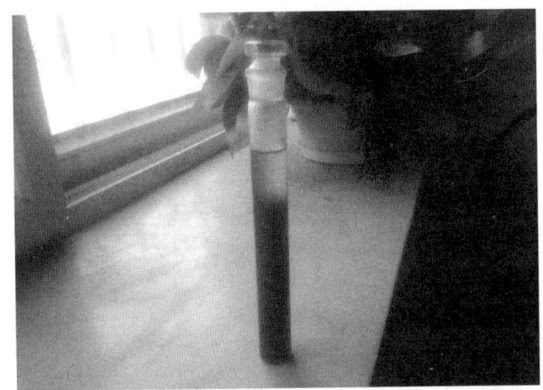

图 3 沉降 2min

图 4 沉降 5min

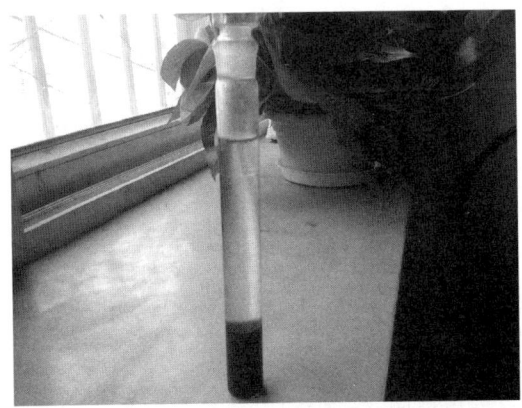

图 5 沉降 20min

2.改进措施

(1) 设置挡板,延长沉降时间。以前3个池子是纵向并联,同进同出,可实现用二备一,能够随时清理干化池,但污水在池中沉降时间短。改进方法为将3个池子打通,干化池横向串联起来,干化池由原来的8m延长为12m,如图6所示。延长污水在干化池内的沉降时间,稳定液流,让大部分固体杂质沉降下来,当干化池内沉降物达到一定程度后,通过原来的并联流程,循环清理沉降物。同时在出水口加装滤网挡板,截留住大部分悬浮物,如图7所示。

图6 串联后的干化池

图7 干化池改造后的截污情况

(2) 提高污水出口高度。3号沉降池内设置一块浮板,浮板可以带动出口软管随液位高度上下浮动,保证3号沉降池去南侧地下池污水出口在浮板下60cm水层内,这样可以防止沉降池上层悬浮物和下层泥沙进入地下池。排污口改造前后对比见图8,改造后的流程见图9。

图 8 排污口改造前后对比

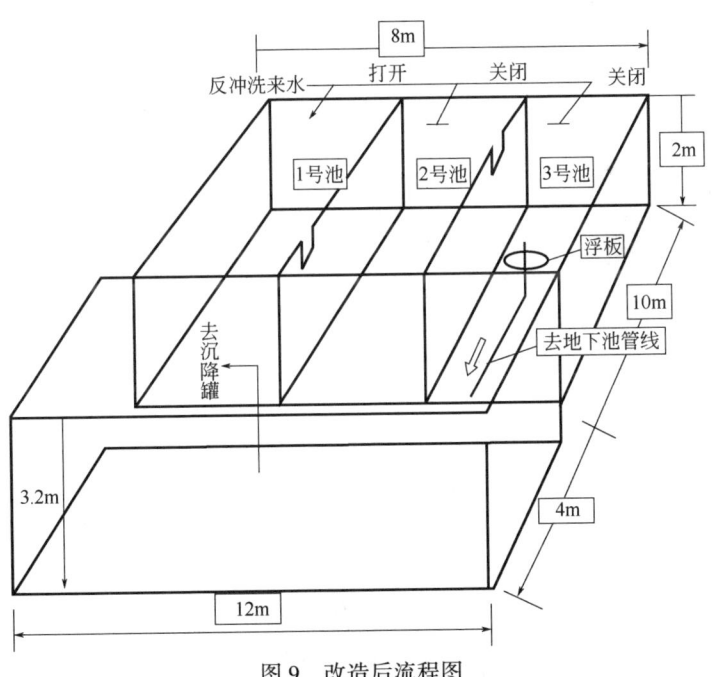

图 9 改造后流程图

（3）改变污水泵的安装位置。将原来安装在底部的污水提升泵改为立式污水泵安装在地下池上部，如图 10 所示。立杆深入池下 2.5m，这样泵抽吸的是分离出的水，底下的杂质和上部的悬浮物则留在池中。

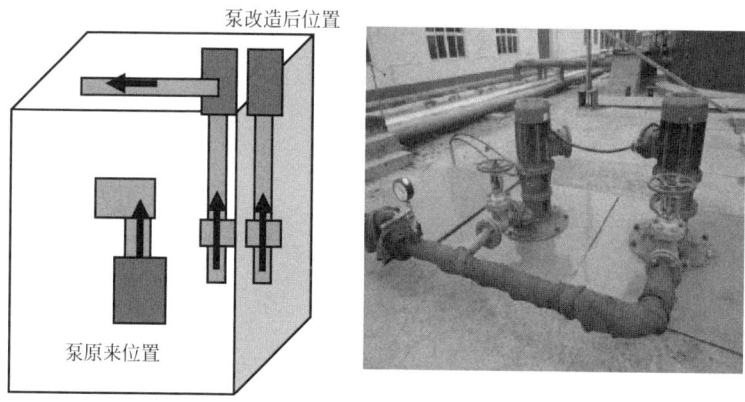

图 10　污水泵位置的改变

在干化池现有条件下，经过以上 3 个方面的改进，充分利用干化池的有效容积，强化了干化池截污蓄污的能力，提升了打入沉降罐的污水水质。改造后，干化池污水处理场景见图 11。

图 11　改造后的使用情况

五、应用效果

通过对干化池的改造,延长了污水的沉降时间,增大了沉降空间,提高干化池的滤水效果,使打回沉降罐的污水水质,有了明显改善。由于增加了干化池沉降空间,延长干化池的除淤周期,由8d延长到20d以上。改造后干化池进、出口水质对比见图12。

图12 干化池进、出水对比图

六、技术创新点

充分利用现有设备设施,因地制宜对古一注污水处理系统经过升级改造。根据古-联来液量变化,来调节污水泵的排量,满足了现场生产要求。

修井液循环利用率低的原因及解决方法

杨培伦　孟　杰　王延洪

(华北油田第四采油厂)

一、问题的提出

在修井作业中，冲砂、磨铣、钻塞、洗井等施工项目中，需要大量的修井液，这些修井液经井下返出进入储液池，沉淀除质后，再由泵车打入井内，循环使用。现有的工艺设备无法有效除去修井液内的岩石碎屑、铁屑、砂粒等杂质。在循环使用过程中，含有大量杂质的修井液，不但对油层造成污染，而且还经常使涡轮钻等钻具卡死损坏，造成事故。为了保证修井作业，需要经常对修井液进行更换，这种操作方式既影响了修井施工进度，又增加了修井作业成本。

二、故障现象

当前确保修井液洁度的方法，采用的是储液池沉淀过滤的方式，但沉淀后的修井液杂质含量仍很高，在储液池中下部分（泵车上水管线进口位置）使用量杯取样，沉淀30min后，对所含杂质进行测量，测量数据见表1。

表1　修井液杂质数据表

施工项目	钻塞	冲砂	磨铣	洗井	平均（不包含磨铣）
取样杂质含量	30%	35%	2%（主要是铁屑）	17%	27%

通过对修井液中较大的颗粒杂质进行测量，砂粒直径在0.2~0.8mm之间，铁屑颗粒在1~5mm之间（某些铁屑为丝带状）。原有的修井液处理方式，不能有效地清除掉杂质，造成处理后的修井液中含有大量的沙子、泥浆、铁屑等颗粒，这种洁度不达标的修井液在使用过程中，不但造成地层污染，而且还会造成卡钻。

三、故障原因

油、水井进行冲砂、磨铣、钻塞等施工作业过程中，修井液携带大量的机械杂质经井下返出后进入储液池内，经过重力沉淀分离，分离后的修井液由泵车打入井内循环使用。因修井液在储液池内是流动的，储液池的空间有限，沉淀分离、循环运行都在一个空间内完成，造成杂质沉淀分离效果差。

四、故障处理

对现有的储液池进行改造，将一个储液空间分成3个储液空间，减少液体流动对沉降的影响，增加了强磁铁屑吸附、迷宫沉降、微粒过滤等3种除杂过滤设备，加强了储液池对修井液的净化功能。改进工作原理见图1，从井内返出的修井液，首先进入强磁铁屑过滤器，铁屑等金属杂质被吸附在过滤器内，完成第一次净化，除掉铁屑的修井液进入第一个储液空间，进行一级沉降分离，完成第二次净化，二次净化后的修井液进入第二个储液空间，第二个储液空间采用隔板进行不同形式地隔离，形成一个迷宫式过滤器，使修井液在流动的过程中不断改变方向，形成局部稳定，进行二级沉降分离，完成第三次净化，最后修井液通过微粒过滤器过滤，完成四次净化的修井液进入洁液池，为修井液循环使用做好准备。

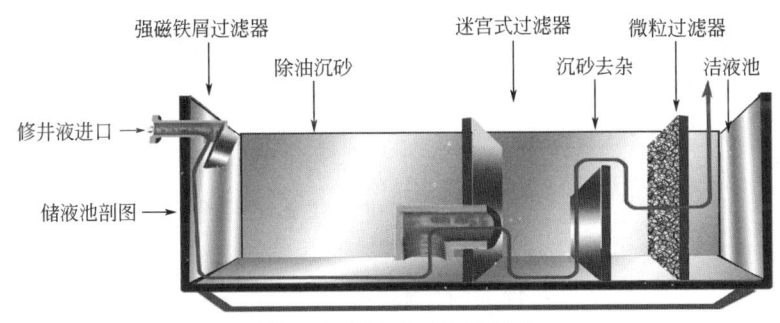

图1　循环过滤装置原理图

1. 吸附铁屑

强磁铁屑过滤器，由含有夹层的钢板制成，夹层内置6块钕铁硼强磁体，用密封胶密封住端口。强磁铁屑过滤器固定在储液池的进口处，作用一：从井底返出的修井液，首先进入到强磁铁屑过滤器中，铁屑等金属杂质吸附在过滤器内，除去修井液内铁屑等金属杂质；作用二：当进行井下磨铣作业时，可以通过观察和计量过滤器内的铁屑含量,掌握井下磨铣情况。在使用的过程中,强磁铁屑过滤器可以做180°翻转,并带有锁紧装置,使过滤器固定在所需的角度内。需要采集铁屑时,将强磁铁屑过滤器固定在出口处,当需要观察时,向上翻转90°,使过滤器呈水平状,便于观察修井液中铁屑的含量。

2. 清除污油

从井内返出的修井液携带有很多原油,这些原油会堵塞铜网微粒过滤器,因此,必须在修井液到达铜网过滤器之前将原油过滤掉。在第一层隔板下部,焊接两个φ159mm的直角弯头,进口向下,离池底有100mm的距离。原油漂浮于水面之上,修井液从储液池内的管道中流入第二空间内,原油漂浮于水面被隔离在第一空间内(图2)。

图2 连通管改造前、后对比

3. 沉淀除杂质

在钻铣作业过程中,修井液中杂质含量高,会导致涡轮钻卡钻,造成油层二次污染,降低杂质含量是提高修井液循环利用率的重要条件之一。迷宫式沉降设计改变了修井液的流向,减缓流速,提高了修井液的沉降效果。在重力的作用下,杂质沉淀到池子底部,相对清洁的修井液经过隔板上方流入下一个空间,实现第一次沉降除杂,修进液进入下一个空间后,继续沉降杂质,杂质大部分聚集在储液池下部,下部的杂质被溢流板阻隔在此空间内,实现第二次沉降除杂。上部较为清洁修井液,经过溢流板流入下一个阻隔空间,进行第三次沉降除杂。修井液经过三次沉降清除杂质的流程,所含的大部分杂质被滞留、隔离在前三级过滤装置内,但螺杆钻使用时对水质的要求是含沙量在0.5%以下,颗粒直径不得大于0.3mm,为了达到要求,对沉淀后的修井液进行过滤清除杂质。

4. 过滤除杂质

设计一种由孔径20mm不锈钢网+60目铜网+孔径20mm不锈钢网等3道

网组成的过滤装置,两道不锈钢用于保护中间的60目铜网(最小过滤直径为0.245mm),防止被液流冲击和机械撞击对滤网造成损坏(图3)。为了提高过滤效果,采用双过滤设计。第一层设计:滤网置于储液池的迷宫沉降池与洁液池之间,颗粒直径大于0.245mm的杂质,被挡在了迷宫式沉降池内(图4);第二层设计:将滤网装入滤箱内(图5),洁液池的修井液经滤箱过滤除杂后,再进行循环使用(图6)。

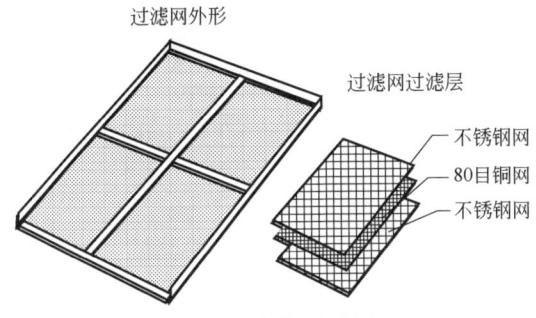

图3 不锈钢过滤网

图4 安装在储液池的滤网

图5 安装好滤网的滤箱

图6 工作中的滤箱

五、应用效果

经过现场使用,跟踪5口作业井进行取样测量,在出口中部位置(泵车上水管线位置)进行取样,样品装在量杯内,每次取100mL,在样品沉淀30min后,通过化验、测量得出杂质含量,具体数据见表2。

表2 水样杂质含量表

取样编号	1	2	3	4	5	平均值
杂质含量,%	0.27	0.29	0.31	0.28	0.27	0.28

5组数据平均杂质含量为0.28%,从上面的数据可以看出,过滤装置能满足施工要求。过滤装置处理量大于35m³/h,过滤后的杂质含量小于0.3%,杂质颗粒直径小于0.3mm,满足了油井作业施工对水质的要求。过滤前的水质见图7,过滤后的水质见图8。

经过对原有储液池的改造,采取了强磁吸附铁屑、挡板清除污油、迷宫

图7 过滤前水质

图 8 过滤后水质

式沉降杂质、滤网过滤微粒等 4 种措施，制作出了处理量为 $35m^3/h$，过滤后的杂质含量小于 0.3%，杂质颗粒直径小于 0.3mm，修井液的洁度满足了循环利用要求的新型过滤池。2010 年 8 月，新过滤池在华北油田采油四厂投入使用。与使用前相比，本厂年均减少修井液用量 $16000m^3$，$1m^3$ 修井液费用按 1 元计算，$16000m^3 \times 1$ 元 = 1.6(万元)；减少罐车使用 660 台次，按每次运费 450 元：450 元×660 台次 = 29.7(万元)，节约费用 29.7 万元；减少了 4 台涡轮钻损耗，每台涡轮钻购置费和维护费用共计 5 万元，减少涡轮钻费用：5 万×4 台 = 20(万元)；同期减少因冲砂不净，造成返工井 2 次，节约施工费用 8.5 万元，全厂每年总计可节约费用 = 1.6+29.7+20+8.5 = 59.8(万元)。

六、技术创新点

新型沉降过滤池集铁屑吸附、污油清除、沉淀除杂、滤网除微等 4 项功能于一体，去除了修井液中的杂质，提高了修井液的洁度，满足了循环利用的要求。具备提取铁屑的功能，在磨铣作业中施工中，可以根据提取的铁屑量，判断施工的进展情况。

一体化集成装置运行故障原因及处理

胡东华

(华北油田第四采油厂)

一、问题的提出

华北油田第四采油厂永清采油作业区泉一站管理的泉 42 断块于 2009 年投入开发，开发初期，采取单井拉油点进行生产，2011 年引入油气水一体化集成装置。

油井产出液首先进入油气水一体化集成装置中的加热炉，在加热炉内与加热水浴通过换热提升自身温度后，再进入装置中的三相分离器进行油气水三相分离，分离出的油和少部分水经混输泵进行增压输送至泉一站，分离出的水经掺水泵回掺至各单井，分离出的伴生气则部分用于一体化装置加热炉，其余全部外供，如图 1 所示。

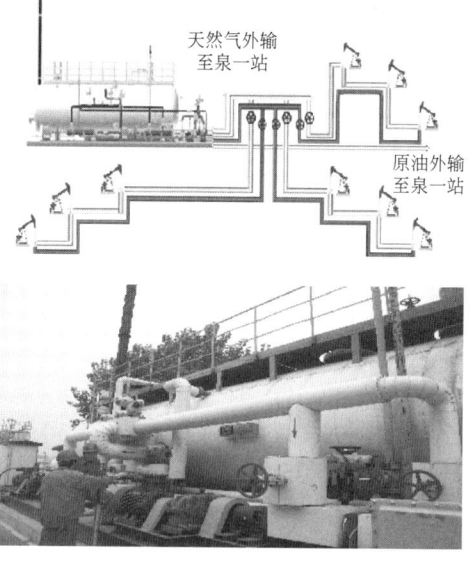

图 1 油气水一体化集成装置

由于该装置是研制后首次在泉 36 站安装应用，没有可供参考的生产操作运行经验和方法，在运行过程中出现过管线凝堵、PLC 控制系统故障、加热炉故障、原油含水率升高等问题。

二、故障现象

一体化装置是集原油加热、三相分离、掺水集油、增压外输为一体的集成装置。该装置占地面积小，自动化程度高，主要由加热炉、三相分离器、掺水泵和混输泵构成。

1. 管线凝堵

一体化装置投用到现在，发生集油管线凝堵 2 次，单井井口回压不断上升，产出液无法进入一体化装置中，影响了正常的生产运行。

2. PLC 控制系统故障

一体化装置分离器油水界面仪和油室液位计断电后再来电，有时发生 PLC 启动故障，加热炉水室液位远传失灵，出现"假液位"情况，混输泵不执行控制柜发出的指令，造成设备无法正常运行，系统瘫痪。

3. 加热炉故障

加热炉燃烧达不到设定温度。

4. 外拉油含水率升高

一体化装置分离器掺水室频繁进行补水，同时泉一站的外输拉油含水率也有所升高。

三、故障原因

1. 掺水控制参数不合理造成管线凝堵

分析原因是东、西、南环实际运行过程中，各环掺水量调整不合理造成，由于掺水量下降，掺水压力上升，引起油线流动困难。

2. PLC 控制系统设计缺陷引起仪表损坏故障

泉 36 站一体化装置控制柜由于设计缺陷，并未安装不间断电源（UPS），PLC 控制柜的电力系统无保障，在突然断电的情况下，高速运转的硬盘磁道受损，系统重新启动后，导致部分功能失灵，造成 PLC 启动故障。

3. 加热炉故障引起加热炉不能正常工作

一体化装置投产时，加热炉燃烧器没有操作间，露天运行，燃烧器元器件没有有效保护，在恶劣气候下，加热炉燃烧器经常出现问题，导致加热炉不能正常运行；燃烧盘上的天然气通道有时发生堵塞，炉膛炉管结焦也导致加热炉无法正常工作。

4. 油水乳化导致外拉油含水率升高

单井产油和所掺水在管输的过程中发生油水乳化，三相分离器无法对乳化液进行全分离，导致部分掺水随同油外输而引发掺水室补水频繁，以及泉一站外输拉油含水率上升。

四、故障处理

通过分析诊断，摸索运行规律，调整运行参数，及时解决运行中的问题，不断提高设备运行时率，保证了生产任务的完成。

1. 管线凝堵故障处理

在泉42断块的油井进行补孔等措施时，由于环线产量变化较大，导致了整个断块的不平衡，影响到掺水量变化。当发现单井集油管线回压上升时，随时调整各环线的掺水量，提高掺水温度；若管线已经发生凝堵，即用泵车扫线将管线打通，同时定期对三个环进行了扫线，保持介质流通顺畅；建立温度场，调整掺水总量，安装分环流量显示计，根据回液温度、单井掺水末点压力随时对各环进行调整，使之重新达到平衡。目前，掺水总量由调整前 $9\sim10m^3/h$ 升至 $14.5\sim15m^3/h$。

2. PLC 控制系统故障处理

现场仪表由于电流冲击造成损坏等问题，导致在停电时，发生 PLC 不能自动启动的情况。断电过程中对现场参数监控的中断造成生产事故等问题的根源是未装配不间断电源，因此在自控柜安装 UPS 电源，保障突然断电后能正常工作。

结合实际要求，最后选型为易事特 EA900RT 系列（图2）。

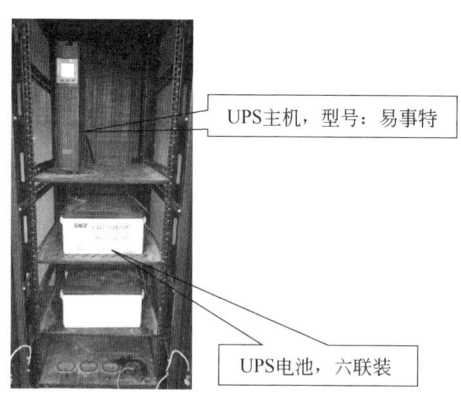

图2　现场 UPS 电源情况

安装完UPS后，上位机监控电脑、PLC、控制回路、现场仪表、流量计均使用UPS供电，断电时整个自动化核心均可正常运行，可以实现现场参数的实时监控。完善自控系统，实现了现场手动控制，解决了PLC控制柜出现故障，导致系统瘫痪，被迫停井的问题。

3. 加热炉故障处理

（1）自建加热炉操作间，保证在恶劣气候下加热炉正常工作，并自行利用原有的加热炉，引进天然气井泉36-1井的干气为加热炉提供了气源，大大降低了加热炉的故障率。

（2）对燃烧盘进行清理。经过长时间的运行，空气中的粉尘以及天然气中的杂质会堵塞燃烧盘上的天然气通道，造成燃烧达不到预期目标。因此对燃烧器定期进行清理，解决燃烧盘天然气通道堵塞的问题。将加热炉燃烧器断电，切断燃气线，放压，卸掉风门拉杆固定螺栓，拆除正面固定螺栓及限位销子，整体拔出燃烧器，断开点火线圈和离子探针接头，拧松固定螺栓即可取出燃烧盘并清理，清理内部过滤网，清除点火电极和离子探针上的污垢。清理完毕后，依次反序安装燃烧器，接通电气线路和燃气线路，在PLC机柜触摸屏上点击"上电"，燃烧器自动运行。

（3）用特制工具清理炉膛。一体化装置加热炉水浴温度下降，部分原因是加热炉炉膛内结焦，需要对其进行清理。但炉管是由直径40mm的一组管子组成，使用常规工具无法清出结焦物质。设计了专用的炉膛清理工具，用一根废弃的抽油杆，截取约5m长度，在杆的一头安装钢丝，形成"狼牙棒"状的疏通工具，这样在加热炉的炉膛内能够畅通无阻，通过钢丝刮削作用，清除出炉管内的结焦物质。

4. 外拉油含水率升高处理

　　由于乳化液问题造成一体化频繁补水，使加热炉中的液体温度下降，不利于分离与输送，也造成了外拉油含水率升高。要解决外拉油含水升高的问题，需要先解决乳化液问题，处理措施是增建加药装置（图3），从掺水线上添加破乳剂，并依据泉一站的外输拉油含水率调整药剂的加注量，有效解决一体化装置分离器掺水室频繁进行补水的问题。目前药剂添加量为每日8kg，运行期间掺水室不再补水，同时泉一站的外输拉油含水率控制在10%左右。

五、应用效果

　　通过对泉36站一体化装置维护管理，采取了相应的处理措施，及时发现排除了生产隐患，避免了管线凝管等事故，减少因为一体化故障造成的停井，

图 3　新增加药装置

将产量影响损失降到最低,为完成生产任务夯实了基础。

例如,在 2018 年 6 月份泉 36 站出现了一次电力闪停,断电时 PLC 正常工作,避免出现"假液位"情况。

通过加热炉的改进,解决了由于烟灰过多温度逐渐下降等问题,提升加热炉效率,月节约天然气 $4500m^3$,年创效 $12×4500m^3×1.071$ 元$/m^3$ = 5.78(万元)。

通过对一体化装置工艺不断完善和管理,提高了泉 42 断块各井的运行时率,年减少原油损失 300t,创效 300t×3000 元/t = 90(万元)。

年油气综合效益为 5.78+90 = 95.78(万元)。

六、技术创新点

一体化装置在泉 36 站的成功应用,不仅解决了断块在开发初期所存在的设备投资多、人员投入大、管理难度高等问题,同时,通过生产操作运行经验和方法的总结积累,提高了该装置的应用效果,完善了生产设计制造工艺。

油气管线法兰缝隙处腐蚀故障及处理

霍洪涛 刘勇刚 高 峰

(华北油田山西煤层气分公司)

一、问题的提出

自然环境中的地面集输管线法兰处防腐相对薄弱,在各类不利因素的影响下,地面集输管线法兰缝隙处的法兰面、金属缠绕垫片会逐渐锈蚀(图1),极易发生法兰刺漏的危险。为减少此类隐患,需要定期检查和更换锈蚀的法兰及法兰垫片,费时费力,倒换流程还影响输气量,急需一种集输管线法兰的防腐处理技术,减少集输管线法兰缝隙处的腐蚀。

图1 锈蚀严重的法兰缝隙处

二、故障现象

问题的发生、发展可分为三个阶段。

第一阶段,在日晒及潮湿环境的影响下管线法兰缝隙处的法兰螺栓、金属缠绕垫片以及法兰内侧面逐渐失去光泽开始出现氧化现象。

第二阶段，管线法兰缝隙处的法兰螺栓、金属缠绕垫片以及法兰内侧面逐渐开始锈蚀，尤其是金属缠绕垫片会一层一层被腐蚀，像"剥洋葱"一样逐渐向管线内部延伸。

第三阶段，管线法兰缝隙处的法兰螺栓、金属缠绕垫片以及法兰内侧面锈蚀严重，成为管线静电集聚点。法兰的安全性已经不能满足设计要求，当超过泄漏极限点时，法兰缝隙处会发生腐蚀泄漏，造成油气泄漏事故，加之静电释放的原因造成着火爆炸等重大安全事故。

三、故障原因

油气集输管线法兰缝隙处出现腐蚀泄漏一般是由内外两种因素共同作用的结果。

1. 外部因素

管线法兰及法兰螺栓、金属缠绕垫片等金属部件在自然环境中极易出现氧化现象，加之自然环境中雨雪等潮湿天气的影响使得氧化后的金属部分加速腐蚀。虽然油气集输管线的防腐技术已经相当成熟，但管线法兰缝隙处的防腐处理技术相对薄弱。

2. 内部因素

油气集输管线输送的介质流态一般为层流，绝缘法兰附近处为相对低洼点，底部易积水，而且沉积水含有腐蚀性介质，在这些因素共同作用下形成了管道低洼处的弱酸性腐蚀环境，绝缘接头两端存在较大的电位差形成了局部电化学腐蚀，加速了管道低洼点内腐蚀速度，最终导致绝缘法兰内涂层缺陷处出现严重的腐蚀泄漏。

四、故障处理

油气集输管线法兰防腐处理技术利用锂基润滑脂中的金属离子可吸收静电"载荷"，形成"双电层"的机理，使得油气站场集输管线产生的静电、直击雷、闪电感应、闪电电涌侵入得以释放。由于滑石粉具有润滑性、遮盖力良好、柔软、光泽好、吸附力强等优良的物理、化学特性，利用滑石粉与黄油特性的"协同"效应，能有效减少油气集输管线的法兰及其附件生锈失效，延长法兰及其附件的使用寿命，降低了油气泄漏、着火爆炸等重大安全事故的发生风险。

1. 实施步骤

第一步，先对法兰及其附件（垫片及螺栓）表面进行除锈处理，将松动或翘起的氧化皮以及黏附的灰尘等去除，保证后续处理时黄油和滑石粉的混合物能与法兰及其附件（垫片及螺栓）表面密切接触，以达到较好的防腐效果。

第二步，将滑石粉和黄油按照质量7∶3的比例在容器中进行调和。滑石粉比例过大会导致与法兰黏结不牢靠，黄油比例过大会导致粘手，不便于施工（图2）。

图2 滑石粉和黄油混合物实物图

第三步，将调和好的滑石粉和黄油混合物填入法兰之间的缝隙，直至填平法兰面。向法兰之间填塞滑石粉和黄油混合物时，注意细小缝隙部分一定要填塞到位并且压实，防止空气进入继续腐蚀金属缠绕垫片。

第四步，用PVC胶带将两片法兰面之间缝隙空间缠绕结实，防止滑石粉和黄油混合物脱落，也进一步隔绝空气和水及灰尘的侵入（图3）。

图3 使用法兰防腐技术处理后的法兰实物图

2. 注意事项

滑石粉目数要求在 800 目以上，这样在搅拌过程中滑石粉和黄油能够充分混合，填充到法兰缝里以后能够达到较为密实的效果，避免空气进入。黄油采用的是 3# 锂基脂，锂基润滑脂具有优良的抗水性、机械安定性、耐极压抗磨性能、防锈性和氧化安定性，而且黏度适中，便于操作。操作时，用 PVC 胶带顺时针缠绕填充物至少 3 层，后面一圈缠绕时要和前一圈缠过二分之一的宽度，最终保证无论是法兰外弧面还是填充物部分的 PVC 胶带的层数不少于 3 层。这样的缠绕工艺不仅可以防止填充物热胀冷缩以后将 PVC 胶带胀破，同时也避免 PVC 胶带层数过少时没有足够的强度支撑填充物而失去密封效果。

由于黄油和滑石粉的混合物附着在法兰及其附件（垫片及螺栓）的表面上，隔绝了空气和水，因此能减少油气集输管线的法兰及其附件生锈失效，从而延长法兰及其附件的使用寿命，降低了油气泄漏、着火爆炸等重大安全事故的发生概率。同时黄油和滑石粉的混合物又具有易清除的特点，在拆卸法兰及其附件（垫片及螺栓）时，不影响法兰及其附件（垫片及螺栓）的使用。

五、应用效果

自 2018 年以来，山西煤层气分公司处理中心利用此方法保养集输管线法兰 50 余次，试验结果显示：该技术能更好地保护集输管线的法兰及其附件（垫片及螺栓），延长了法兰及其附件的使用寿命，达到了防腐效果要求。

1. 经济效益

减少了流程倒换对输气量的影响，减少气量损失 $90000m^3$，煤层气开采成本 0.539 元/m^3，税后价格 1.65 元/m^3，$90000m^3 \times (1.65-0.539)$ 元 = 10（万元）；2 年节约法兰及其配件购置和人工成本 = 2 万元 × 2 = 4（万元），累计创效 14 万元。

2. 社会效益

降低了操作人员劳动强度，减少了废旧材料对环境的污染，增加了集输管线法兰处的安全性，降低了油气泄漏的风险。

六、技术创新点

利用黄油和滑石粉的混合物的附着性和润滑性特点，填充法兰隙缝，减少油气集输管线的法兰及其附件生锈腐蚀。

油田污水回注工艺故障及配套技术

朱安江　陈其亮　张臣静

（新疆油田采油二厂）

一、问题的提出

注水是水驱开发油田油井保持高产稳产的基本动力和提高采收率的基本手段。新疆油田采油二厂为典型的注水开发油田，共有注水开发单元45个，动用地质储量占主体动用储量的82.1%，油藏特性为非均质性低渗砾岩油藏。采油二厂注入水主要为处理后油田污水，在污水回注工艺过程中，特别是在采油现场生产管理过程中，出现了各类故障，严重影响了正常生产。

二、故障现象

污水回注过程中，在配水间至井筒的节点上，主要存在以下故障。

1. 配水间计量仪表、井下工具卡堵

由于回注污水中悬浮物、细菌含量较高，经注水管网到达配水间过程中，管线沿程内各种杂质的沉积以及管线的腐蚀、结垢、剥离，会形成运移颗粒，一方面造成配水间计量仪表卡堵，致使水表读数失真；另一方面，频繁维修，劳动强度大，管理成本高，缩短仪表的使用寿命。目前分层注水井较多，受油藏非均质较强影响，部分小层水嘴较小，回注污水中杂质易造成水嘴堵塞（图1），导致分注结构工作不正常，无法按正常配注要求注水。

2. 井口单流阀、井下工具腐蚀失效

由于注水井注入压力较高，在 6~20MPa 之间，为了防止注水管线压力下降后注水井内污水返流，在注水井井口都装有单向阀。由于注入水质成分复杂，有一定的腐蚀介质和机杂沉淀，造成单向阀的弹簧、阀球或升降板腐蚀卡死，导致阀体不严或不动作，影响正常注水。

3. 注水井井口原有结构与配套技术的适应性较差

目前油田生产中，在注水井井口管线上安装新工艺新设备时，都要对原

图 1　井下配水器堵塞图

有的地面管线进行动土开掘，同时进行焊接才能将工艺设备安装到位，这样不仅成本较高，而且施工难度大，存在一定的安全风险。

三、故障原因

1. 产生故障的主要影响因素

由于油田污水成分复杂，悬浮物、腐生菌以及硫酸盐还原菌含量较高（表1），在回注过程中，存在工具卡堵、腐蚀、结垢等问题，影响正常注入。

表 1　采油二厂注入水水质指标统计表

区块	悬浮物 mg/L	腐生菌 个/mL	硫酸盐还原菌 个/mL
六中 T2K1	57.1	104	102
七东 1T2K1	43.9	104	103
七中 T2K1	53.0	103	103

2. 主要攻关方向

在不改变目前污水回注工艺现状前提下，对存在的问题进行有针对性的配套技术攻关。由于污水回注工艺前端主要是污水处理杀菌以及增压输运，受成本和技术的限制，不作为主要研究方向。主要技术攻关为污水回注工艺至支线配水间以及单井注水井口。

四、故障处理

1. 配水间闸门内芯过滤装置

目前注水井配水间大都采用配水橇，安装空间狭小。利用闸板阀内部与法兰连接的空间,设计能实现初级过滤的装置,安装在配水间汇集管上流闸门与水表安装部位之间的法兰孔内(图2)。装配闸门,可放空,便于安装检查,现场易于操作;有反冲洗流程,在使用一段时间以后,可以进行反冲洗,将滤前的杂质通过反洗通道经分水器排污出口排出。

  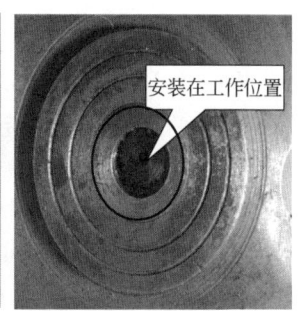

图2 闸门内芯过滤装置安装图

2. 井口过滤

采取井口过滤措施,可以降低悬浮物含量,改善井口注入水水质,减缓或消除井下工具卡堵故障。

1) 井口过滤器

注水管网内的高压水经过入水口进入过滤管内,过滤管采用V形不锈钢绕丝管组成,缝宽最低可达到0.1mm,这种组合方式使得注入水与滤芯接触面积大,过滤充分,过滤后经过出水口注入井内。过滤后的机械杂质沉积在过滤管内,经过一段时间,打开油管阀门利用井内压力进行反冲洗,管体内的杂质由排污口排出。

井口过滤器及现场安装,如图3所示。

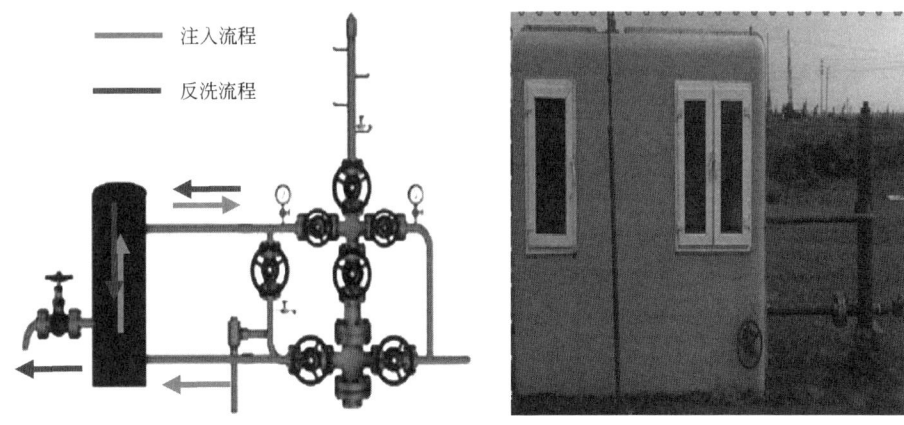

图 3　井口过滤器及现场安装图

2) 井口双级简易过滤器

井口的双级简易过滤器可以将超过滤芯直径的杂质有效阻止在井口,从而使分注结构正常工作,保证测调工作的顺利开展。过滤器的主体结构与普通油嘴外形相当,可安装在井口的油嘴套内。过滤器的主体结构上设置两层过滤装置,可根据分注要求将滤芯直径控制在一定范围,外层和内层过滤相差 0.5mm 的级差,过滤装置采用 V 形割缝,能够有效地将杂质颗粒阻挡,并能方便实现反冲洗。

3. 注水井井口简易单向阀

水井井口单向阀是井口的一种防倒流回注装置,安装在采油树油嘴套内,通过阀座、阀与弹簧的联动起防倒流作用。水井井口单向阀分为主体和配件两部分(图4),主体主要由六方和标准油嘴扣组成,内部有通孔;配件主要

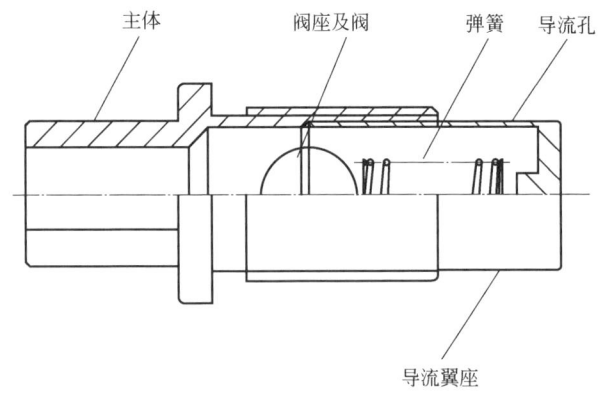

图 4　井口简易单流阀结构图

由阀座、阀球、弹簧以及导流翼座组成。当水井正常生产时，配水间的注水泵压到达井口，注水压力高于井筒内压力，水流将阀顶开，水井正常注水；反之井筒内的水流不能倒流进入地面管线，从而达到截流的目的。简易单向阀具有设计小巧简单，现场施工安装方便的特点。

4. 注水井井口转换器

利用井口装置内的油嘴套基座，通过转换接头将油嘴套单独引出并联接在中心管上。本来在一个通道内流通的介质在井口转换器中经过时，能分为两个通道，即来路和回路，从而达到简化工艺流程的目的。井口转换器结构如图5，可按需要的尺寸进行预制，因完全是法兰和螺纹连接，也可在现场根据需要进行安装。在水井中，注入水从配水间经地面管线进入井口转换器腔体，经所安装的工艺设备（如井口精细过滤器）进入中心管和转换接头，注入井筒内。优点是设计简单，施工便捷，工艺上减去了动土和动火作业的强度和风险，大大节约了成本。

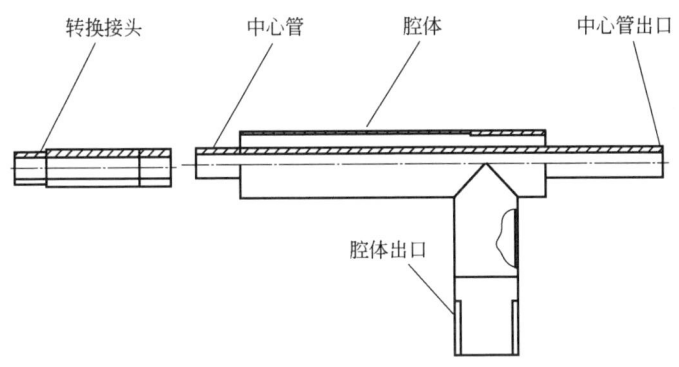

图5 注水井井口转换器结构图

5. 井下腐蚀挂片悬挂装置

装置骨架为圆筒状（图6），内径根据油管型号不同分多个系列，比油管外径大2mm，保证能通畅套在油管外面又不产生大的侧向晃动。外径为$\phi 114mm$，与常用封隔器外径相同，骨架两端留有45°倒角，在井筒内上下通畅。骨架外壁设计4个挂片凹槽，间隔90°，保证可同时检测多个方向液体腐蚀性。挂片凹槽采用阶梯设计，保证挂片上部不凸出骨架避免碰撞，同时避免底部与骨架接触影响检测效果。挂片与骨架间采用铜质垫片隔离，固定螺丝也采用铜质材料。结构简单、安装方便，腐蚀挂片与井内介质充分接触，与管柱有效隔离，保证监测效果；安装部位灵活，保证井口到井底都能安装监测。

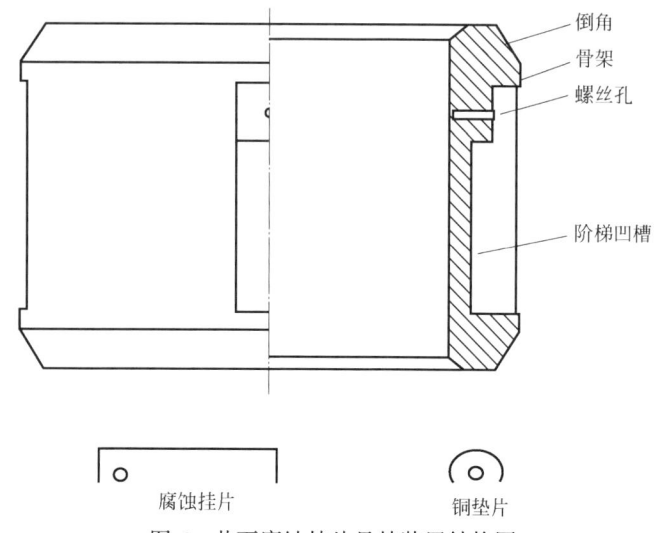

图 6　井下腐蚀挂片悬挂装置结构图

五、应用效果

安装配水间闸门内芯过滤装置后，配水间内计量仪表卡堵率降低了90%。安装井口过滤器后，注入水中悬浮物含量降低17%，每百口注水井减少井下工具卡堵3.5次/年。新型井口简易单流阀有效防止了注入水回吐，有效使用周期可达3年。安装井口转换器后，实现不动土、不动火便能在井口安装各类工艺设施，如井口加热器、井口过滤器、井口测量装置等。腐蚀挂片装置可以实现井内长期注水过程中管柱腐蚀监测。

经济效益：
(1) 减少洗井增效，洗井单井平均费用×井次 = 10000×30 = 30(万元)。
(2) 节约施工费用，单口平均施工费用×井次 = 3500×100 = 35(万元)。
合计年创效益65万元。

六、技术创新点

通过技术攻关，形成了闸门内芯过滤装置（CN205225220U）、水井井口简易过滤器（ZL201320517501.8）、井口简易单流阀（ZL201220200196.5）、井口转换器（ZL201220198991.5）、井下腐蚀挂片（ZL201220747629.9）等5项专利产品，为污水回注工艺同类生产故障提供了解决思路，具有较好的推广应用前景。

原油取样管结垢故障原因及处理

王历红　欧永红　徐立东

(华北油田第四采油厂)

一、问题的提出

管线取样器是由一个管线取样头与一个隔离阀组成。取样头为内径光洁的直管段，其开口直径应不小于6mm。取样头的开口应朝液流方向，其样品进入点到管线内壁的距离为管径的1/3～2/3。原油在外输过程中，其含的蜡质、胶质、沥青质、泥质、砂质在取样处析出，造成取样管结垢，难以达到国家标准，影响所取油样的代表性、准确性，易造成原油交接双方计量纠纷（图1）。

为解决这一问题，采取的措施是：

(1) 停炉、停输，用自制的钩子疏通取样管。但清垢不彻底，取样管内表面凸凹不平，影响取样管内原油的流动状态（图2）。

(2) 采取重焊一个新的管道取样管。

图1　取样处结垢

图2　自制钩子清垢

以上措施都会影响正常输油取样的质量和正常的集输工作。管道输油计量含水率也为此产生一定的偏差。如何在外输原油不停炉、不停输，不切换流程带压的前提下，解决现有技术中取样管结垢而影响计量含水率偏差的问题，是现场面临的一大课题。

二、故障现象

原油集输管道取样管内径小、体积小，随着长时间使用会结垢，出现3种现象：

（1）取样管的内表面因结垢而缩径（图3）；
（2）取样管内表面因结垢造成内径不光洁（图4）；

图3　取样管内壁结垢　　　　　图4　取样处内径不光洁图

（3）取样管顶端结垢会造成样品进入点到管线内壁的距离不达标（图5）。

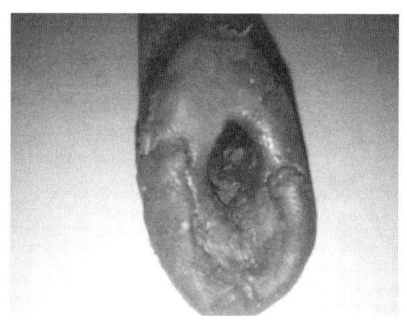

图5　取样管顶端结垢

三、故障原因

取样器是按照 GB/T 4756—2015《石油液体手工取样法》规范要求安装的。随着取样器使用时间的延长，取样管内部结垢，使取样管的内径、内表面发生变化，其原因是：

（1）取样管内部结垢，其成分多样，化验结垢成分多是蜡质、胶质、沥青质、泥质、砂质、铁锈质，还有钙质，这和原油在外输过程中，其原油在取样处析出所含成分相同。

（2）输送含水原油时，原油中的水多是地下水，矿化度高、钙离子多，在加热过程中有碳酸钙析出，会在取样处结钙质垢。

四、故障处理

自制的钩子清垢效果差，故需要研制不停炉、不停输的带压清垢工具来解决上述问题。通过对现场输油线调查，总结出整体设计的原则：具有较高的密封性，经久耐用，进行不停输作业；通用性强，对不同规格输油线都可使用；操作简便，省时省力；清垢效果好，达到原油取样器规范要求。

1. 设计不停炉、不停输的带压清垢工具

根据设计思路，设计了整体效果图，带压清垢工具主要由压紧螺母、手柄、可调指示标尺、压帽、压盖、填料、标记线、放空阀、丝杆、腔体、钻头等部件组成（图6）。其工作原理是：在高压的填料函里，手摇动螺纹钻头随螺纹钻进，进行带压清垢。填料函内有聚四氟乙烯密封垫，压帽拧紧，在0~4.0MPa的压力下密封。丝杆及腔体设计成适合输油线上取样管的规格。调节标尺刻有3个取样管的目标线，不同规格线对应伸入内部短节的长度不同。

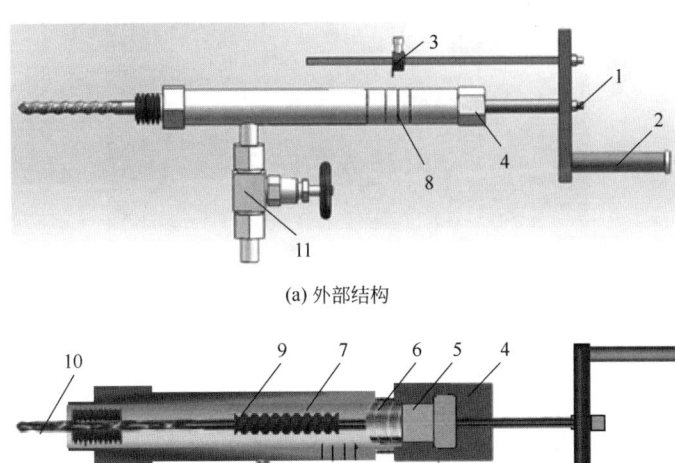

(a) 外部结构

(b) 内部结构

图6 清垢工具结构示意图

1—压紧螺母；2—手柄；3—可调式指示标尺；4—压帽；5—压盖；
6—填料；7—腔体；8—标记线；9—丝杆；10—钻头；11—放空阀

2.操作步骤、技术要求及注意事项

(1) 卸掉取样管的弯头或自动取样管的接头,留下隔离球阀。用直尺量"外露"段的距离 L_1,即 4 分球阀的长减去一端螺纹后的长度加取样管的外露部分。(图 7)

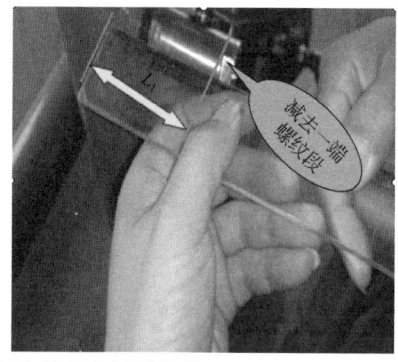

图 7　卸掉取样管的弯头并量取外露部分 L_1

(2) 把清垢器"校零",即"钻头"和"出口"对齐(图 8)。

图 8　清垢器"校零"

(3) 核对"取样管"内部短节的长度 L_2(表 1)。

表 1　管线内部短节长度表

名称	规格,mm	内部短节的长度 L_2,mm
泉古线	$\phi 133$	61.5
廊务线,务古线	$\phi 159$	74.5
古龙线	$\phi 168$	78
对已变径的管线取样点	现场规格	现场计算

规格线不同所对应的取样器伸入内部短节的长度也不同(图 9)。

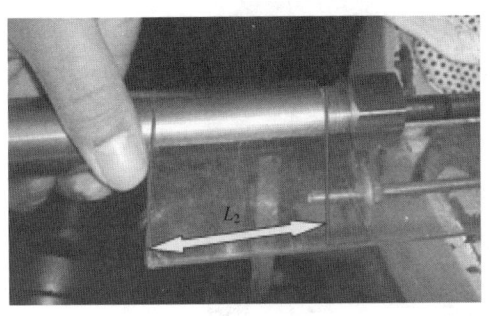 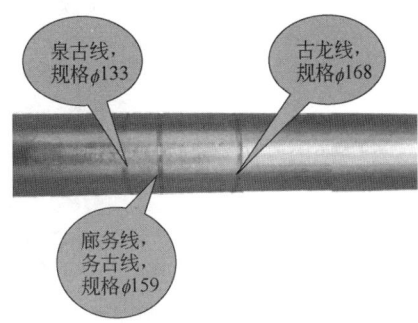

图9　核对取样管内部短节的长度

（4）调节清垢管的标尺，使其"零点位"到目标线的距离为："L_1+L_2"（图10）。

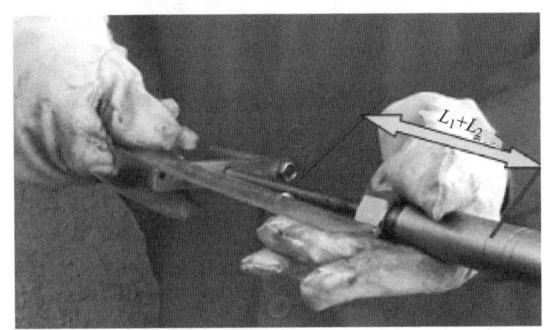

图10　测量清垢器"零点位"到目标线的距离

（5）把取样管的闸门和清垢器连接（1/2扣拧紧）（图11）。

图11　闸门和清垢器连接

（6）把取样管的闸门全部打开，手握清垢器的摇把"半摆式"推进，确定取样器的外径芯子的内径是否适合本清垢钻头的外径（图12）。

图 12　手握清垢器的摇把"半摆式"推进

（7）如果推进顺利，则继续推进到"螺纹"部位，然后顺时针摇动摇把使清垢达到目标位，手握清垢管的摇把，回摇至起始位（图13）。

图 13　顺时针摇动清垢器摇把

（8）将取样管的闸门全部关闭，并卸下清垢器，查看清垢器的钻头部位携垢情况：可见清垢钻头有泥沙垢、钻头螺纹间有蜡质、胶质、沥青质垢。最后恢复取样管的原貌（图14）。

图 14　查看清垢器的钻头部位携垢情况

五、应用效果

取样器带压清垢后,通过停加热炉、停外输泵、取样管放空操作,对取样管内径进行同径光杆测量,确定清垢后的取样管的内径、长度达到规范,且内表面光滑,达到标准要求。

1. 经济效益

(1) 在 8 个作业点使用输油取样器带压清垢工具清垢,不启停外输泵、加热炉、不切换流程,避免了外输泵的平衡盘等机件的磨损的零件费、维修费,节约 1000 元;

(2) 输油管道在取样管处不放空,每次节约操作费用 500 元;

(3) 全年 8 个作业点每月清垢一次;

(4) 此装置的成本为 550 元。

此装置年创效:12×8×(1000+500)−550=14.345 万元。

2. 社会效益

(1) 避免了放空作业时油品挥发、污染土地环境及周围空气。

(2) 使用取样器密闭带压清垢工具后取样含水率更有代表性,含水率计量更准确。

(3) 避免了样品交接时相应的计量纠纷。

六、技术创新点

(1) 带压清垢作业,密闭、环保又安全,避免设备频繁启停。

(2) 清垢钻杆采用摆动和摇动结合设计,前段除垢快速钻进,后段除垢精细钻进,实现效率和效果的统一。

(3) 调节标尺对应目标刻度线,防止钻进过度损伤管壁。

(4) 泄压设计,可防止拆卸时原油喷溅污染及人身伤害。

(5) 清垢后的管道取样器参数高于标准要求。

参 考 文 献

[1] 郭芝俊,左宝山,张桂芳,等. 机械设计便览[M]. 天津:天津科学技术出版社,1988.

井筒压力高造成的光杆无法对中故障处理

张 军 刘 伟 张玉虎

(新疆油田陆梁油田作业区)

一、问题的提出

随着注水开发的油田进入中后期生产,因注水见效,部分油井发生水窜,地层压力较高,修井作业前需要用相对密度大于 1.1 以上的盐水压井,甚至用相对密度为 1.4 的泥浆进行压井才能达到修井作业井控要求。在自喷井转抽作业、抽油井大修作业后,需要重新安装抽油机设备并进行抽油井光杆对中操作,因地层压力恢复较快,井口压力高,无法进行光杆对中操作,影响作业井正常开井。

二、故障现象

井口有溢流,油、套压力伴随着关井时间的延长有增长趋势。井下压力无法泄尽,井口胶皮闸门无法打开,抽油机悬绳器与光杆连接后无法检查光杆对中度,导致光杆对中操作无法进行。

三、故障原因

地层压力较高,由于注水见效,部分油井发生水窜。修井完井后因设备问题或重新安装抽油机未能及时进行井口对中操作,导致地层压力恢复较快造成井口憋压。

四、故障处理

根据 U 形管压力平衡原理,利用压井液密度差进行反循环压井,使得油管内的液柱压力高于油套环空内的液柱压力,并在油套环空与井底间建立循环通道,通过油套环空释放地层压力,从而保障油管内与井底之间保持相对的压力平衡,井口压力为零,进行油管以上的井口部分敞开作业。

1. 选择并计算压井液

压井液的选择原则:对油层造成的损害程度最低;其性能应满足本井、本区块地质要求;能满足作业施工要求,达到经济合理。

(1) 压井液密度按下式计算:

$$\rho = \frac{102p}{H} + \rho_{附加}$$

式中　ρ——压井液密度,kg/m^3;
　　　p——油水井近期静压,MPa;
　　　H——油层中部深度,m;
　　　$\rho_{附加}$——附加值,油水井($0.05\sim0.1)\times10^3 kg/m^3$,气井($0.07\sim0.15)\times10^3 kg/m^3$。

(2) 压井液用量按下式计算:

$$V = \pi r^2 h(1+k)$$

式中　V——压井液用量,m^3;
　　　r——套管内半径,m;
　　　h——压井深度,m;
　　　k——附加量,取15%~30%。

2. 压井工序

利用密度差反循环压井工序见图1。

(1) 采用反循环压井,将相对密度合适的压井液从油套管环形空间泵入井内,使井内液体从油管管柱上升至井口循环外排。

反循环压井多用在压力高、产量大的油气井中。因为反循环压井时,液流是从截面积大、流速低的油套管环形空间流入截面积小、流速高的管柱内。根据水力学原理,在排量一定的条件下,当压井液从油套管环形空间泵入时,压井液的下行流速低,沿程摩阻损失较小,压降也小,而对井底产生的回压相对较大。

(2) 当抽油泵以上的油管内全部充满压井液时,管柱内的静液柱压力与地层压力之间暂时保持平衡,然后用清水将油套环空中的压井液顶替出井口。

(3) 继续循环排液,利用油管与油套环空之间的压井液密度差,使地层压力通过油套环空外排至排液罐。

(4) 卸开光杆密封器,缓慢打开井口胶皮阀门,观察油管内无溢流即可进行光杆对中操作。

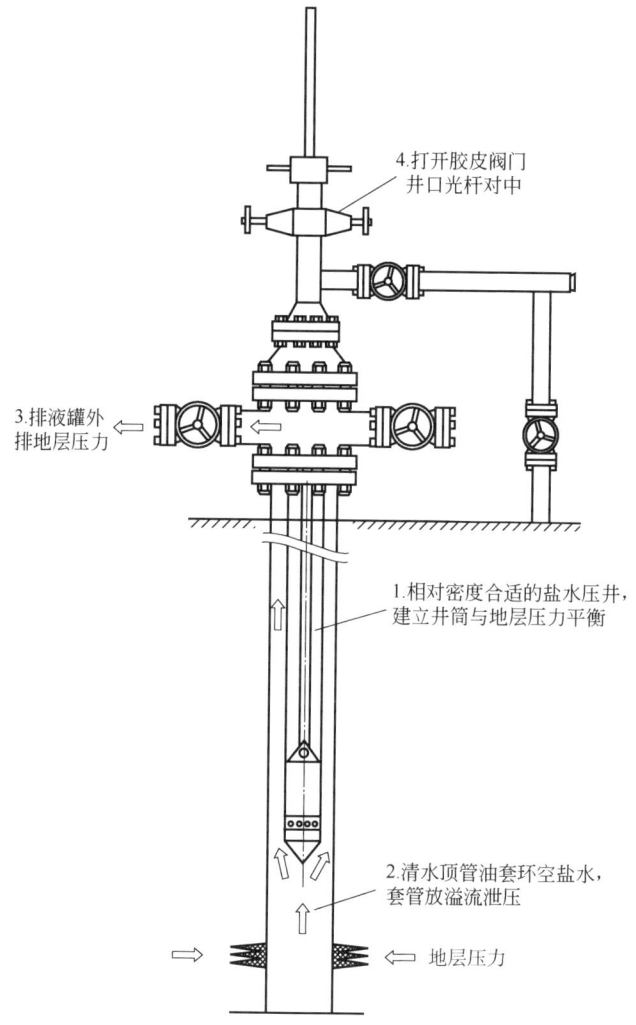

图1 利用密度差反循环压井原理示意图

五、应用效果

SN6449 井于 2019 年 6 月 24 日完成复抽作业,挂抽时发现抽油机减速箱故障无法悬挂载荷。两天后更换减速箱再次挂抽准备进行光杆对中操作时发现井口压力较高,油压 1.0MPa,套压 1.5MPa,无法打开胶皮阀门进行光杆对中操作。该井复抽作业前自喷生产,地层压力较高。

根据压井液密度、用量计算公式,采用密度为 $1.16 \times 10^3 kg/m^3$ 的盐水

$35m^3$ 进行反循环压井,将井筒内液体从油管中替出井口循环外排。当抽油泵以上的油管内全部充满盐水压井液,管柱内的静液柱压力与地层压力之间暂时保持平衡。然后,用清水将油套环空中的压井液顶替出井口继续循环排液,利用油管与油套环空之间的压井液密度差,将地层压力通过油套环空外排至排液罐,使地层压力持续得以释放。此时只有套管溢流泄压,而井口的油管压力为零,即可进行井口光杆对中、更换生产闸门、胶皮阀门等作业。

该方法避免了用高密度泥浆进行压井所产生的高额费用及后期排液环保治理费用,同时最大限度地降低了泥浆压井对油层造成的损害。

六、技术创新点

采用压力平衡原理和压井液密度差进行反循环压井,利用油管内的液柱压力高于油套环空内的液柱压力,通过油套环空释放地层压力,从而保障油管的井口压力为零,顺利进行油管以上的井口部分敞开作业。

参 考 文 献

[1] 吴奇主. 井下作业监督 [M].北京:石油工业出版社,2014.

注水井口过滤器芯子取出故障与处理

徐龙伟　曾志强

(新疆油田百口泉采油厂)

一、问题的提出

在油田开发过程中，通过注水井将水注入油层（图1），保持或恢复油层压力，以提高油藏的开采速度和采收率。目前油田大多采取油田污水回注的方式。在输送过程中由于细菌繁殖，管网的腐蚀脱落物等造成水质变差，主要解决方法是在注水井井口安装过滤器，解决长距离管道输送后造成的二次污染问题。过滤器在使用过程中被杂质堵塞，需要经常拆洗，拆卸过滤器没有专用工具，在操作过程中拆卸困难。

图1　注水井口

二、故障现象

卸开过滤器压盖，在取芯时，由于过滤器芯子与过滤器外壳内腔之间间隙为5mm，铁锈、杂质及水中的盐类结晶沉积并附着在过滤器芯子的内外壁上，颗粒状杂质堵塞过滤器芯子，减少过流面积，使水井注水量下降或注不进水。经净化处理的油田污水含盐量较高，盐与水中杂质形成盐垢，使芯子与内腔连为一体，操作人员用螺钉旋具插入间隙外撬时，对芯子造成不同程度的损坏（图2、图3、图4）。

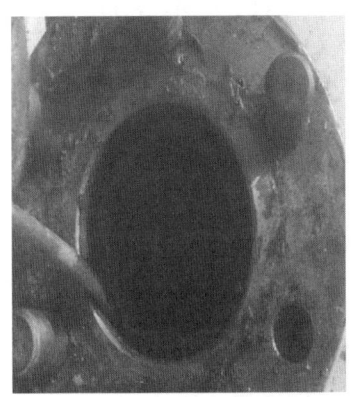
图2　螺钉旋具取过滤器芯

图3　悬浮物黏在芯子内外

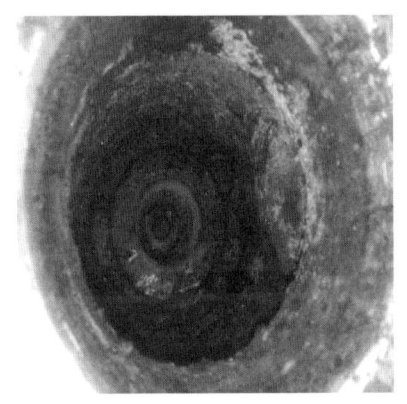
图4　过滤器内部

三、故障原因

结合故障现象从5个方面进行调查。

（1）注水水质：由于注水总管线是铁质管线，长期使用锈蚀严重，管线氧化物脱落造成水质下降。油田污水处理后含盐量较高，且输送距离较远，细菌繁殖腐蚀管线，产生大量悬浮物。

（2）井口过滤器：通过对新过滤器进行检查，打开压盖后，取芯比较容易,测量尺寸合乎规格。只是后期使用的过滤器芯子尺寸比原装芯子高 3cm 左右,压盖上紧后,芯子产生变形,不容易取出。

(3) 清洗周期:自过滤器安装,未对过滤器进行清洗,使过滤器芯子堵塞,影响注水工作。

(4) 操作方法:因操作员工不了解其工作特性,在取芯工作中有损坏现象。

(5) 取芯工具:现场采用两把螺钉旋具进行撬取,对芯子损坏过大。芯子中间提环容易脱焊。

四、故障处理

结合现场制定以下解决方案:
(1) 采油厂工艺所对老化的注水管线进行更换。对正常使用的注水管线定期进行投球清洗,并建多条支线达到注水需要。
(2) 针对新芯子尺寸已由厂家对设备进行改进。
(3) 清洗周期:通过摸排,将清洗时间定为一季度一次,并将每次的清洗拍照留档。
(4) 对操作人员进行培训,并制定取过滤器芯子操作规程。
(5) 通过对过滤器芯子分析,从安全平稳操作减少芯子损坏率和缩短操作时间研制取芯子工具。

① 方案一:"9"字形提升工具。

"9"字形提升工具主要由 6mm 钢筋弯成"9"字形状。使用方法是将过滤器压盖拆除后,将"9"字形下挂钩钩住芯子提升环,将撬杠插入"9"字形上环内上提取出芯子。其优点是安装方便,操作简单。其缺点是芯子提升环焊接不牢靠,容易提坏,操作人员用力过猛,易造成伤害。

② 方案二:套筒提升工具。

将长度 30cm、ϕ32mm 钢管一端加工螺纹,另一端钢管 6cm 处,在管壁钻 ϕ15mm 通孔。拆除过滤器芯子提升环,对进水口内孔加工螺纹。使用方法是将套筒提升工具下至过滤器芯子内进水口处,对扣连接,用撬杠穿过套筒提升上端通孔上提芯子。其优点是结构简单,成本低;安装操作方便。其缺点是需要由厂家对产品进行改进,在芯子进水口上部进行螺纹加工及拆除提升环。

③ 方案三:单杆支撑提升工具(图5)。

用 30mm 钢板制作一支撑板,根据过滤器腔体上平面对角螺孔中心距在支撑板钻 2 个 ϕ18mm 通孔,在钢板中心位置钻 1 个 ϕ20mm 通孔。借鉴修井

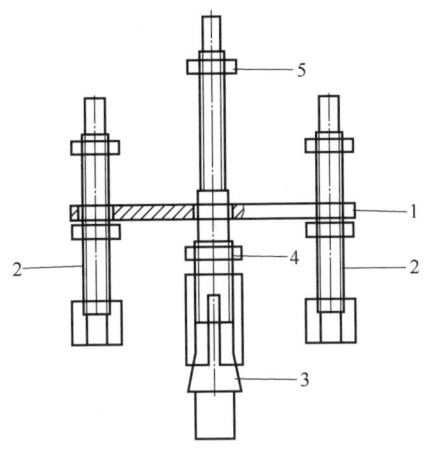

图 5 单杆支撑提升工具示意图

1—支撑顶板；2—支撑顶杆；3—提升丝杆、篮式卡瓦及卡瓦座组合体；
4—打捞筒上螺帽；5—提升丝杆上螺帽

打捞工具篮式打捞筒的工作原理，在提升丝杆加装了篮式卡瓦及卡瓦座组合体（图6）。

图 6 单杆支撑提升工具实物图

将两支撑顶杆固定在过滤器法兰上平台螺杆（或螺孔内）。将提升丝杆及篮式卡瓦及卡瓦座组合件沿支撑顶板中心孔下至过滤器芯子进水口内部，上紧打捞筒上螺帽，挤压篮式卡瓦沿卡瓦座下滑，当篮式卡瓦撑开直径大于过滤器芯子进水口直径，篮式卡瓦卡在进水口内腔。将提升丝杆上螺帽旋至与支撑顶板上平面接触，再反旋支撑顶板下两支撑杆螺帽，使支撑顶板平稳上移。支撑顶板带动提升丝杆、篮式卡瓦组合体，平稳提出过滤器芯子。其优点是篮式卡瓦固定牢靠，不会对芯子造成损坏。其缺点是操作比较烦琐。

通过现场应用，最终确定加工单杆支撑提升工具在生产现场推广使用（图7）。降低了过滤器芯子损坏率，取得了良好效果。

图7　工具应用图

五、应用效果

取芯工具的应用，提高了操作的安全性，操作时间由原来的 23min 缩短至 8min。

1. 经济效益

现有注水井 160 余口，工具单套成本 300 元，共制作 5 套，合计：300×5＝1500 元。

2018 年，过滤器芯子损坏 89 个。使用工具后，过滤器芯子损坏降至 15 个，而且过滤器芯子损坏不是因取芯子造成的，而是滤网脱焊进行了过滤器芯子更换。过滤器芯子进价为 800 元/个，2018 年共节约成本＝(89－15)×800－1500＝57700 元。

2. 社会效益

取芯工具制作简单，减少了操作时间，提高了操作安全系数。在油田上有一定的推广空间。

六、技术创新点

借鉴修井篮式打捞筒相关技术，可靠抓牢过滤器芯子，防止在上提过程中脱落，在上提过滤器芯子受阻的情况下可以上下活动提升丝杆，解除垢卡，可以有效防止过滤器芯子在取出过程中的损坏。

自喷井油嘴堵塞故障及处理

姜新红 闻 伟 王 革

(华北油田第二采油厂)

一、问题的提出

油嘴是用来控制和调节自喷井产量的节流器,随着原油物性的改变,原有的油嘴在生产过程中存在很多弊端,设计上不能满足需求,存在以下问题。

(1) 易堵塞,更换频繁:由于采自地下的产物会含有不同程度的蜡及颗粒状杂质,自喷井清蜡后,油嘴通道经常被小蜡块堵塞,造成更换频繁,同时影响了自喷井的正常生产。

(2) 使用寿命短:自喷井压裂作业后,产出液内含有大量砂粒,当井底压力突然升高,油嘴孔径容易被刺大,造成油嘴寿命缩短。

(3) 易伤人:油嘴堵塞后拆卸更换时,为了防止余压伤人,需要用钢丝捅针排掉剩余压力,但在许多场合有的员工会直接将油嘴卸下,油嘴在剩余压力推动下,从油嘴套中飞出,直接打出伤人。

这些原因制约了自喷井的高效运行,从而严重影响了开井时率,降低了原油采收率。

二、故障现象

自喷井清蜡后,由于油嘴前没有过滤装置,小蜡块会直接堵塞油嘴通道。当油嘴通道堵塞不严重时液体流通不畅,井口过流声音明显变小,观察压力表油压逐渐升高;若长时间不采取措施,会造成油井滑脱损失严重,使井底回压过高,反而使油压下降,从而造成产量下降。当油嘴通道堵塞严重时会出现产量急剧下降、井口听不到过液声、分离器压力下降、油压及套压上升等现象。

三、故障原因

1. 自喷井油嘴结构及自喷原理

原自喷井油嘴是由半圆柱体、定位挡板、外螺纹体、油嘴通道等组成（图1）。

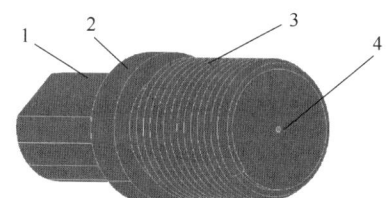

图1　原自喷井油嘴结构图
1—半圆柱体；2—定位挡板；3—外螺纹体；4—油嘴通道

自喷井工作原理是通过油层本身的压力，把油层中的原油驱到井底。原油中的溶解气随着井筒压力的降低，逐步分离出来，同时在上升过程中不断膨胀，推动原油在油管中上升，使原油源源不断地举升到地面，通过油嘴控制自喷井的生产压差，达到调节油井产量、延长自喷期的目的。

2. 油嘴堵塞原因分析

油嘴堵塞主要发生在结蜡井和作业施工后的井，由于油井工作制度不同，使用的油嘴规格也不同。霸州地区自喷井一般选用4mm油嘴，2天清蜡一次，自喷井在清蜡时，小蜡块脱落后随油流堵塞油嘴通道。分析主要原因是油嘴前没有过滤装置，不能过滤油井产物内颗粒状杂质及蜡块。当油嘴堵塞后拆卸时井内余压不易卸掉，容易发生余压将油嘴打出伤人等事故。

四、故障处理

1. 创新思路

针对以上问题，从优化自喷井油嘴的性能和使用周期，以及操作安全入手，主要解决油嘴通道堵塞和拆卸时余压伤人的问题。设计一种在油嘴进口处具有精细过滤装置，包括前置过滤孔和侧面导向布油孔，前置过滤孔的目数根据油嘴通道孔径的大小来决定；在与井筒连接处的外螺纹上开设泄压槽，拆卸过程中可以把井内余压卸掉，防止伤人。

2. 改进后自喷井油嘴设计零件结构及原理

油嘴主要由两边卧槽圆柱体、定位挡板、外螺纹体、泄压槽、小外螺纹体、内螺纹体、过滤罩、侧面导向布油孔、中心孔（油通道）、前置过滤进油孔等组成（图2、图3）。

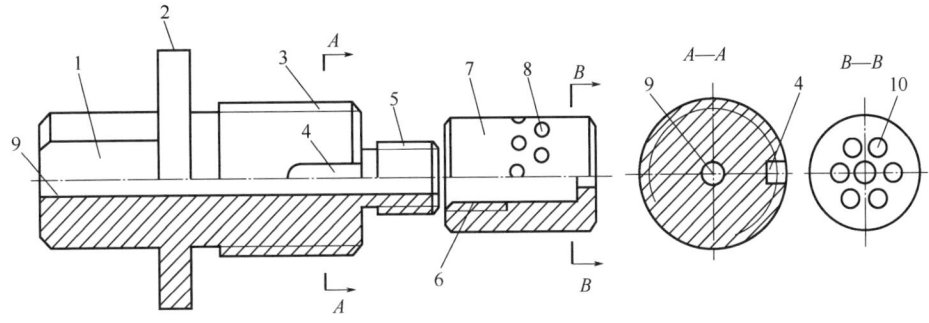

图2　自喷井防堵自动泄压油嘴零件图
1—两边卧槽圆柱体；2—定位挡板；3—外螺纹体；4—泄压槽；
5—小外螺纹体；6—内螺纹体；7—过滤罩；8—导向布油孔；
9—中心孔（油通道）；10—前置过滤进油孔

图3　过滤式自动泄压油嘴实物图
1—前置过滤进油孔；2—导向布油孔；3—泄压槽

过滤罩包括前置过滤孔和侧面两排插逢导向布油孔。孔的目数由油嘴通道孔径的大小决定，设计时过滤罩上的孔径要略小于油嘴通道孔径，这样才能有效将杂质过滤掉，采用螺纹的方式与油嘴主体连接。其过滤原理是油井产物通过过滤罩上的前置过滤孔和侧面导向布油孔均匀分布，再经过油嘴通道进入管道内。即便有一部分孔眼被堵塞，其他孔眼也能保证油井的正常生产，延长了油嘴的使用寿命；过滤孔可以减缓高压油流的冲击，使油流均匀通过油通道，防止刺坏油嘴（图4）。

外螺纹两侧开设泄压槽，当油嘴外螺纹旋出时，泄压槽露出，油嘴后端

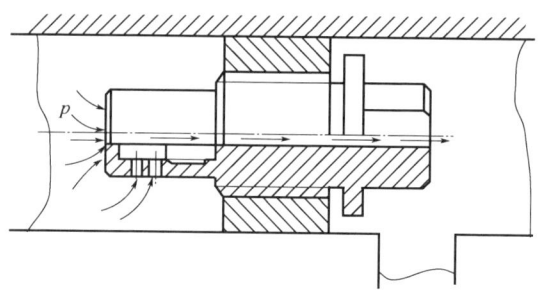

图 4　自喷井过滤装置原理图

井内剩余压力首先会从露出的部位泄放。由于外螺纹没有完全卸掉，不会发生油嘴伤人事故（图5）。

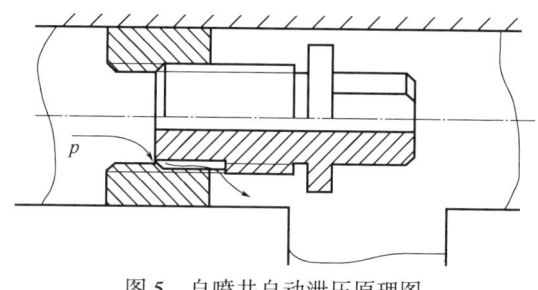

图 5　自喷井自动泄压原理图

五、应用效果

使用该装置前平均每天清洗一次油嘴，使用半年后，共清洗油嘴 5 次。自喷井过滤式自动泄压油嘴，有效解决了油中杂物易堵塞油嘴进口，保证油气通道的畅通，延长了更换清洗油嘴周期。

1. 经济效益

该装置现已加工 12 套，制作费用每套 280 元。如果采用购置的方式，每套需要 1500 元（而且功能不齐全，易堵塞，增加员工劳动强度）。

共创效益：$(1500-280) \times 12 = 1.46$(万元)。

2. 社会效益

（1）该装置的使用优化了自喷井油嘴使用性能、提高了开井时率。

（2）使用该装置后延长更换清洗油嘴时间 30～50 倍，减轻了员工劳动强度。

（3）泄压槽的研制确保操作人员的人身安全，起到了防护作用。

六、技术创新点

油嘴的前端加装过滤罩，开设前置及侧面导向过滤布油孔，使油井产物均匀进入油嘴，防止油嘴堵塞及刺坏的风险。在油嘴与外螺纹上开设泄压槽，当油嘴堵塞时，拆卸过程中能自动将余压泄掉，防止油嘴打出伤人。

仪器仪表类

GTCY-1示功图测试单元锂电池损坏原因及处理

杨培伦　刘俊啸　吉元强

(华北油田第四采油厂)

一、问题的提出

GTCY-1示功图测试单元（以下简称功图测试单元，如图1所示）是新一代的智能化试井设备，它能够精确地测量抽油机井的载荷、位移，并实时提供示功图，根据测试的示功图可分析油井工作情况，计算油井产量，因采用无线方式传输数据，自动化程度高，数据及时精准，被广泛地运用到智慧化油田建设之中。

图1　GTCY-1示功图测试单元

功图测试单元的动力源是充电锂电池，采用太阳能电池板供电，阳光充足时，电池板产生电能（图2），一部分供功图测试单元的电子元器件使用，剩余部分充到锂电池内，没有阳光时，由锂电池向功图测试单元提供电能。在使用过程中发现锂电池损坏严重，年损坏率达80%以上。锂电池的损坏率高，一方面影响了对油井数据的采集，造成油井故障不能及时发现，延迟了维修时间,导致了产量下降;另一方面,频繁地更换电池,对示功图测试单元密封造成损伤,缩短了功图测试单元的使用寿命,增大了维修成本。

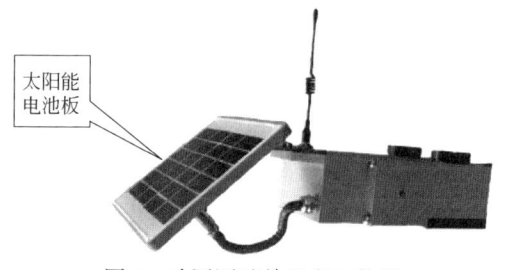

图 2　功图测试单元充电装置

二、故障现象

功图测试单元在运行过程中频繁报电压低故障信号,传输的图像不清晰,且出现示功图不能连续采集,造成无法进行产量计算等难题。

三、故障原因

功图测试单元采用充电锂电池储电,太阳能电池板供给电能。当油井作业时,需要将功图测试单元从抽油机悬点上拆除下来,太阳能电池板将不能提供电能,但功图测试单元的电子元器件还在不停地耗电,造成锂电池亏电,或是因环境及天气的影响,锂电池无法获得太阳能电池板的有效供电,造成充电不足,当电池输出电量大于充电量时,电池形成低电压。锂电池的工作电压是 3.7V,当电压降到 2.3V 时,将对锂电池造成不可逆转的损坏,低电压是造成锂电池损坏率高的主要原因。

四、故障处理

通过分析锂电池的特性得知,低电压是造成锂电池损坏率高的主要原因。解决的思路:在功图测试单元上加装电压保护装置,当锂电池电压下降到 2.8V 时,功图测试单元发出警告信号,提示维护人员进行充电作业,当电压下降到 2.5V 时,锂电池停止电量输出,达到保护锂电池的目的。

电压保护装置的工作原理:在锂电池与功图测试单元供电插板间串接一个电压保护模块,模块在第一时间内监测到锂电池的电压变化,当锂电池电压降到 2.8V 时,电压保护模块中的比较器将输出一个低电压报警信号,如果维修人员不采取措施,锂电池持续向功图测试单元的供电插板输电,锂电池电压持续下降，当降到2.5V时，电压保护模块的传导电路断开，锂电池将不会再向功图测试单元的电子元器件供电，停止电能消耗，防止锂电池因低电压而造成的不可逆转的损坏。只有维修人员采用外部电源（或太阳板电池）给锂电池充电，当电压达到3.7V的工作电压时，电压保护模块将电路导通，锂电池重新向功图测试单元的供电插板供电。

具体操作：将连接插头焊接在电压保护模块上（图3），打开功图测试单元的底板（图4），从供电插板上拔下锂电池的供电插头，将锂电池的插头插在电压保护模块上（图5），电压保护模板插在供电插板上，电压保护模块串接在供电电路中。

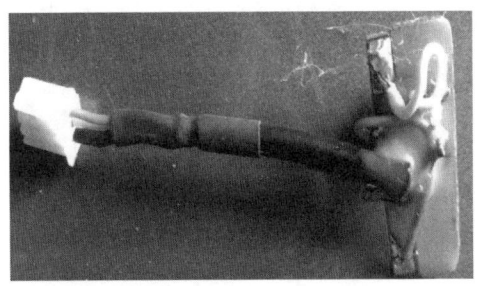

图3 焊接好插头的电压保护模块

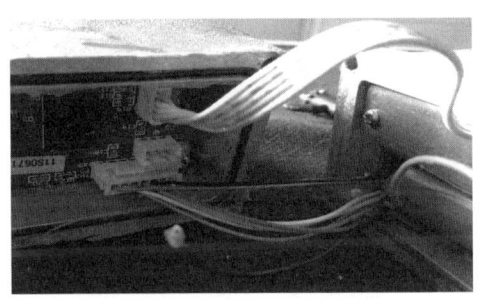

图4 测试单元内部连接情况

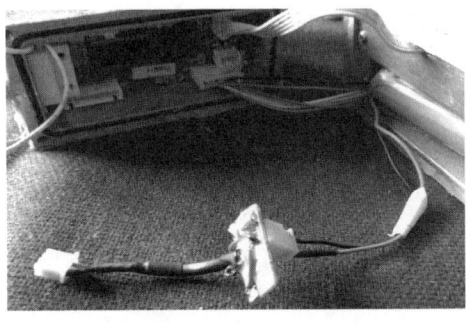

图5 串联好的电压保护模块

五、应用效果

通过在 GTCY-1 示功图测试单元与锂电池之间串接电压保护模块,有效解决了锂电池低电压损坏的难题,该技术在华北油田投入使用一年来,与未使用低电压保护模块相比,每年减少损坏锂电池 300 多块,每块锂电池 540 元左右,每次操作减少人工维修成本 60 元,因及时发现油井存在故障,而采取有效措施,每次创效 320 元,而每块电压保护模块的成本仅约为 5 元,安装成本平均 65 元,年创效 25.5 万元。

社会效益:本装置具备结构简单,性能可靠,避免了锂电池因过放电所造成的各种安全隐患。减少了维修次数,降低了操作员工的劳动强度。

六、技术创新点

利用社会资源,采购现有的低电压保护电子元器件,制造了具有低电压报警和低电压断电功能的保护板,避免了锂电池因低电压而损坏,具有一定的推广应用价值。

LZK 流量自动控制装置叶轮故障处理

李 明

(华北油田第五采油厂)

一、问题的提出

LZK 流量自动控制装置是自动计量注水流量和掺水流量仪器，具有结构简单、操作方便、显示直观、控制精度高等特点。随着使用年限的延长，LZK 流量自动控制装置叶轮故障率呈逐年上升的趋势，使水量计量出现偏差。

二、故障现象

注水与掺水输送正常，但显示器上瞬时流量数字不变，维修人员需将叶轮取出进行清洗、维修，结垢严重时无法将叶轮撬出，需要用管钳等工具旋转叶轮顶部，会造成叶轮损伤（图1），取出叶轮过程耗时长、劳动强度大。

图 1　损坏的叶轮

三、故障原因

1. LZK 流量自动控制装置工作原理及结构

LZK 流量自动控制装置主要由流量计、流量阀、控制器、叶轮、显示器组成，如图2所示。当介质流过该装置时，介质冲击叶轮旋转，叶轮的转动使叶片依次接近处于壳体上的传感器，通过线圈的磁通量发生变化而产生与流量成正比的脉冲信号，此信号经过数据处理后分别显示出累计流量和瞬时流量值。

图 2　LZK 流量自动控制装置现场图

2. 原因分析

油田的注入水和掺水都是经过处理的原油污水，管线内壁脱落的水垢以及原油污水中的杂质会造成叶轮的堵塞和卡死，需要及时将叶轮取出进行清洗、维修或者更换。目前叶轮的取出方法是使用一字螺丝刀，撬动叶轮外边缘处将叶轮取出，可是当结垢严重时，一字螺丝刀根本无法将叶轮撬出，原没有专用工具此时需要使用管钳旋转叶轮，易造成叶轮损伤。

四、故障处理

1. 设计思路

针对取叶轮过程中耗时长、劳动强度大、造成叶轮损伤的问题。从平时的操作习惯及操作环境入手，确定最终设计思路：利用叶轮顶部的螺纹孔来展开技术攻关。

2. 叶轮取出装置的结构

叶轮取出装置由支撑体、连接螺杆、旋转螺母等组成，其结构见图3。

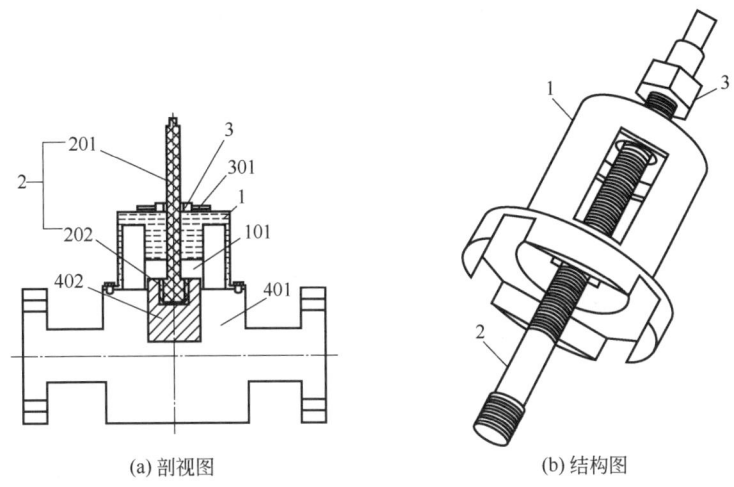

(a) 剖视图　　　　　　　　　　(b) 结构图

图3　叶轮取出装置图

1—支撑体；101—竖直通孔；2—连接螺杆；201—小径螺杆；202—大径螺杆；
3—旋转螺母；301—把手；401—水表壳体；402—水表叶轮

3. 工作原理

连接螺杆底部的大径螺杆与叶轮顶面中心孔螺纹连接，支撑体穿过螺杆与壳体连接，旋转螺母在支撑体顶部与连接螺杆螺纹连接，需取出叶轮时，用扳手顺时针转动螺母，连接螺杆带动叶轮向上移动，直到将叶轮取出。

4. 实施

2018年1月完成叶轮取出装置的制作，并在泽10站计量间进行了现场应用（图4、图5）。

图4　叶轮取出装置实物图

图5　现场应用

五、应用效果

将 LZK 流量自动控制装置叶轮出现故障的取出时间,由原来 60min 缩短至 5min。叶轮取出装置的成功应用,彻底解决了叶轮的损伤问题,降低了员工的劳动强度。该装置具有结构简单、操作方便、便于携带、操作用时短等优点。

1. 经济效益

(1) 前期因清理,共造成叶轮损坏 648 个,叶轮价格 87 元/个,共节约费用:648×87=5.64(万元)。

(2) 工具制作费用:6×500=3000 元。

全年创效:5.64-0.3=5.34(万元)。

2. 社会效益

(1) 避免了因叶轮的损坏、堵塞,导致注水井注水量出现偏差,造成注水井注水量数据不真实,直接影响地质技术人员对井下油层动态的分析、判断。

(2) 大大缩短取出叶轮操作时间,提高了工作效率,减少了操作人员劳动强度。

六、技术创新点

叶轮取出装置的支撑体侧壁有开槽,利于观察叶轮取出状况。操作时将支撑体卡在总成上,避免支撑体随螺母转动。转动螺母使得螺杆向上移动,将叶轮取出。本装置已获实用新型专利(专利号:ZL201721164355.X)。

TDS 智能旋涡流量计故障原因及处理

门 虎 范金超 牛利强

(新疆油田石西油田作业区)

一、问题的提出

计量站担负着站内各个油井的计量任务,其反映出的产量变化趋势用于指导油田生产管理。石西油田采用油气分离器计量工艺,油井来油经多通阀选井后,进入分离器进行气液分离,伴生气分离后由 TDS 智能旋涡流量计(图1)进行计量,这种流量计无运动件,结构简单,传感器不接触流体,可靠性高、维护量小。因其量程范围广,承受压力大,能自动进行温度、压力补偿等特点,在油井伴生气计量中广泛使用。一般出现的问题都是由于在使用过程中,生产工艺的变化和安装所造成的。

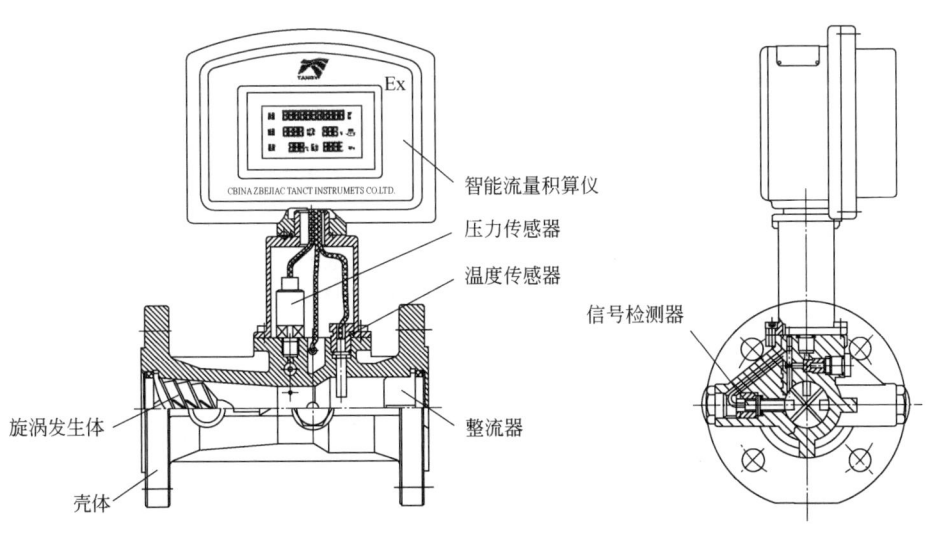

图 1 TDS 智能旋涡流量计结构

二、工作原理

当流体沿着轴向流动进入流量计入口时,旋涡发生体强迫流体进行旋转运动,于是在旋涡发生体中心产生旋涡流,旋涡流在文丘利管中旋进,到达收缩段后突然节流使旋涡流加速,当旋涡流进入扩散段,因回流作用强迫进行旋进式二次旋转。此时旋涡流的旋转频率与介质流速成正比。两个信号检测器将微弱电荷信号经前置放大器放大整形为两路频率与流速成正比的脉冲信号,同时对两路脉冲信号进行相位比较和判别,剔除干扰信号,而对正常的流量信号进行计数处理。

LUXZ 类型仪表采用单探头结构,抗压力波动干扰能力和振动性能差,计量精度不高。TDS 型智能旋涡流量计作为 LUXZ 旋进旋涡流量计的替代产品,采用了独特的双传感器技术和相位比较技术,剔除干扰信号,克服了"零流量"时的压力波动等干扰,使小流量计量准确,有效解决了压力波动和机械振动对该类型流量计的干扰,使计量更为准确可靠。

三、故障现象及分析处理

通过近几年在计量站对 TDS 智能型旋进旋涡流量计故障现象的排除处理,总结该仪表如下故障现象及维护方法以供参考。

(1) 流量计表头显示温度、压力正常,无工况、标况显示。原因分析及处理:

① 流量计选型过大,选型过大会造成流量计无流量显示。解决办法:一是调低流量计下截止频率(这样流量计可以使用,但会造成流量计精度降低);二是更换小规格流量计。

② 前置放大器无电流输入。解决办法:流量计采用 DC24V 外供电或电池供电。

③ 前置放大器无频率输出。解决办法:更换前置放大器。

④ 主板损坏。解决办法:更换流量计主板。

(2) 流量计表头温度、流量有显示,压力与实际工作压力指示不符。原因分析及处理:

① 温度值低于 $-75℃$ 或超过 $100℃$。原因:温度传感器 PT100 损坏;解决办法:更换温度传感器。

② 温度示值超过或低于现场实际温度,更换温度传感器后,该现象仍未消除。原因:模拟输入电路损坏;解决办法:更换该电路板。

（3）流量计表头温度、瞬时流量有显示，压力与实际工作压力指示不符。原因分析及处理：

① 表头显示压力示值为"80"或流量计"压力上限"（可在说明书查找）。原因：压力传感器损坏；解决办法：更换压力传感器，如故障依旧，则为流量计主板信号处理故障，需更换流量计主板。

② 压力示值为固定值，无变化。原因：压力传感器取压口堵塞或压力传感器线性校准曲线变坏；解决办法：清理取压口，更换或重新标定压力传感器。

（4）流量计积算仪无显示。原因分析及处理：

① 流量计无 DC24V 外供电或电池供电，检查外供电电路或更换内供电电池。

② 流量计积算仪液晶板、主板损坏，更换相应的液晶板和主板，并进行参数设置。

（5）流量计瞬时流量不稳定或偏低。原因分析及处理：

① 流量计信号检测器输出信号漂移，更换信号检测器。

② 流量计前后直管段长度不够，或变径后直管段长度不足，按照要求加长直管段或改变安装地点。

③ 流量计测量管内堵塞或信号检测器被原油介质粘住，清理管线及信号检测器。

四、结论

流量计选型要保证实际流量处于流量计所能覆盖的流量范围之内。若介质流量低于下限流量时，介质流速太低，以至无法检测流速，或无法保证精度；而当流量高于流量上限时，根据使用经验，选用的旋涡流量计，应使流经计量装置的最大工况流量在所选流量计最大流量的 1/3~3/4 之间，当多种规格的流量计均能覆盖所要求的流量范围时，应选择较小公称通径流量计。

只要了解 TDS 智能流量计的结构和原理，根据工艺的变化和计量流量的不同，选择合适的测量范围，定期检查维护，便可以使该仪表在计量过程中正常工作。

变频系统故障查找困难的原因及处理

杨培伦　王东良　何　群

(华北油田第四采油厂)

一、提出问题

随着变频新技术的不断应用，变频器的价格越来越低，性能越来越好。因其具备变频调速的功能，越来越多地应用于采油、注水等油田生产之中，伴随着变频器用量的增多，变频系统中发生故障的数量也越来越多，维修人员使用现有的方法和检测仪表查找故障点时，存在操作困难、查找时间长等难题。

二、问题现象

变频系统出现故障后，控制屏上报出故障代码，但故障代码只能显示变频系统出现了欠电流、过电流、欠电压、过电压等故障类别，不显示造成故障的原因，维修人员无法确定故障点，因为变频系统中的输入电路故障、变频器自身故障、输出电路故障、电动机故障、拖动设备故障都会通过同一个故障代码显示出来，维修人员需要一项一项地去找查，有时一个故障点查了两三个小时也没有结果。

三、问题分析

维修人员为了确定变频系统中故障点的准确位置，需要用直流电压表、交流电压表、电流表等常规仪表进行反复测试，获取多种数据，进行反复对比。在诊断故障点的过程中，遇到以下难点：一是需要同时掌握系统中的交流电压、直流电压、交流电流等数据的时时变化情况，而维修人员无法同时使用这3种仪表进行检测，操作者在数据录取方面遇到困难（图1）；二是在查找故障的过程中，维修人员需要频繁地用表笔去接触不同的带电端子及线路，易引发维修人员触电，存在安全隐患。

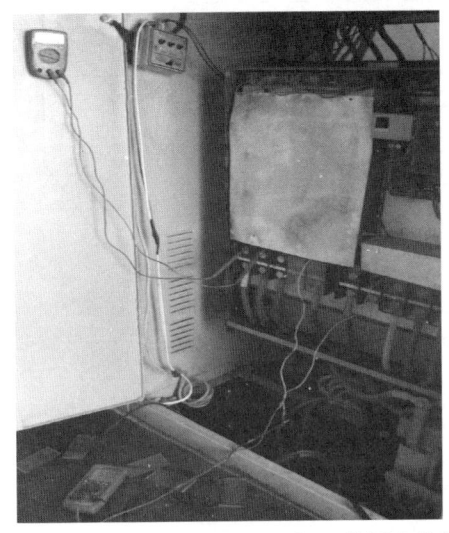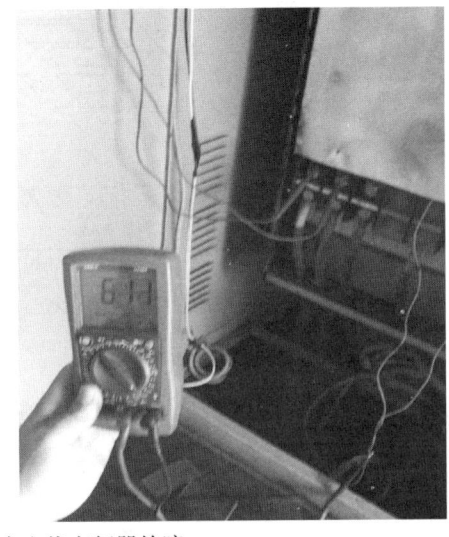

图 1 使用多种仪表查找变频器故障

四、解决方法

为了解决目前在查找变频电路系统故障过程中，查找困难、用时长，现有的仪表在检测过程操作烦琐，易发生触电等困难，研制了一种新型检测变频系统故障的仪表——变频器在线诊断仪。

1. 设计原理及使用

诊断仪外观设计见图 2，变频器在线诊断仪集交流电压表、直流电压表、交流电流表的功能于一体，由 500V 三相液晶交流电压表、1000V 液晶直流电压表、500A 三相交流表、电流互感器、故障报警灯、零线插孔、保险装置、保护接地端子、表箱等部件组成。

变频器在线诊断仪操作及原理（图 3、图 4）。变频系统出现故障后，将诊断仪的三相交流电压表的测试夹夹在变频器三相电源输入导线上，监测电源的三相电压，判断三相电压是否平衡，有无缺相现象；直流电压表的测试夹夹在变频器整流后的母线上，监测整流后的母线直流电压的变化情况；诊断仪的电流互感器夹在变频器逆变后的输出电路上，监测逆变后的三相输出电流变化情况。输入交流电压值、整流后的直流电压值、逆变后的三相输出电流值在同一个显示屏上同时显示，便于维修人员观察和判断数据变化，为确定变频系统的故障位置提供了方便。

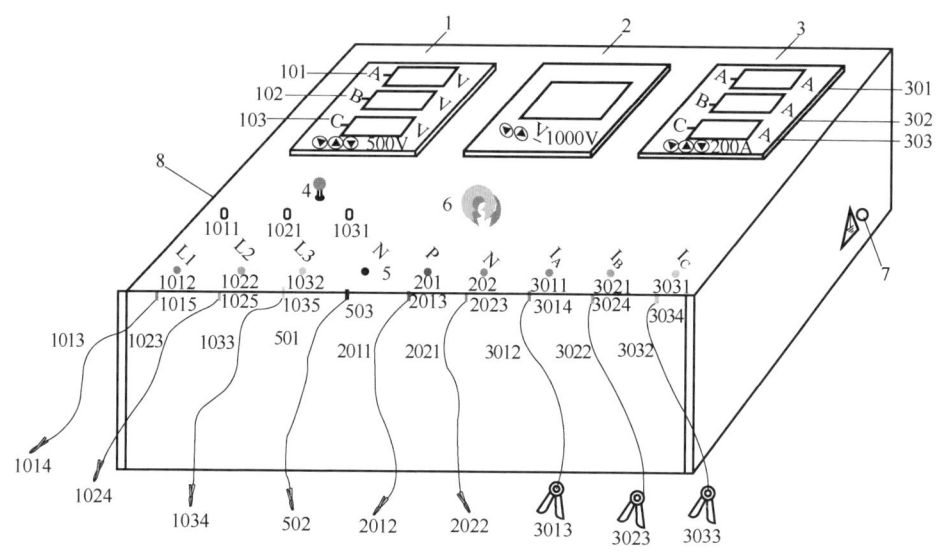

图 2 变频器在线诊断仪设计图

1—500V 三相液晶交流电压表；2—1000V 液晶直流电压表；3—200A 三相液晶交流电流表；
4—故障报警灯；5—零线插孔；6—继电器；7—保护接地端子；8—表箱

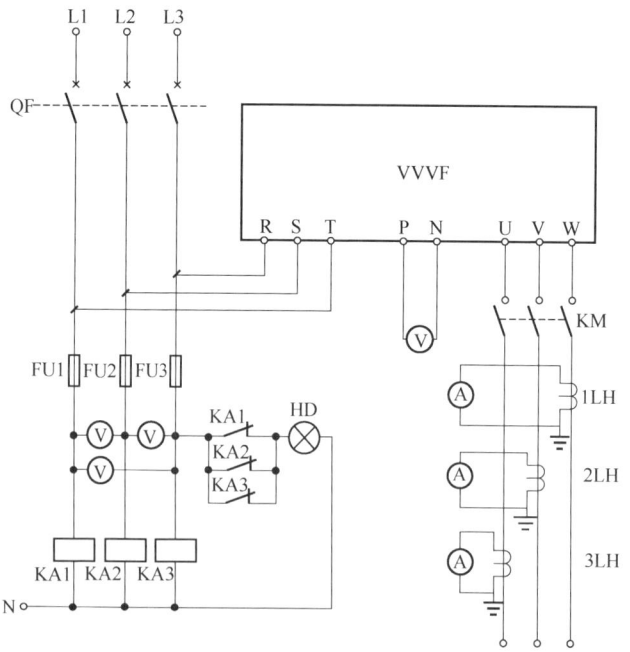

图 3 变频器在线诊断仪电路图

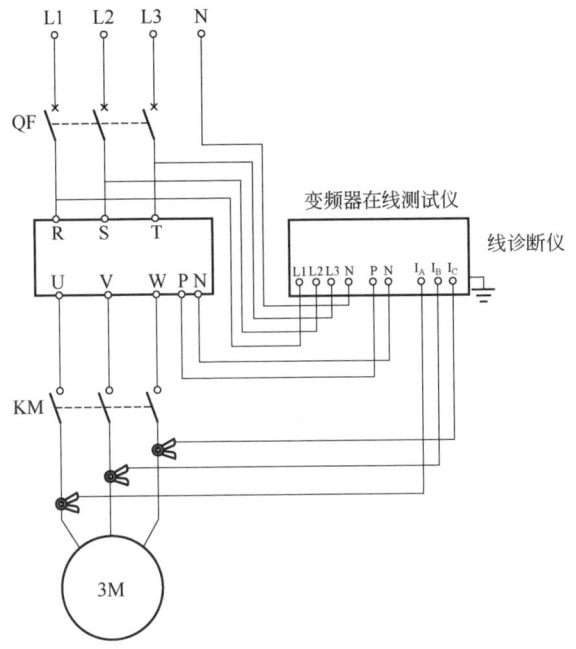

图 4 变频器在线诊断仪接线图

2. 加工制作

通过采购和制作，得到所需的交流电流（电压）表、直流电压表、开关、熔断器、监测插孔、测试线笔、电流互感器、导线、接线端子、铝合金材质等部件（图 5）。仪器加工制作过程见图 6，制作完成的变频器在线诊断仪见图 7。

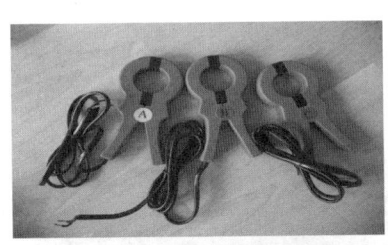

图 5 所需的元器件

图 6　制作过程

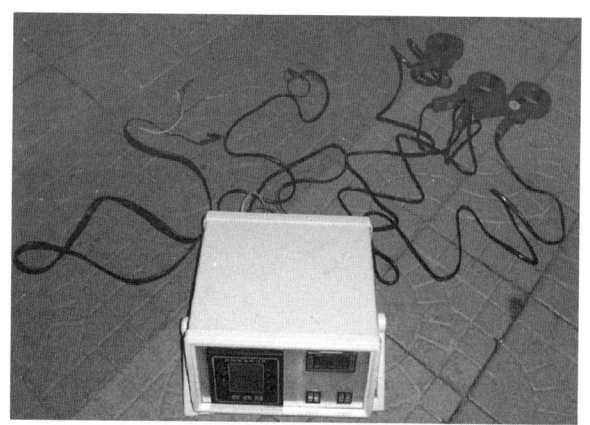

图 7　制作完成的检测仪

3. 实验

变频器在线诊断仪研制成功后,接入正常运行的变频器进行实验,实验结果表明:仪表使用正常,各种数据准确,便于录取,如图 8 所示。

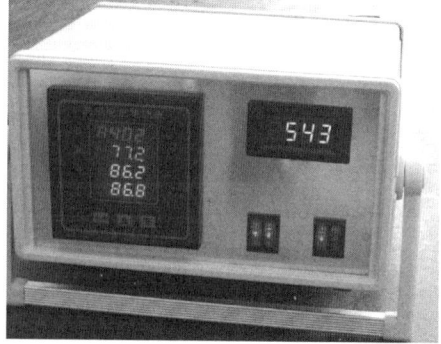

图 8　在线诊断仪现场试验

4. 应用情况

某采油厂琥某站的注水井是水源井供水,为了确保恒压供水,该水源井采用富士 FRN5000P11-60kW 变频器进行变频运转。2017 年 6 月,在运行过程中,频繁报停机故障,显示屏显示故障为欠载,维修人员通过多方面查找,也未能找到造成欠载的原因。使用变频器在线诊断仪对变频系统进行监测(图9),三相液晶交流电流(电压)表显示三相输入电压在 395~403V 之间,直流母线电压在 540~560V 之间,A 相显示电流在 72~79A 之间波动,B 相显示电流在 20~25A 之间波动,C 相显示电流在 85~90A 之间,水源井运行十几分钟,变频器就停止工作,显示屏报欠载故障,根据诊断仪所测数据,维修人员很快就判断出是负载电路发生了故障,将潜水泵从水源井中提出后进行检查,发现潜水泵电动机的一相电缆线的接线端子虚接,缺相运行造成变频系统欠载停机。

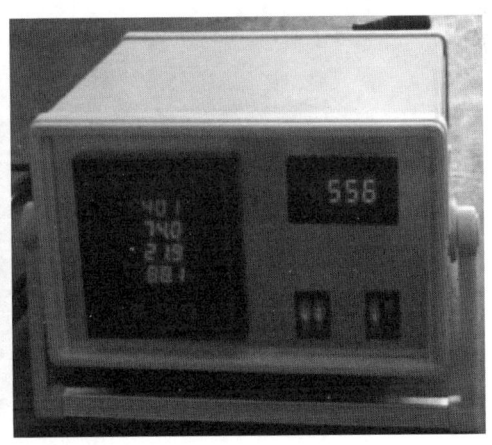

图 9　检测琥某站水源井变频系统故障的现场图

某采油厂一口油井采用 CYJ12-4.8-53HB 抽油机生产,采用台达 C2000—30kW 变频器进行调速运行,根据油井的供液情况,自动调整转速,确保抽油泵在合理的泵效之内。2018 年 3 月,抽油机因变频系统故障发生停机,维修人员在检修过程中发现,当变频器的频率上升到 8Hz 时,报过流停机,复位启动后不久,故障报警灯亮,仍然过流停机,采用常规的检测手段,查找不出故障原因。采用变频器在线诊断仪对线路进行检测,三相输入电压分别为 380V、220V、100V,判断是输入电源缺相运行,经检查发现是前级断路器出现问题,更换断路器后,变频系统恢复正常运行。

某采油厂安 3 计注水站,采用五注塞泵进行注水,柱塞泵的电动机使用的是富士 FRN5000p11-132kW 变频器,启动运行 3min 后,报过电压故障停机，复位后，启动不久就发生了过电压停机，维修人员利用常规仪表进行检测了3个多小时，也未能发现故障原因。采用本仪器对变频系统进行监测，启动注水设备后，变频系统运行良好，三相交流电压在390~400V之间，三相交流电流运行平稳，变频器直流母线电压540V左右，但当频率上升到45Hz时，仪器显示直流母线电压持续上升，当电压上升到730V时，变频系统停止运行（图10），显示屏报过电压停机。维修人员根据监测到的变频器直流母线电压的变化情况，判断电动机在运行过程中突然失载，形成发电状态，电流反送变频器而造成停机，对拖动设备进行检查，查出柱塞泵液力端的弹簧损坏（图11），失去了密封的作用，造成电动机突然失去负荷，转子转速超过了同步转速，电动机转化为发电运行，直流母线电压瞬间升高，启动过压保护，变频系统停止运转。

图10　监测变频器情况

图11　液力端组件及损坏的弹簧

某小区的水源井使用西门子 MM430-15kW 变频器控,制潜水泵运行,保证水源井给小区恒压供水,但在运行过程中变频器频繁报欠电压停机,查找不出原因,使用变频器在线诊断仪对变频系统进行监测,仪表显示直流母线电压为 450V,三相输入电源电压在 400V 左右,且相间平衡,初步判断变频器自身出现了故障,通过进一步检查,发现变频器的整流模块出现了故障。

综上所述,可以清楚地知道,变频器在线诊断仪具备对输入电源交流电压、变频器母线直流电压、负载电流同时检测的功能,使检修者能够随时观察三项数据的变化,根据变化的数值快速查找故障点。

五、应用效果

原来每排除一处故障需要 2 人工作 3h,采用新的设备及技术排除故障点时,只需 1 人 1h;2016 年排除变频系统故障 30 处,修复变频器 7 台;2017 年排除变频系统故障 46 处,修复变频器 8 台;2018 年,排除变频系统故障 52 处,修复变频器 7 台。

1. 经济效益

参照本单位外雇维修人员的工资,工时工资 260 元,变频器每台均价 9600 元。变频器在线诊断仪的制作及维修费用为 3960 元,已经使用了 3 年,每年的费用为 $3960 \div 3 = 1320$ 元。

三年累计创效:$10.488 + 13.528 + 13.348 = 37.364$ 万元

2. 社会效益

实现了人与带电体分离检测,消除了安全隐患。减小了劳动强度,提高了故障点的判断速度,原来需要 2 人操作,现在 1 人就能完成。

六、技术创新点

变频系统故障查找仪表由 PID 控制器模块、直流电模块、交电流模块及保护模块组成。当变频器出现故障后,不但能很容易地判断出故障点是发生在输入电路、变频器、电动机还是拖动设备处,而且还能诊断出变频器故障是发生在整流、滤波、逆变的哪个阶段,方便了故障点的判断。研究成果已获国家发明专利(专利号:CN106932663A)。

测调仪机械臂扭矩不足的原因及处理

米立和　李海军　刘俊啸

(华北油田第四采油厂)

一、问题的提出

同心一体化高压注水井测调工作在油田开发过程中为油井稳产、增产起着重要的作用，测调工作是保障高压分注井精细注水必不可少的一项工作。但是在测调过程中，难免发生配水器水嘴结垢，测调仪机械臂扭矩不足而无法转动的情况，此时由于测调仪的电机功率是固定的，所以机械臂的旋转力量也是有限的，给测调仪加大电压，增加转速提高旋转力量，必然导致电流增大，其弊端是容易将测调仪器电路烧毁，导致整个电路板报废，造成仪器电动机损坏。

二、故障现象

高压注水井测调过程中，主要存在以下故障现象。

配水器水嘴结垢、测调仪机械臂扭矩不足导致电流升高（图1）。

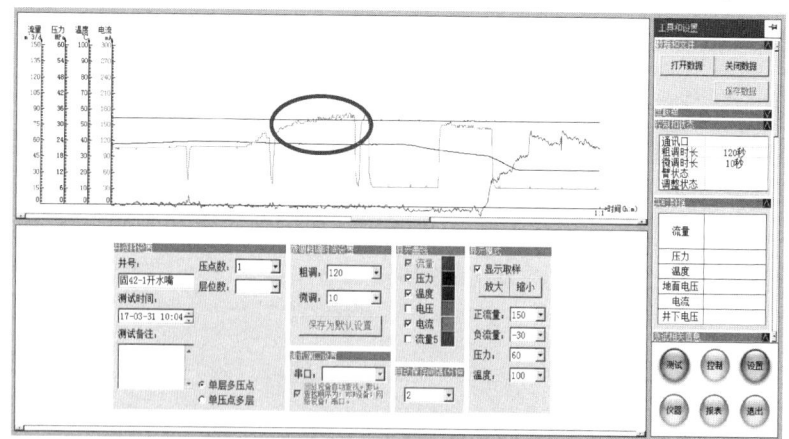

图1　测调资料

从图1可以看出，老式测调仪旋转井下水嘴遇阻时，电流明显升高（淡蓝色为电流值），过大的电流容易对测调仪器电动机造成损坏。

从图2中可以看出，老式测调仪采取轨道运动使旋转力度增大，由于传动丝杠的旋转速度不同，传导到机械臂上的扭力也不相同。遇到井深2000m以上，井口压力为21MPa以上的测调井时，机械臂扭矩小导致井下水嘴无法转动，采取的解决方法是关井泄压，给测调工作造成被动局面。

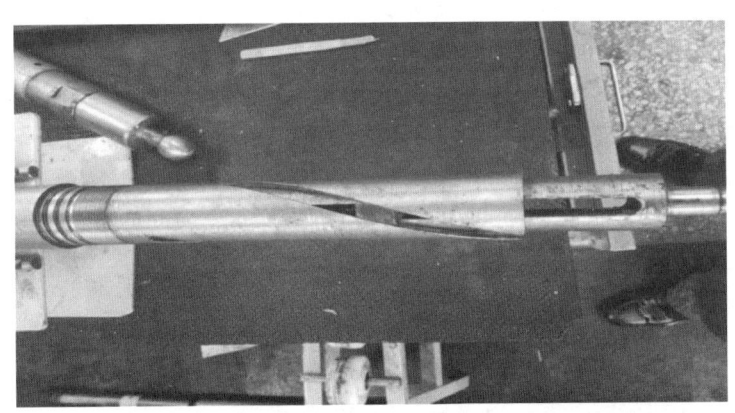

图2 拆解测调仪

三、故障分析

分注井正常注水较长时间后，配水器阀片上会出现轻微结垢、污物沉积现象。变更水量重新测调时，由于注水压力高和污物影响，测调仪机械臂转动配水器活动阀片非常吃力，个别井甚至出现无法转动的问题。目前测调仪器使用的是 ϕ38mm 电动机，调配机械臂采用滚珠丝杠传导机构，设计扭矩为150N·m，通过对作业井回收的配水器进行测力试验，一般情况下扭矩为190~210N·m时，配水器阀片才能转动。通过实验发现测调仪机械臂扭矩小，在结垢、污物的影响下导致井下水嘴无法转动是造成测调失败的根本原因。

对2017—2018年配水器活动阀片未转动事件进行统计（表1）。

表1 2017—2018年配水器活动阀片未转动事件统计表

序号	井号	时间	原因	解决方式
1	泉28-24	2017.6.8	井口压力22MPa，阀片结垢	关井泄压，再测调
2	州16-49	2017.6.23	井口压力22MPa，阀片结垢	关井泄压，再测调
3	泉63-36	2017.8.18	井口压力31MPa，阀片结垢	关井泄压，再测调

续表

序号	井号	时间	原　因	解决方式
4	泉46-95	2018.10.13	井口压力24MPa	关井泄压，再测调

四、故障处理

1. 测调仪机械臂扭矩不足的解决方案

测调仪机械臂扭矩不足的解决方案是设计一种可以降低机械臂转速、增大机械臂扭矩的装置，其传动装置由丝杠、压力轴承、旋转滑块组成，将旋转丝杠的螺距由原来的1.5mm调整为1mm。这样电动机旋转速度不变，减速器旋转速度不变，丝杠旋转速度变慢，传导到机械臂上的扭矩变大，转速变慢，测调仪器通过电缆传导的信号也较为同步，改变以往传输不同步的弊端，制作出了结构简单、安装快捷、操作方便、安全可靠的减速装置（图3）。

图3　拆解测调仪控制装置

2018年10月12日，进行了测调仪机械臂旋转试验，在试验中该机械臂旋转速度大幅降低，测扭矩的仪表显示扭矩比改进前增加38%，达到210N·m。在不改变仪器结构的情况下，该机械臂扭矩的增大，改进了测调仪器操作现状，节省了测调工作时间。

2. 现场使用情况

在2018年10月16日，通过泉28-24井井场的现场试验（图4）可以看出电流变化情况，机械臂旋转井下水嘴，电流上升程度都在可控范围以内，水嘴被顺利打开，从而避免了测调仪电动机受损、报废和电路板损毁情况的发生。

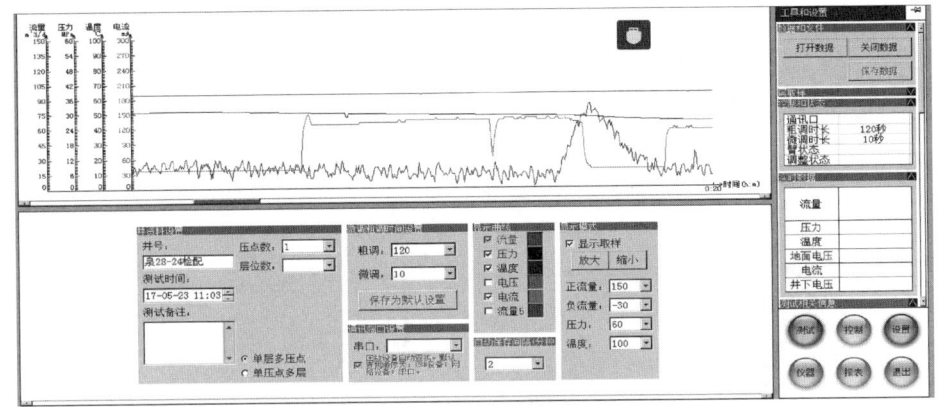

图 4　泉 28-24 井测调资料

州 16-49 井的实验资料见图 5。

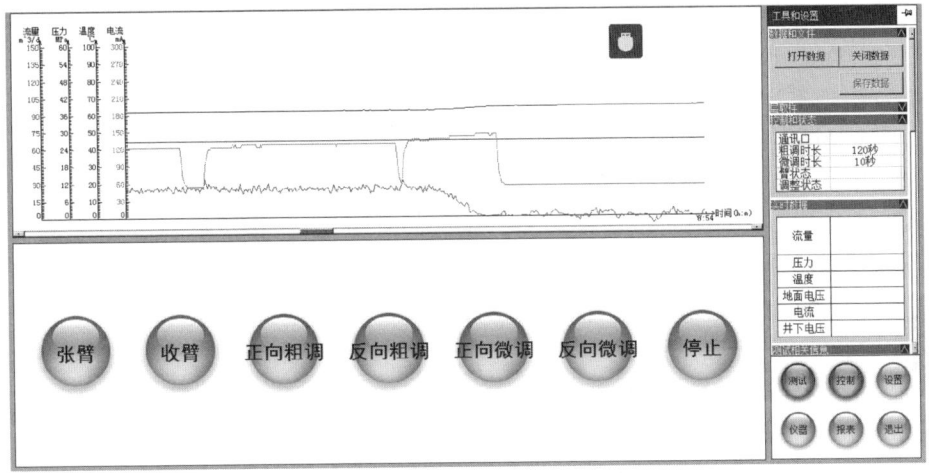

图 5　州 16-49 井测调资料

在州 16-49、泉 28-24、泉 46-95 等油井开展现场试验,均取得良好效果。从资料图中可以看出当机械臂旋转井下水嘴时,电流变化不大,虽然该井井深 2067.33m、压力为 22MPa,测调仪器电流依然在可控范围内。

五、应用效果

2018 年下半年以来,在本队测调班应用此装置,经过应用,收到了很好的效果,解决了老式测调仪在使用过程中发生配水器水嘴结垢,测调仪机械臂无法转动的情况,消除了容易将电路烧毁、导致测调仪器整个电路板报废的隐患，保证了安全生产。

在测调现场使用改进后的装置，从试验至今共完成38口井的测试任务，有效避免了测调过程中易发生的不安全事件，其容易将电路烧毁的问题得到根除（图6）。

图6　现场应用

1. 经济效益

4套增大机械臂扭矩装置加工费用：3000元×4＝1.2（万元）。

增产效益：按一年避免因井下水嘴结垢转不动导致的作业5井次，每口作业费用3万元计算，节约成本5×3万元＝15（万元）；按照年节约10套配水器、封隔器计算，配水器、封隔器单套成本费用3000元，共计10×3000元＝3（万元）；按照一年预防测调仪损坏4次计算，每次节约修理费4000元，共计4×4000元＝1.6（万元）。

经济效益＝增产效益－加工费用＝150000元+30000元+16000元－12000元
　　　　＝18.4（万元）

2. 社会效益

通过技术攻关改造，较好地解决了老式测调仪在使用过程中发生配水器水嘴结垢，测调仪机械臂扭矩不足无法转动的问题，消除了电流升高容易将电路烧毁、导致测调仪器整个电路板报废的隐患，为测调工作提供了技术支持。

六、技术创新点

在不改变仪器本身结构和长度的情况下，充分利用降低机械臂转速，达到增大输出扭矩的目的，降低了测调仪器工作电流，解决了分注井正常注水较长时间后，测调仪机械臂转动配水器活动阀片电流过大，个别井甚至无法转动的问题。

抽油机控制器故障原因及处理

门 虎 许立平 马卫东

(新疆油田石西油田作业区)

一、问题的提出

抽油机控制器（RPC）是油田自动化的主要设备（图1），结合负荷传感器、位置开关、电流和压力变送器、温度传感器可实现示功图、电流图、油井压力、温度检测，抽油机电压、电流检测，井下油温、井下油压的检测。根据参数的变化来控制抽油机的运行，可实现抽油机的空抽、间出、负荷超限、连抽带喷等多种控制。它既可独立工作，也可方便地联入控制网络实现远程测控，形成SCADA系统。

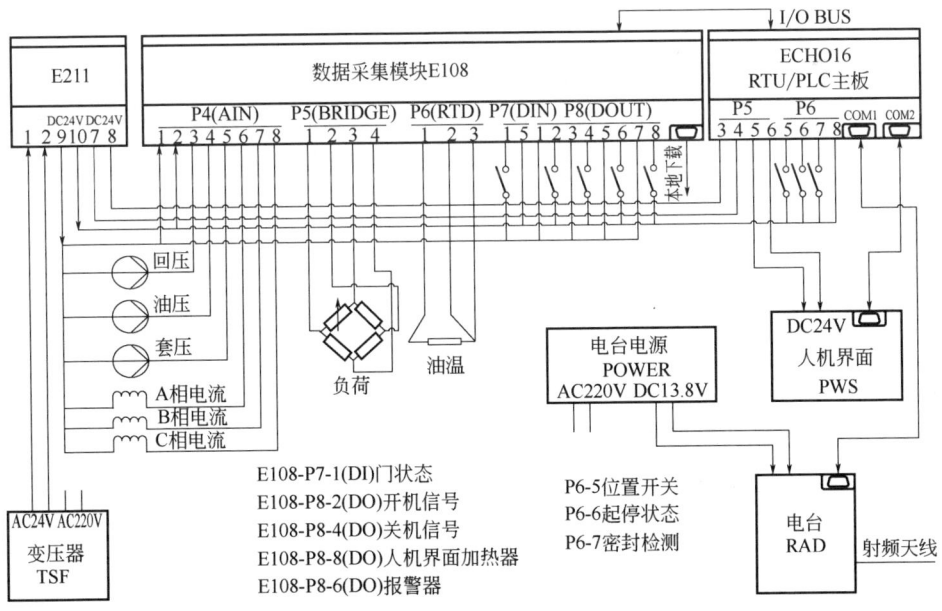

图1 抽油机控制器物理结构图

抽油机控制器在运行过程中经常出现一些故障，由于检测与控制过程中出现的故障现象比较复杂，正确判断、及时处理故障，不但直接关系到生产安全，也涉及数据采集的准确性。为缩短处理故障时间，保证安全生产，总结现场维护经验，供油田自动化维护人员参考。

二、通讯故障

1. 故障现象

某井 ECHO5302 抽油机控制器在生产监控过程中发现通信中断，经现场巡井人员检查供电正常，抽油机运转正常。

2. 故障原因

通过现场检查，主控制器的 STATA 指示灯闪烁，显示屏显示"通信错误"，用 MDS 测量专用软件测试电台特性（含电台电源、电台接收灵敏度、电台发射功率、电台内部温度）参数正常。

此故障原因有两个：一是主控制器程序执行中出错引起电台与显示屏通信故障；二是现场干扰也会造成控制器串口不通信，导致通信中断。

3. 处理措施

主控制器程序执行中出错可重新下载程序运行，若仍不能解决说明主控制器有故障，需更换。显示屏通讯检查显示屏的串口线是否接触良好，用 TelePACE 程序检查主控制器的串口是否正常、更换显示屏检查是否是显示屏本身的串口损坏。

考虑到抽油机控制器内部散热器件较多，冬季环境温度对通讯影响并不大，对冬季出现通讯效果不良的井，应用 MDS 测量专用软件测试电台内部温度，若大于-30℃则主要原因在冬季电器接触损耗变大而影响了电台接收灵敏度和发射功率，应从检查解决各接头质量入手维修通信故障。高于60℃则主要原因是电台内部温度过高造成通讯不畅，通信线路经历了季节变化后会有线路老化问题，出现接触不良、接触电阻变大、通讯效率变低甚至不能通讯的问题，此时应检查各通讯接头质量（天馈线、避雷器、电台射频头等），重新制作接头，并考虑防线路老化的改进措施。

三、主控制器故障

1. 故障现象

某井 ECHO5303 抽油主机控制器电源损坏。

2. 故障原因

电源部分损坏原因主要是现场电力故障、现场温度过高引起的，现场电力故障是指在抽油机运行过程中突然出现高压干扰或出现电控箱故障使 RPC 箱所用的 220V 出现波动，因这类干扰为脉冲干扰，保险不能及时起作用，引起主控制器电源损坏。

3. 处理措施

主控制器电源在使用时前端需加输入变压器，将电压降至 16~24V 后再接入电源模块，由于有输入变压器的隔离作用，此类电源抗各类干扰的能力较强，同时又由于是低压输入，它的自身干扰也很小，因此一般情况下不需再考虑抗电源干扰的问题。

四、负荷采集故障

1. 故障现象

抽油机停机时，控制器检测负荷仍有波动、负荷落零、偏差大。

2. 故障原因

停机时负荷变化大是因为变换板放大器的输入电阻大（100MΩ），输入有 1nV 的干扰就会造成放大器输出变化很大，严重时造成放大器饱和，出现负荷落零故障。抗干扰能力差、负荷落零或偏差可能由以下因素造成：负荷传感器电缆接触不良、接头松动、接线盒端子接触不良或进水、负荷传感器本身有误差。

3. 处理措施

在其信号输入端到 10V 地间增加 100kΩ 的电阻可改善其性能，避免在停机时负荷变化仍有很大的故障，并可提高抗干扰能力。首先，检查负荷传感器电缆、接头、接线盒端子是否接触不良或进水，并及时解决存在的问题；其次，负荷测量模块是否有误差，使用万用表测量负荷值是否与显示屏显示的负荷值相符。

五、控制故障

1. 故障现象

某井区大规模停电，来电后部分抽油机无法自动启抽。

2. 故障原因

部分井无法启抽，原因为电控箱故障和程序控制失败。因电控箱自动控制部分故障会引起 RPC 发出开机或停机信号，电控箱不动作造成无法自动启抽。主控模块软硬件故障都会造成控制失败。

3. 处理措施

电控箱故障确认检查"手/自动"开关是否到位，然后在键盘上进行开机或停机操作，在开机时对应开机的两条控制线应短路，在停机时对应停机控制的两条控制线应开路。若测量端子的电阻正常，则说明 RPC 控制正常，电控箱无法控制可能是电控箱内接触不良或有器件损坏。

程序控制失败解决方法为首先重新开机可能使系统正常，若无效则需要对主控制器冷启动（按下复位键约 30s），重新下载程序并对抽油机控制器初始化可解决软件故障。硬件故障需更换主控制器。

六、结论

通过对抽油机控制器常见故障分析，了解抽油机控制器的工作方式，使自动化设备贴近于采油工艺，更好地为油田服务，发挥其自身功能与优势。对油水井动态变化进行诊断与分析，对于保持平稳生产、油田合理开发、下步对策等方面提供了有力依据。

储油罐 UBG-Ⅱ型光导液位计故障处理

吕玉兰　陆纯喜

(新疆油田重油开发公司)

一、问题的提出

UBG-Ⅱ型光导液位计是检测储油罐液位变化的常用仪表,具有显示精度高、抗干扰能力强、工作稳定可靠等优点。随着仪表使用年限的延长,UBG-Ⅱ型光导液位计故障率呈逐年上升趋势,已经影响到仪表的正常使用和现场安全生产。

二、故障现象

重油开发公司92号集输处理站担负公司65%的原油脱水外输任务,采用热化学沉降脱水处理工艺。站内有12座油罐安装了UBG-Ⅱ型光导液位计,可实现液位数据远传至中控室,具有实时监测报警功能。油罐液位显示的准确性关系到集输处理站的安全运行,随着仪表使用年限的延长,UBG-Ⅱ型光导液位计出现了显示液位与实际罐内液位不相符的现象,给集输处理站的正常运行带来了安全隐患。

三、故障原因

1. 工作原理及结构

UBG-Ⅱ型光导液位计主要由浮球、连接钢带、格雷码带（信号码带）、平衡重锤、导向滑轮、变送器和二次表组成,该仪表是利用力平衡原理和光电原理进行液位自动检测的,如图1所示。

2. 液位显示不准原因分析

通过现场检查、综合分析,得出光导液位计显示不准的原因有4项。

(1) 冬季内隔离器护桶、套管窜汽导致钢带冻结。维修人员在检修光导

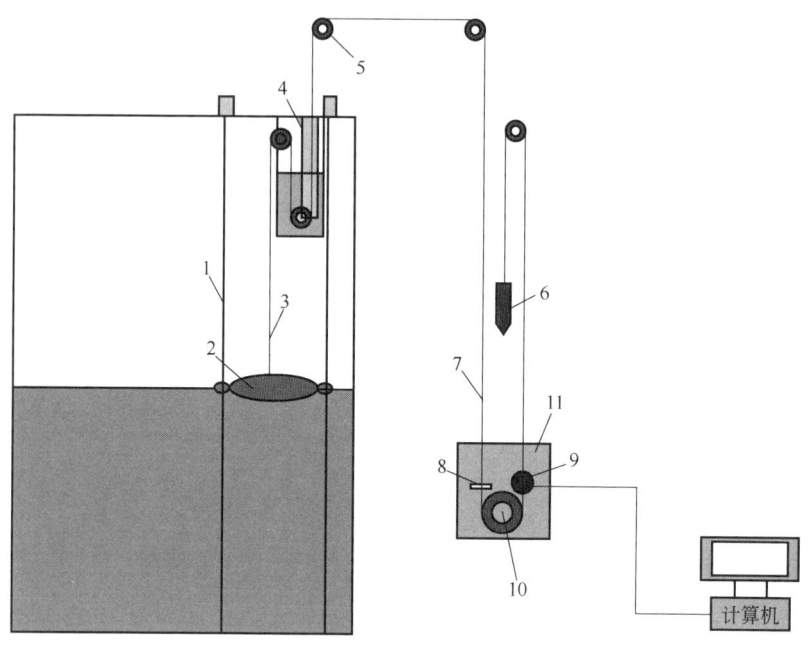

图1 UBG-Ⅱ型光导液位计结构
1—导向钢丝；2—浮球；3—连接钢带；4—内隔离器；5—导向滑轮；
6—平衡重锤；7—格雷码带（信号码带）；8—一次表；
9—变送器；10—信号码带导向轮；11—仪表箱

液位计时，发现内隔离器护桶、套管有蒸汽窜出。冬季内外温差变化大，蒸汽窜入护桶及套管，冷凝水会造成罐外滑轮、法兰处结冰，使光导液位计钢带冻卡，导致液位计显示不准，出现故障。

（2）内隔离器积水。光导液位计的内隔离器中装有变压器油，对内隔离器滑轮起到润滑、防腐作用。检修光导液位计时，发现内隔离器变压器油底部积水严重，使得内隔离器滑轮锈蚀严重，从而造成滑轮卡阻，导致液位计显示不准。

（3）仪表箱密封不严。仪表箱是安装光导液位计一次表和二次表的重要部件，当遇到刮风等恶劣天气时，风沙进入仪表箱内，造成信息码带、二次表的玻璃读码器看窗有沙土，变送器不能准确读取数据。导致光导液位计二次表显示不准。

（4）滑轮滚珠轴承易锈蚀。滑轮的滚珠轴承是减少光导液位计钢带摩擦阻力的重要元件之一，但当滑轮长时间暴露在油气中和浸泡在水中时，滑轮轴承会腐蚀（图2），造成光导液位计钢带运行时阻力增大或卡阻。

图 2　滑轮滚珠轴承腐蚀

四、故障处理

针对以上造成液位计读数不准的原因,有针对性地采取如下措施。

1. 套管法兰处加装垫片,内隔离器钢带进口处加装水帘

对于内隔离器护桶、套管窜汽的问题,在套管法兰处加装聚乙烯垫片,内隔离器护桶钢带进口处加装塑料水帘,阻止蒸汽进入护桶、套管内,防止蒸汽导致的锈蚀(图3)。

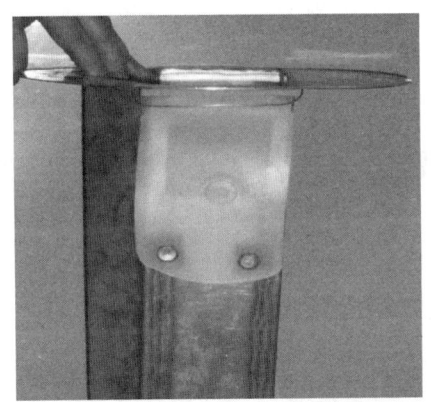

图 3　套管法兰处加装垫片、护桶加装塑料水帘

2. 改造内隔离器护桶,加装排水管

由于内隔离器护桶积水严重,造成内隔离器腐蚀严重,加密更换变压器油不但造成浪费,还增加了员工的劳动强度。因此在护桶上加装U形管自动排水装置,利用U形管原理,将护桶内底部的积水自动排出,内隔离器护桶加装排水管后,使内隔离器内积水高度小于50mm(图4)。

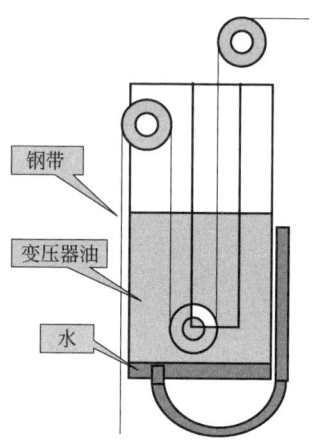

图 4 内隔离器排水装置

3. 更换新式仪表箱

原仪表箱门把锁不易开关,且是铸铁材质,易损坏。更换的新式仪表箱为不锈钢仪表箱,箱门开关灵活、牢固可靠、密封效果好。使用新式仪表箱后,信息码带、变送器玻璃读码器看窗无尘土,二次表数据显示出错率为零。

4. 更换滑轮滚珠轴承

针对滑轮滚珠轴承易腐蚀的问题,将滑轮滚珠轴承更换为聚乙烯轴承,有效避免了锈蚀的发生(图5)。更换聚乙烯轴承后,光导液位计运行平稳,未发生卡阻现象。

图 5 滚珠轴承和聚乙烯轴承

五、应用效果

通过对光导液位计液位装置中内隔离器套管加装聚乙烯垫片,护桶钢带加装塑料水帘、加装 U 形管自动排水装置,更换新式仪表箱,更换聚乙烯轴承等一系列改进,光导液位计液位显示不准的问题得到彻底解决。

1. 经济效益

UBG-Ⅱ型光导液位计改进后,仪表液位显示正确,确保了原油处理系统的正常运行,每年共计节约费用 5.56 万元。

改造费用:更换仪表密封箱 5 台,每台 3000 元;加装聚乙烯垫片 12 个,每个 50 元;更换聚乙烯滑轮 6 个,每个 50 元;加工内隔离护桶排水管 12 个,每台 50 元。

改造费用合计:1.5+0.06+0.03+0.06=1.65(万元)

节约费用:2017 年,UBG-Ⅱ型光导液位计更换内隔离器 5 套,更换钢带 1 盘,码带 1 条,变送器 4 块。内隔离器每套 3900 元,钢带 1000 元,信息码带每条 3600 元,变送器 1.2 万元。

节省费用小计:1.95+0.1+0.36+4.8=7.21(万元)。

合计节约费用:7.21-1.65=5.56(万元)。

2. 社会效益

通过对 UBG-Ⅱ型光导液位计的改进,有效降低了 UBG-Ⅱ型光导液位计故障,减少了员工的劳动强度,保障了集输站原油外输任务的顺利完成。

六、技术创新点

UBG-Ⅱ型光导液位计护桶钢带加装塑料水帘、加装 U 形管自动排水装置的改进,攻克了原有的技术缺陷,降低了仪表液位显示不准故障率,确保了仪表的正常运行。

单井储油罐冒罐原因及处理

刘洪林　唐开斌　王春洁

(华北油田二连分公司)

一、问题的提出

2012年,淖尔作业区共投入14座单井储油罐,单井储油罐生产井占总油井11.6%。单井储油罐生产井距离主力断块较远,约有15km的距离。单井日产液量2~25m³不等,其中有3座储油罐为2口油井并联后接入。储油罐的容积为40m³。利用储油罐生产,虽然降低了生产成本,但是对于产液量大的油井,一到夏季其管理难度便增大。在雨水比较大的时候,往往由于拉油车辆不能及时拉油而发生冒罐污染。

二、故障现象

在下雨的天气里,拉油车辆和巡井车辆不能及时到达井场对储油罐进行拉油或对油井采取停井措施,造成原油从单井储油罐溢出。从储油罐溢出的原油会造成大面积草原污染并造成经济损失（图1）。有时溢出的原油会洒落

图1　单井储油罐发生冒罐

到变压器或抽油机上,甚至造成草原着火引起重大的火灾事故。

三、故障原因

淖尔作业区生产油井偏远且分散,偏远油井无法进行集油系统生产,只能利用单井储油罐生产,再利用拉油车辆进行拉运。单井距离员工的值班点有十几公里的路程。由于单井点多面广,十几口油井全部巡到需要四五个小时。为了保证油井正常生产,员工每天都要上罐检尺计量,计量油井的产液情况,确定单井储油罐的拉油时间,保证拉油车辆的拉运原油量。在内蒙古地区,夏季是一个多雨的季节,平均每十几天就下一次大雨。草原道路非常泥泞,雨水汇集后往往把道路冲断,车辆当天无法进入井场拉油。巡井员工也不能及时到达井场对抽油机采取停机措施,导致储油罐发生冒罐事故。

四、故障处理

油井发生冒罐事故主要是原油拉运不及时,同时没有对抽油机采取停机措施所导致的。如果储油罐内的液位达到了安全液位时,能让抽油机自动停机就可避免储油罐发生冒罐的事故。利用浮漂和电路系统进行模拟试验,试验结果完全可以达到预期。于是在储油罐上安装了能起到防爆作用的浮球液位控制器。当液位达到一定高度后浮漂上移,使电路控制系统通电,进而使抽油机停止运转。

1. 浮球液位控制器

浮球液位控制器(图2)工作原理是利用浮球调节杆设定浮球在安全液位上限的位置。利用平衡块来调节平衡杆,使平衡杆处在水平位置。当液位

图2 浮球液位控制器

1—浮球;2—浮球调节杆;3—平衡块;4—平衡杆;5—强磁杆;6—防爆磁钢罩

到达上限后触发浮球上浮,使强磁杆发生位移,防爆磁钢罩内的磁动开关动作接通抽油机配电装置内的保护开关,使抽油机电动机断电达到及时停机的目的。

2. 磁感应液位计

在储油罐内加装一个磁感应液位计(图3)。液位计上安装有浮球,能根据液位的高低上下浮动。磁感应液位计的浮球内部放置有磁束单元,液位计由一系列的磁感应模块组成,当浮球和磁束单元随液位变化时,在磁束单元作用下,液位传感器的磁感应模块对应点动作,输出叠加的电阻变化信号,再经过变送器把电阻信号转换成4~20mA电流输出或其他信号输出。该信号可输入到液位显示器上,能直观地看到罐内液位。

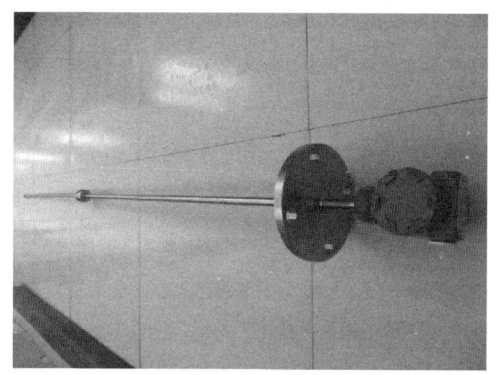

图3 磁感应液位计

3. RTU远程系统

在井场安装远程监控配电柜(图4)。配电柜内安装有RTU远程测控终

图4 远程监控柜

端、电源模块、液位显示器、停机报警系统等。将液位显器、停机报警系统与 RTU 连接，通过服务器显示在电脑或手机上。可以随时远程了解油罐的液位或抽油机的启停状态。为拉油提前做好准备也防止了原油发生冒罐的事故。

浮球控制器及液位计（图5）全部采用不锈钢耐腐蚀材料，提高了该设备的使用寿命。防冒装置数据采集精度高，油罐防冒性能好，使用更加安全可靠。同时还能将液位数据远传实现了数字化管理。

图5 安装浮球控制器及液位计

五、应用效果

通过安装浮球液位控制器及液位计，能够彻底解决单井储油罐在不能及时拉运原油的情况下导致的冒罐事故，避免了环境污染及原油产量的损失。

1. 经济效益

油罐发生冒罐后清理油罐费用为 2000 元/次。

草原污染治理费用 400 元/m^2，污染面积至少 $100m^2$，$400×100 = 4$（万元）。

污油泥处理费用为 800 元/t，每次清理污油泥为 3t，$800×3=2400$(元)。

每次冒罐大约有 3t 原油溢出，原油单价为 3142 元/t，$3×3142 = 9426.9$（元）。

共计创效 $2000+40000+2400+9426.9=53826.9$（元）。

2. 社会效益

该装置能在现场直接观察到油罐内的液位高度，避免了每天上罐量油，提高了安全系数。节省了人力，降低了员工的劳动强度，确保了单井储油罐的安全生产。

六、技术创新点

该装置主要是防止储油罐液位高于安全液位后发生冒罐。当液位达到一定高度后顶起浮球,浮球触动强磁杆,强磁杆推动磁性开关使抽油机断电停机。其次是利用磁感应液位计,能将液位显示在一次和二次仪表上,同时还能将液位数据通过 RTU 传送到电脑平台上,实现了远程监控。

管线温度计插孔堵塞处理方法

唐延军　朱国玉

(华北油田第四采油厂)

一、问题的提出

油气田生产现场,各种油、气、水管线上的温度计插孔,内部经常被破损的温度计堵塞。室外的温度计插孔长期使用,锈蚀、尘土的落入也使其深度变浅。受其空间限制,清理十分不便。插孔堵塞易造成温度计不能插到位而导致测量的温度值不准确。特别是在冬季生产中,还存在很大的安全隐患,或因不能很好地控制温度,增加了加热炉燃料的使用量,造成浪费。以往大多以预防为主,例如在温度计上缠胶带、使用温度计护套等。这些措施只能确保破损的温度计留在插孔内。因此,急需研制一套可以方便清理温度计插孔的工具,可以清理插孔内堵塞物,恢复其功能。

二、故障现象及原因

油气管线温度计插孔内有破碎的玻璃温度计,新温度计插不进去或插不到位,温度计计量不准确,读取生产数据误差大。

三、故障处理

通过对泉二站三个计量站、一个联合站的现场调查。油、气、水管线上的温度计插孔被堵塞,使温度计插不进或插不到位的插孔约占总插孔数的三分之一。插孔内堵塞物的主要是破碎的温度计玻璃棒和少量的铁锈和尘土。破碎的温度计玻璃棒,硬度大且与插孔的间隙很小,很难完整取出。解决这一问题的方法是将玻璃棒破碎后取出。最初将坚硬的细合金棒插进插孔内采用撬、砸等方法,但是效果不好,不但不能取出破碎的温度计,反而使破碎物越压越紧。从冲击钻破碎墙壁的功能得到启发,利用冲击冲头的破碎功能,将其装在手电钻上,可以很好地破碎插孔内的堵塞物。但使用过程中发现,手电钻转速太快,在破碎过程中对插孔内壁有一定的损伤,可能造成管线穿孔,存在安全隐患,并且插孔内堵塞物仍然无法完全清除干净。利用冲击钻头的破碎功能,制作了温度计插孔清理工具,如图1所示。

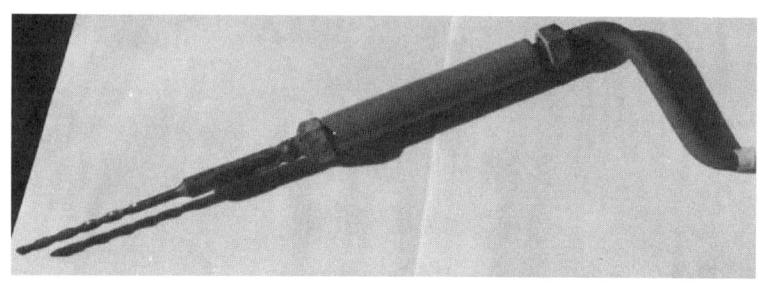

图1 插孔堵塞物破碎工具

该工具全长400mm,前部为一个直径6mm或8mm、长150mm冲击钻头,后部为钢筋和钢管焊接的摇把。根据温度计插孔大小不同,可选用不同直径的冲击钻头。使用时将冲击钻头插入温度计插孔内,由操作人控制力度旋转摇把,一边转动一边向下用力,能有效将温度计插孔内的破损温度计玻璃体破碎,对插孔内的其他堵塞物也有同样效果。

将插孔内堵塞物破碎后,面临的问题是如何快速便捷地将插孔内的堵塞物清理出来。借鉴土样取出器的工作原理和结构(图2),设计制作了温度计插孔堵塞物取出工具。可利用钢、铜、铝管自制工具,工具全长20cm,外径有0.8cm和1.0cm两种规格,前部加工开口利于堵塞物进入管内,同时做收口设计可阻止进入管内的堵塞物脱落,增加每一次的堵塞物清理数量,在前部2~3cm处开口,便于工具管内堵塞物的清理(图3)。使用时,将堵塞物取出器插入经由堵塞物破碎器破碎后的温度计插孔内,转动摇把,堵塞物进入取出器管内,达到一定深度时拔出取出器,可将插孔内堵塞物带出,为确保清理效果可重复操作几次。

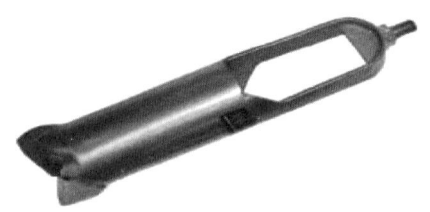

图2 土样取出器

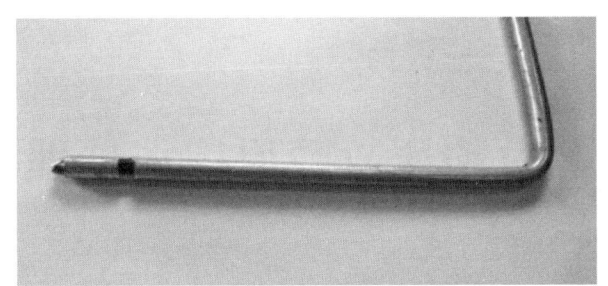

图3 插孔堵塞物取出器

四、应用效果

温度计插孔清理工具在泉二站的油、水管线上被堵塞温度计插孔进行了试用,其中伴热水管线8处、油管线13处,均取得了良好效果,清理后温度计插入深度增加30~60mm,达到深度要求。这种插孔清理工具适用于大多数温度计、温度变送器等测量仪表细小孔洞的堵塞物清理工作。

五、技术创新点

温度计插孔清理工具利用冲击钻头的硬物破碎功能,粉碎插孔内遗留的碎温度计,使其便于取出,借鉴土样取出器结构自制堵塞物取出工具,可方便快捷取出温度计插孔中的堵塞物,解决生产中一个小难题。

井口超压故障原因与处理

方 群 万金华 陈国光

(华北油田第四采油厂)

一、问题的提出

采油树是采油工日常维护的重点设施,在环保新形势下,井场不能有落地原油。但是,目前生产现场仍然存在不法分子盗关阀门、油井日常维护操作不当等导致的井口采油树超压故障,造成光杆密封器密封填料或者回压垫子刺漏,发生环境污染的问题。

二、故障现象

抽油井超压后,井口密封填料或者回压阀门垫子会发生泄漏,巡查人员如果及时发现可以采取直接停机,更换密封填料或者回压阀门垫子,但是如果发现不及时,原油将会持续从光杆密封器处或者回压阀门垫子处刺出,造成原油泄漏,发生大面积环境污染。虽然在生产现场已经安装抽油机井生产状态监控的设备,但是没有抽油机井口超压后立即停机的功能。

三、故障原因

一是采油工日常巡井周期是 4h,单井回压高时不能及时发现并采取有效措施,造成油井超压;二是油井日常生产中经常利用憋压曲线解释泵况,通过定期测取憋压曲线进行定性分析,根据流体传压理论,泵况不同反映出的压力变化规律是不一样的,按照规定产量高的 A 类油井,每月测憋压曲线,产能高的油井回压瞬间达到 3MPa 以上,停井不及时造成井口超压;三是生产井存在着非生产人员关闭回压阀门偷盗原油的事件,如果未及时发现,易造成井口超压,使密封填料、回压阀门垫子刺漏,发生井场污染事故,产生临赔费。

四、故障处理

通过现场调查发现,超压问题不能及时发现的原因主要是:员工巡井周期是固定的;非生产人员破坏的情况是随机性的,无规律可循;油井测试憋压曲线的周期是固定的。在没有新工艺与设备引入的条件下,研制应用在采油生产中的一种超压切断系统,是解决问题的有效办法。

1. 研制目标及系统组成

1) 目标

在井口安装一个压力读取装置及智能通信系统,当井口压力超过预设压力值后,智能系统发出两个动作指令,通过 GSM 模块对抽油机配电柜的综合智能保护器发出断开信号,达到抽油机停止运行并且第一时间通知值班人员油井压力值异常关井的目标。

2) 系统组成

该系统由井口压力监控系统和无线电路切断系统两个控制模块组成,并处在一个无线通信网络中。压力监控系统安装在抽油机井口、无线电路切断系统安装在配电柜内。

井口压力监控系统:由电接点压力表和无线传输模块组成。

由于抽油机处于一个连续运动的状态,压力是持续不断的,借助电接点压力表可以对被测压力系统实现自动控制。同时,为了进一步减少工作量,使用遥控器接收电接点压力表的触点信号,再将信号传输给遥控接收器。将电接点压力表(量程为 4MPa)安装在井口压力录取阀门上。电接点压力表的两个接点与一个无线传输模块的两个常开触点连接。当压力上升至预设压力时,电接点压力表的两个电接点闭合,即无线传输模块的常开触点接通,无线传输模块向另一个模块(无线电路切断模块)发出指令信号(图1)。

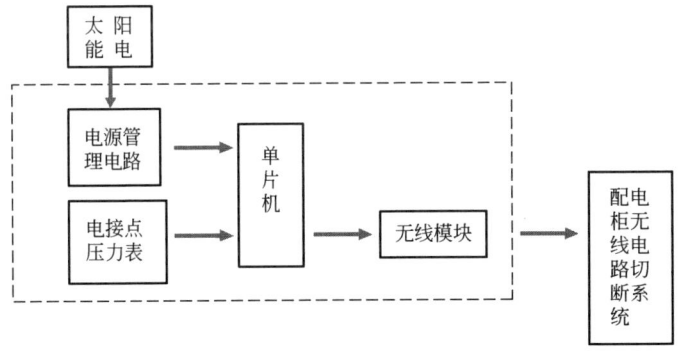

图1 井口压力监控系统

无线电路切断系统：由无线接收模块、电路切断模块、GSM 短信模块等 3 部分组成。当无线接收模块接收到指令信号后，与电路切断模块的断电器常开触点断开，即抽油机控制电路断开，抽油机停止运转。同时，GSM 短信模块向预设的相关人员发送抽油机停止运转信息（图2）。

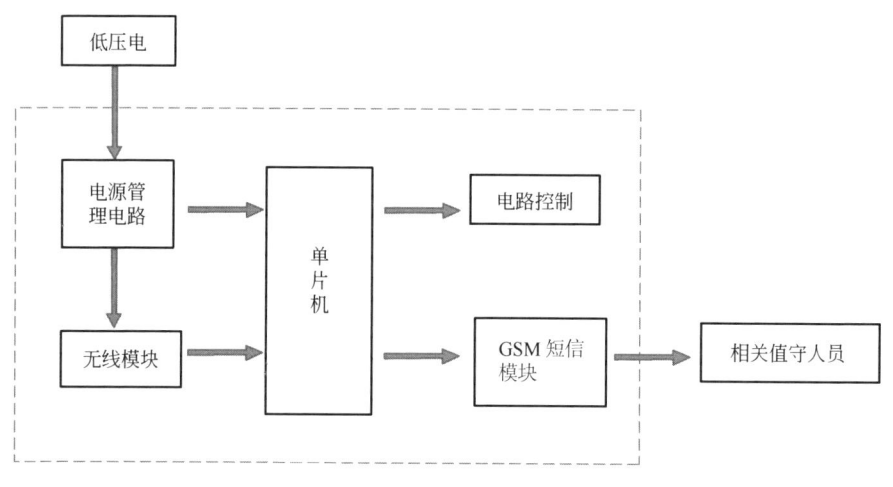

图 2　无线电路切断系统

2. 系统报警简易流程

电接点压力表安装在井口采油树测压阀门处，可时时监测井口压力变化情况，当井口压力值超过预设压力值，电接点压力表触点动作，带动遥控器触点动作，配电柜内的遥控接收器接到指令，通过 GSM 短信模块发出报警短信的同时，抽油机智能保护器动作使抽油机停止运转。接收到报警短信的值班人员及时去现场处理问题，使油井恢复正常生产。

3. 装置现场使用

现场使用时，先将井口压力监控系统（图3）连接到井口压力录取阀门处，再将无线电路切断系统（图4）装入抽油机配柜内，与电动机启停控制线路串联。油井在正常生产时，压力监控系统不发出指令。当井口压力超出预设压力后，电接点压力表的指针电极与高限位的电极接触，压力监控系统内的无线通信模块内的常开触点闭合，即向配电柜内的无线电路切断系统发出指令，使抽油机停止运转的同时 GSM 短信模块向相关值守人员发出"××井压力异常停井"的短信通知。值守人员收到信息后，及时赶赴现场处理。

图3 井口压力监控系统

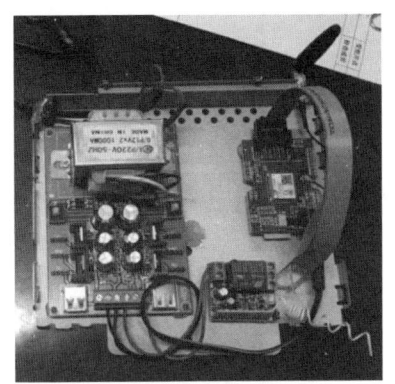

图4 无线电路切断系统

五、应用效果

将井口压力监控系统应用于第四采油厂，进行测试憋压曲线操作时，憋压值达到高限值时能自动停机，现场由两人操作变成一人操作，节省劳动力的同时消除了井口超压造成的油气泄漏隐患。未使用装置前非生产人员破坏或者员工误操作造成井口憋压故障，从发现到处理平均需要5h，使用装置后仅需10min，提高了开井时率，平均单井单次减少产量损失0.5t。冬季井口回压值超过规定压力值时能及时停机并给岗位员工发送报警短信，杜绝了抽油机井井口采油树超压造成的井口跑油现象，杜绝了环境污染隐患，节约了土地临赔费。

装置使用后累计创效4.6万元（表1）。

表1 装置使用前后效果对比表

类别	措施前					措施后					对比
	非生产人员破坏	管线冻堵	管线结蜡	稠油井	累计	非生产人员破坏	管线冻堵	管线结蜡	稠油井	累计	
井次	10	10	18	12	50	5	11	16	10	42	
处理时间（h/井次）	4.98	4.00	1.46	2.50	2.92	1.40	1.00	0.50	0.70	0.90	-2.02
影响产量（t/井次）	1.12	0.32	0.19	0.23	0.47	0.31	0.08	0.07	0.06	0.13	-0.33
创效	依据2018年厂吨油成本3316元/t计算，累计创新=0.33×42×3316=4.6(万元)										

六、技术创新点

实时监控井口压力变化情况,出现超压故障时可停机、报警,消除安全隐患,防止环境污染,提高了控制效率,提高了作业区采油时率,可拆卸式的安装方式适用于任何抽油机井(专利号:ZL2018 2 0927057.X)。

无人值守油井故障不能及时发现的原因及对策

张文超[1]　赵亚峰[2]　李春莲[2]

(1 华北油田第三采油厂；2 华北油田第四采油厂)

一、问题的提出

第四采油厂在油田开发中，存在大量的小面积开发区块，各区块零散分布，井与井之间距离较远，这种零散的布井方式，给油井的管理和抽油机运行状态的监控带来了很多困难。如果每口井都有人看管，人力成本高，而且因用工总量的限制，也没有足够的员工。如果井场无专人看井，生产单位就无法及时了解抽油机运行状态，当油井发生光杆断脱、井口跑油等故障时，工作人员因不能在第一时间发现而采取相应的处理措施，不但会造成产量损失，而且还会造成生产事故和大面积漏油等环境污染。

二、故障现象

因零散井无人看管，当油井出现光杆断脱、井口跑油等故障后，工作人员不能在第一时间及时发现，就会造成大面积漏油事故，环境污染比较严重。给这些零散油井的生产管理造成较大被动和困难。

三、故障原因

当油井出现光杆断脱、井口跑油等故障后，工作人员不能在第一时间发现，从而造成处理事故时间滞后，导致污染事件发生。

四、故障处理

针对边远零散油井在生产管理中存在的这一难题，研发了一种油井生产状态远程监控系统（图1、图2）。该系统可以实时监测到油井及抽油机的运行情况,当油井或抽油机出现漏油等故障时,能及时发出故障信号,第一时间提示值班人员。

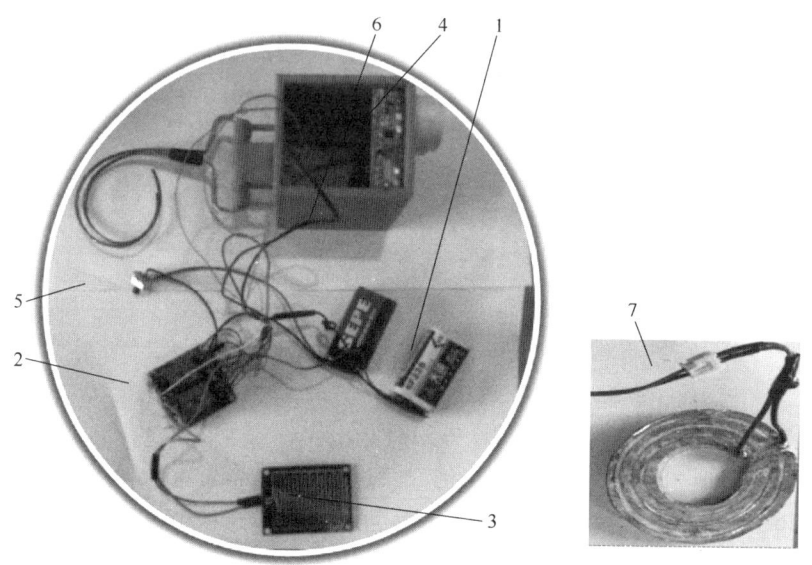

图 1　远程监测系统组装图

1—电池；2—GSM 模块；3—太阳能电池板；4—壳体；5—开关；6—单片机；7—密封填料刺漏传感器

图 2　远程监控系统在井场的应用

1—井口远程监控系统；2—信号传输线；3—密封填料刺漏传感器；4—光杆密封器

1. 油井生产状态远程监控系统设计思路

使用能够从市场上采购到的仪表配件，制造一个监测仪器。监测仪器以太阳能板为能源动力，对油井及抽油机的运行状态进行监测。当抽油机出现故障停机时，监测仪器会发出抽油机停止运转的信号；当油井不出液，光杆因为干磨而发热，监测仪器利用温度监测装置，发出油井不出液的信号；当井口发生刺漏时，监测仪器就会发出油井漏油的信号。当油井在生产过程中发生故障或抽油机运行过程中出现以上异常状况时，监测仪发送信号传递给中央处理器，中央处理器对收到的不同的传感器发来的开关量和变量信号进行分析，并将分析结构输出给GSM模块。GSM模块对检测的信号分析整理以短信的形式传递到值班人员的手机上，当班人员根据信息的提示，及时采取相应的措施排除油井运行过程中的故障。

油井生产状态远程监控系统的工作原理：当刺漏传感器、六轴陀螺仪、可调振动传感器、温度传感器检测到油井生产异常时，发送电信号给中央处理器—STM32单片机，经过单片机分析后，输出给GSM模块，GSM模块发送相应短信信息给手机终端（图3）。

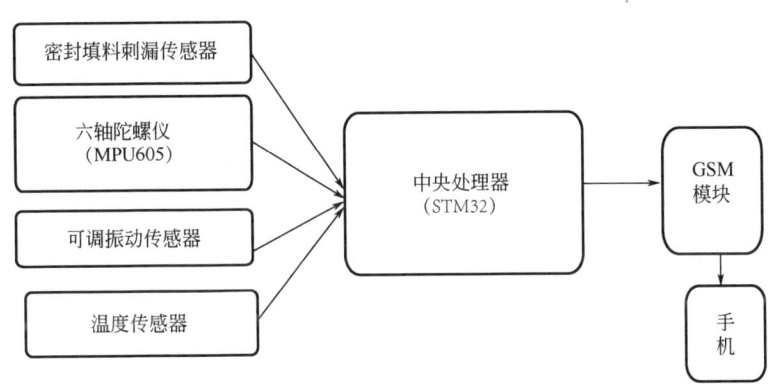

图3 系统工作原理图

2. 油井生产状态远程监控系统结构特征及功能

油井生产状态远程监控系统主要由密封填料刺漏探测器、六轴陀螺仪、可调振动传感器、温度传感器、模块线路板、太阳能供电单元、光杆固定卡子、壳体及连接部件组成。

安装方式：系统主体通过光杆连接卡将系统主体固定在光杆上，密封填料刺漏探测器触发杆安装在驴头下死点，光杆密封器上平面4~6mm位置，太阳能板安装在系统主体之上（图4）。

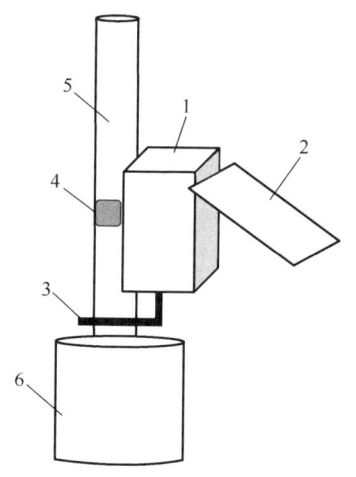

图 4 监测装置的安装示意图
1—系统主体；2—太阳能板；3—密封填料刺漏探测器；
4—光杆连接卡；5—光杆；6—光杆密封器

系统线路及电源部分集中安装在壳体内，太阳能板安装在壳体外，壳体通过光杆卡子卡在光杆上。当抽油机处于下死点时，将壳体安装在光杆上。密封填料刺漏探测器下平面处于光杆密封器上平面的最近位置。当密封填料发生刺漏时，刺漏的原油和气体触动探测器，探测器连杆动作，触动磁控开关，磁控开关发送开关量给单片机，单片机整理出井口油气泄漏的信号，并以短信的形式发送给值班人员，实现油气泄漏的报警功能。磁控复位开关用于系统复位。鉴于油气生产场所的特殊性，监测系统为防爆设计。

油井生产状态远程监控系统所需的能源。为了保障系统的能量供给和用电安全，仪表所需的电源为 2.5V 的充电电池，由太阳能板提供充电，不需要经常更换电池，既减少成本支出，又降低了员工的工作量。

抽油机运转状况的监测。监测仪器利用六轴陀螺仪随物体的位移发生移动的特性，来检测抽油机是否正常运转，监控系统的壳体安装在光杆上，抽油机正常运转时，随着光杆上下运动，六轴陀螺仪不停地检测自身位移变换情况，如果相位不停变化，单片机则认为抽油机运行正常，如果光杆突然静止，陀螺仪不能发送位移数据给单片机，则单片机认为抽油机停止运行，并向值班人员的手机中发出抽油机已经停止的信号，实现抽油机运行状态监测的功能。

油井发生砂卡、蜡卡故障的监测。利用抽油机正常运行时，光杆平稳运行，当油井发生砂卡、蜡卡事故时，光杆就会发生剧烈振动的特点，将振动传感器安装在监控系统内,振动传感器的振动幅度设置在一定的安全范围内。在油井正常生产时不产生动作,当发生抽油杆、抽油泵砂卡或蜡卡故障时,光杆的振动幅度就会加大,当振动幅度超出设定的安全振动幅度时,振动传感器就将开关量发送给单片机,单片机再以短信的方式通知值班人员,完成油井砂卡、蜡卡的监测工作。

油井不出液的监测。油井不出液,说明抽油机或油层发生故障,如果不能及时发现和采取措施,就会造成抽油机长期无效运行,既浪费电能,又可能对抽油机造成损坏。油井长期不出液的另一个危害是造成抽油井的光杆与光杆密封器内密封填料干磨,光杆产生高温,高温导致光杆密封器内密封填料损坏,油气外泄,出现污染事件。为了能让员工及时了解油井的出液情况,在监控系统内装有温度传感器,实现了对光杆温度进行时时监测,当光杆的温度升到一定值时,温度传感器就会将发送开关量给单片机,再以短信的方式通知值班人员,使相关人员能够及时查找出油井不出液的原因,并采取相应的措施,从而恢复油井的正常生产。

五、应用效果

油井生产状态远程监控系统于2018年6月研制完成后,分别安装于安41-4井、安41-45井、京265-1井、京703井进行试验,至8月为止,报警器工作次数为94次,有效报警90次,试验4个月内,未发生一起大面积漏油事件,隐患治理次数为零(表1)。

表1 2018年7—10月报警器报警次数统计

井号	2018年7月				2018年8月				2018年9月				2018年10月			
	渗漏次数	报警次数	漏报	雨天误报	渗漏次数	报警次数	漏报	雨天误报	渗漏次数	报警次数	漏报	雨天误报	渗漏次数	报警次数	漏报	雨天误报
安41-4	6	6	0	0	7	8	0	1	6	6	0	0	6	5	0	0
安41-45	7	6	1	0	5	5	0	0	4	4	0	0	5	5	0	0
京265-1	7	8	0	1	6	7	0	1	5	5	0	0	6	6	0	0
京703	5	6	0	0	5	5	0	0	6	7	0	1	5	5	0	0

1. 经济效益

根据平均百井每月不能及时发现渗漏23次,需要进行隐患整改,平均每次支付的整改费用为120元。

(1)成本:百口井年成本=百井每月成本×渗漏次数×12个月=120×23×12=3.312(万元);全厂共627口无人看管油井,全厂总井年成本=百井年成本×全厂井数÷100=3.312×627÷100=20.77(万元)。

（2）经调查测算，平均每口油井能防止漏油 0.17t，按照吨油价格 3000 元计算，627 口油井产生的经济效益为：3000×0.17×627=31.977(万元)。

（3）当年即可收回成本，并产生效益=31.977-20.77=11.207(万元)。

2. 社会效益

油井生产状态远程监控系统采用了 GSM 模块，只要有手机信号的地方，值班人员就能时刻了解油井及抽油机工作中出现的问题和故障，及时对存在的问题进行处理，保障了油井的正常生产和抽油机平稳运行，实现了远程监控，无人值守的管理运行模式。

六、技术创新点

油井生产状态远程监控系统采用多元化对油井和抽油机进行监测，及时发现油井生产及抽油机运行过程中的故障；实现远程无人检测，发生故障后，通过短信形式将油井运行状态及时告知值班人员，具有传输距离远，信息及时，传递方便的特点。

压力变送器工作异常故障与处理

刘美红

(华北油田第三采油厂)

一、问题的提出

随着华北油田第三采油厂数字化油田建设的不断深入,自动化设备、设施相继投运,油井使用的压力表都改为了压力变送器。单井压力变送器的工作环境在野外,因工作环境恶劣,经常出现故障,使油井生产数据不能实时传输回中控室,甚至传回假数据,误导地质工程师对生产数据及地质情况造成错误判断,严重影响了油田的正常工作。

二、故障现象

生产系统工作正常,但压力变送器读数不变或为零(特别是在冬季),数字化运维员工在现场检查压力变送器时发现,有时经过压力表阀放空后压力变送器恢复正常工作(图1),将在压力表阀处放空没有恢复正常工作的压力变送器拆下来,经过仔细清洗压力变送器的导压孔后,也能恢复正常工作,故而判断压力变送器不能正常工作故障为导压管、压力表阀或导压孔堵塞造成的(图2)。

图1 现场放空图

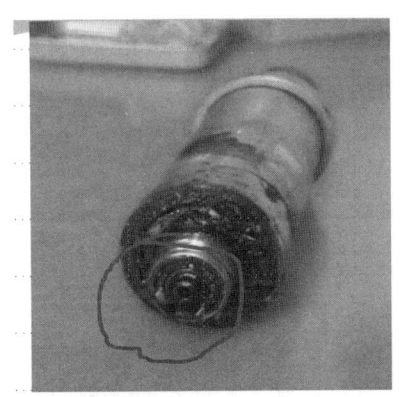

图2 堵塞的导压孔

三、故障原因

1. 压力变送器工作原理

压力变送器将测压元件传感器感受到的气体、液体等压力参数转变成标准的电信号,以供给指示报警仪、记录仪、调节器等二次仪表进行测量、指示和过程调节。

2. 原因分析

压力变送器长期在野外环境工作,由于引压管较长,管内的原油不能置换,原油中的轻组分挥发后使原油凝结,造成传感器测量孔堵塞(这也是多年来压力表应用中常见的问题);另外,由于引压管较长故而散热快,压力表阀的材料是钢材散热也快,这样导致引压管、压力表阀内原油温度较低,另外压力表阀的内孔也比较小,这都是造成传感器测量孔堵塞的根本原因(图3)。

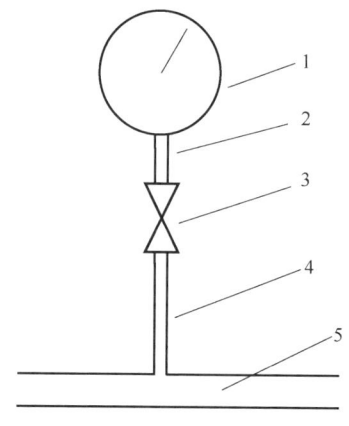

图3 工作现状示意图
1—压力表;2—导压孔;3—压力表阀;4—引压管;5—油管线

四、故障处理

针对压力变送器数值为零、数值不变这一故障,运维操作员工发现在冬季引压管和压力表阀位置冻结形成死油的情况比较多,而在夏天则是压力表阀和压力变送器导压孔位置原油轻质成分挥发后形成沥青质的死油情况较多。运维操作员工对压力变送器进行拆解分析,使用放大镜对压力变送器导压孔进行仔细观察,用针管灌注酒精对压力变送器导压孔进行多次清洗,最终确定绝大多数压力变送器为导压孔堵塞而造成测试值为零或数值不变。针对这一故障，经过反复摸索、试验，研制出传导介质为变压器油的液体隔离阀，成功解决了传感器导压孔被原油堵塞的问题。

工作原理：采用缸套、活塞原理，取一段圆管，在圆管中放置一个活塞，活塞的一端为被测液体，活塞的另一端放置变压器油作为测量时的传导介质（图4、图5）。

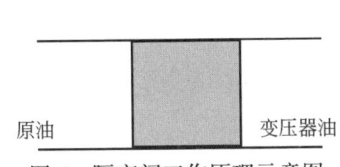

图4 隔离阀工作原理示意图

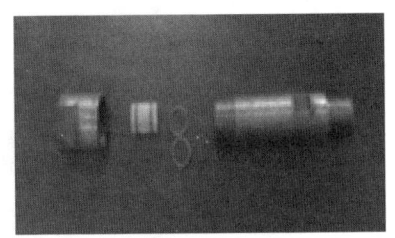

图5 隔离阀实物图

在楚28井安装试验，将液体隔离阀安装在压力表阀与压力变送器之间，有阀门便于控制，以便于试验、拆装（图6、图7）。

图6 现场试验图

图7 现场安装

该液体隔离阀在楚28井试应用27d，从没发生压力变送器数值为零或数值不变的故障，考虑到天气因素，还有液体隔离阀安装在压力表阀后，距输油管线较远，在确定试验成功后和确保安全的前提下，又对安装位置进行了调整，在29-1、29-14井将原来焊接在油管线上的4分短节去掉，将液体隔离阀直接焊在油管线上，并伸进油管线3mm（图8），以保证在油管线管壁以外的传导介质都为变压器油，成功解决了传感器内原油因长时间无法置换而导致压力变送器不能正常工作的难题。

图 8　改进后安装图

五、应用效果

液体隔离阀先后在 7 口油井进行试验、改进，经过观察和对比发现，使用液体隔离阀的压力变送器再没发生压力数值为零或数值不变的故障出现。

1. 经济效益

一口井按每年放空 100kg 计算，饶阳工区 192 口井如果每个压力变送器都要进行放空的话，年损失原油：$0.1 \times 192 = 19.2t$，原油按 3000 元/t 计算，$19.2 \times 3000 = 57600$ 元，工区年可增效 5.76 万元。

2. 社会效益

（1）因液体隔离阀具有单向阀的作用，且存储的传导液体较少，即使操作员工失误也不会造成事故。

（2）有了液体隔离阀后，员工不用因压力变送器故障再频繁放空，放空时即使回收了原油液体，但天然气气体将弥散在空气中造成环境污染。在更换压力变送器时，泄压的微量变压器油还可回收。

（3）使工程、地质人员能够及时掌握生产数据，有效保障了原油生产的正常运行。

六、技术创新点

采用变压器油代替原油，将传导介质变为密度小、不易凝固的变压器油，有效保障了压力变送器的正常运行。

油井故障手机远程诊断及处理

闻 伟 张金霞 周 瑞

（华北油田第二采油厂）

一、问题的提出

目前油井生产管理中，有两个问题制约油井的高效运行，一是故障停井需要依靠员工巡井发现，由于油井存在地理位置分散、偏远的特性，即使员工严格按制度要求巡井，也无法及时发现油井故障停井；二是间开井管理中，为实现提质增效，需要在夜间用电谷时段开井，开井几个小时后，又需要员工去停井，而此时多在后半夜至凌晨，有些井距较远，增加了员工的劳动强度。

二、故障现象

由于巡检范围大，偏远井不能及时发现设备故障而采取相应措施，而造成设备损坏，甚至发生翻机的事故，尤其夜间抽油机出现设备故障停井，瞬间停电停井更不易发现，即便发现故障，夜间及寒冷的冬季骑车启停井存在很多的安全隐患（图1、图2）。

图1 员工夜间骑车巡井

图 2　雪天骑车巡井员工

三、故障原因

华北油田第二采油厂文西作业区,油井分散面积大,依托用地方供电,经常出现瞬间停电,同时每个计量站有多条线路,有时站内有电,站外停电。抽油机配电箱的电器元件因使用时间长、线路老化、雨季易发生短路,造成停井。抽油机的皮带由于老化等原因造成电动机空转,抽油机各部位零件出现故障未及时发现,造成曲柄销子的脱出、减速箱齿轮打坏等故障。为及时发现上述故障,以便采取相应的措施,研制了油井故障手机远程检测与报警装置。

四、故障处理

油井故障手机远程检测与报警装置由远程控制集成模块、继电器模块、供电模块和手机终端等组成。

1. 远程控制集成模块

通过安装数据采集模块、中央处理器、无线收发模块,将分散、偏远油井的运转参数实时无线远传,如图 3 所示。远程控制集成模块包括用于采集皮带运转状态的霍尔传感器、用于采集执行模块工作状态的接近开关传感器和用于采集配电箱工作状态的监控报警器,以及中央处理器和无线收发模块,由此实现通过控制终端查询接收抽油现场中的配电箱、执行模块的工作状态和皮带运转状态。该项目中的远程控制集成模块实现了抽油机井数据采集、传输以及接收信息、无线报警的功能。

2. 电源

将 220V 交流电通过电源开关,经过整流、滤波得到 12V 直流电压(图 4)。

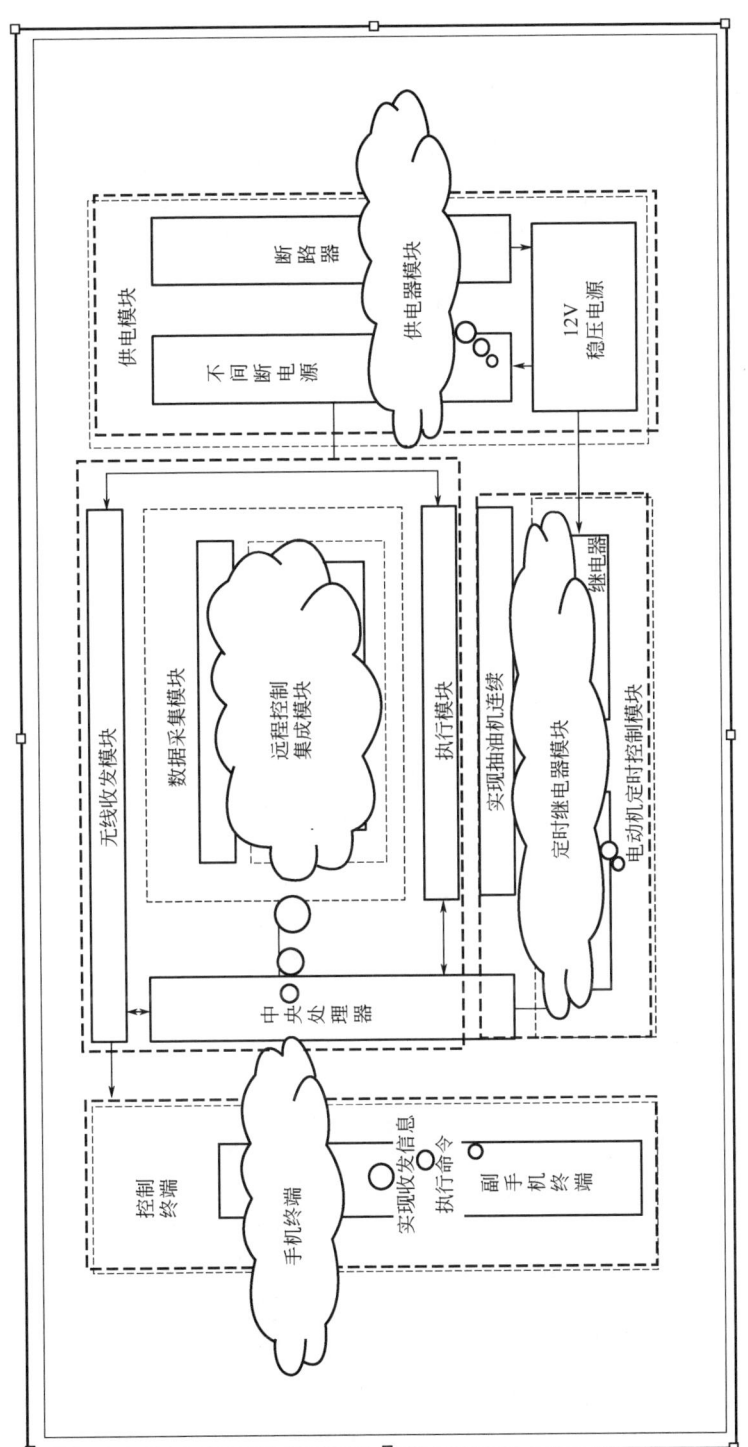

图 3 配电盘的结构图

图 4 交直流转换电源

3. 继电器模块

通过安装220V继电器模块（图5）、12V继电器模块（图6）和时间继电器（图7）。继电器模块实现了抽油机定时开关，皮带烧断后中央处理器内部程序会控制时间继电器动作，从而使电动机在10s后自动停止运转，防止电动机空转危害。

图 5 220V 继电器模块

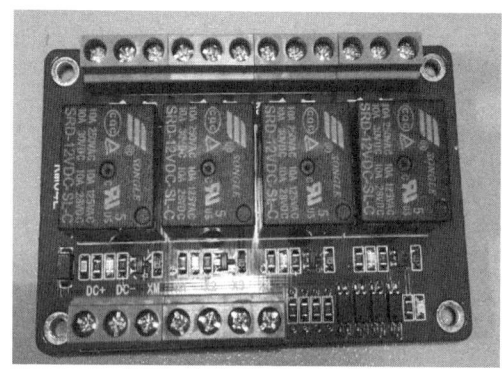

图 6 12V 继电器模块

图 7　时间继电器

4. 手机终端

通过安装 GSM 模块检测无线远程控制，实现远程查询、接收抽油机现场工作状态，通过手机接收油井报警信息，利用手机短信来发送命令，实施电动机远程监控，从而实现了井场无人值守的智能自动化控制（图 8）。

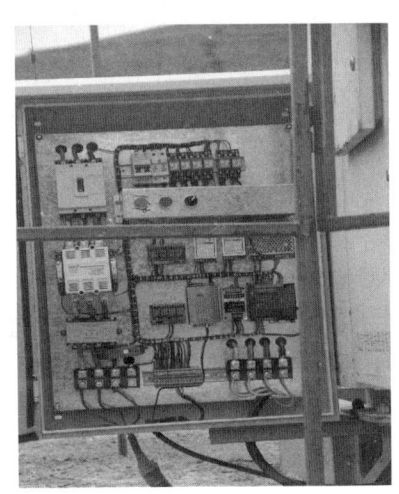

图 8　现场安装

GSM 模块工作原理：GSM 短信控制器是一种基于 SMS 服务的网络设备，能够支持用户通过手机编辑短信、发送短信信息指令远程控制电气设备进行工作，从而实现无人值守场所自动化控制。模块可以控制 5 路继电器，分别为 Y1、Y2、Y3、Y4 和 Y5，其中，Y1 至 Y4 都引出 3 个端子，COM 为公共触点，连接回路时，如果是常开回路，则一端接常开触点，另外一端接 COM 触点，5 路继电器最高可以控制直流 25V 和交流 220V，最大通电电流为 10A。主要利用无线信号控制模块中的继电器来满足远程操作要求。短信控制器作为一种无线远程控制设备，使用 SMS 服务，使得其能够无局域限制，主要特点如下。

（1）霍尔运行监控模式：具有抽油机来电、停电报警提示、电气故障、电缆防锯断报警提示。皮带烧断后 10s 后自动电动机停转报警提示（时间可自设）。

（2）适用于谷时段运行的间开井，可实现人工开井自动停井功能，时间可设定 0~99h，可以设定时间继电器自动停井，也可利用霍尔运行监控模块远程操作停井，它还包括霍尔运行监控模式所有的功能。

（3）可远程查询抽油机当前的运行工况。

（4）可转换成常规运行模式下启、停抽油机。

五、应用效果

1. 经济效益

自 2018 年推广使用，现在共加工了 32 套，在华北油田第二采油厂 5 个采油作业区的偏远井上应用。投入使用以来共发现故障停井 66 次，因而提高开井时率，增产 28t，吨油价格按 2003 元计算，增油效益：28t×2003 元/t = 5.6084 万元；该系统费用每套 3000 元，同类产品 23000 元一套，节约投入成本：23000×32 − 3000×32 = 64（万元）；系统制作成本：3000×32 = 9.6（万元），共创效益：5.6084 万元 + 64 万元 − 9.6 万元 = 60.0084（万元）。

2. 社会效益

减少了员工的工作量，提高了工作效率，解决了边远井原油防盗问题，提高了安全生产系数，实现间开井远程控制停井，降低了用工成本，通过手机就能实时监控油井运行参数，及时发现抽油机故障，降低了井场污染风险。

六、技术创新点

油井故障手机远程检测与报警装置具有抽油机来电、停电报警提示、电气故障、电缆防锯断报警提示、皮带烧断 10s 后自动电动机停转报警等功能提示；对实施间开生产方式的油井能实现自动开关井；可以远程查询抽油机当前的所有现场工况；可转换成常规运行模式下启停抽油机。研究成果已获实用新型专利（专利号：ZL2017 2 0417858.7）。

注水井流量计故障现场判断及处理

唐延军　唐　涛　侯　健

(华北油田第四采油厂)

一、问题提出

注水量和注水压力是注水井生产的两个重要参数和指标,注水井故障首先反映在这两个参数的变化上。因此,发现注水井故障,首先要排除注水仪表是否存在问题,一是校对和更换压力表;二是流量计的检查。寻找快速准确判断流量计计量是否准确的方法,成为生产现场的难题。

二、故障现象

(1) 注水站总流量计计量数据与注水井单井流量计合计水量数据相比较,每天累计值偏差大。

(2) 注水井注入压力突然上升或下降。

(3) 注水井流量计瞬时流量值波动大。

三、故障原因

近年来,随着高压流量自控系统的推广应用,多数注水井的流量计由配水间移到注水井井口。由室内到室外,环境条件变差,流量计的工作原理由叶轮变为磁电感应,使流量计出现问题的概率变大。一般流量计鉴定合格期是1~2年,注水井生产出现问题,确定流量计计量是否准确,是一个比较困难的工作。唯一的途径是拆下后送到专业的具有资质的计量鉴定站标定,但这种方法存在以下3个问题:

(1) 鉴定周期长:一般为10~15d,有些甚至超过20d。在无备用设备的情况下,影响注水井正常注水,同时,也延长了故障的判断处理时间,不利于注水井生产。

(2) 增加生产成本：如果流量计无问题，则增加了不必要的鉴定费用。

(3) 流量计拆装工作难度较大：流量计安装在井口后，拆装时由于井口管线下沉、井口抬高等因素影响，使管线位置错开，拆装困难，有时需要重新改动流程。但高压水井的管线焊接，基层队站无相应资质施工，从而进一步延长停井时间，影响正常注水生产。

四、故障处理

在实际生产过程中，采用了以下3种方法，互为补充来判断注水井流量计是否存在故障。

1. 井下流量计与井口流量计对比法

分注井经常进行各层段注水量的测调工作。利用测调时下入井内的井下流量计与井口流量计的计量数值进行对比。可以判断井口流量计计量是否准确。井下流量计与井口流量计对比法，一般可发现流量相差较大的流量计。因井下流量计计量水量波动相对较大，对比较困难。只能在有测试任务时操作，可做平时验证使用，不能处理突发问题。

2. 标准流量计表头互换法

将一块鉴定合格的流量计作为标准流量计，使用它的表头部分，更换疑似有问题的流量计表头部分（图1）。通过对比两块流量计的计量结果即可检查流量计计量是否准确。具体操作方法如下：

(1) 关闭执行器自控电源，改为手动控制执行器开度。

(2) 待流量稳定记录瞬时流量，拆下原计量表头部分。

(3) 安装标准流量计，待数值稳定后，记录瞬时流量。

(4) 每次取3~4个数值进行对比。

(5) 为增加数值准确度，采用平均值。

图1　表头互换法

在泉 241 断块的多口水井上检查比对流量计计量情况（表1）。通过计算、对比，发现泉 241-31 等 3 口注水井流量计计量差超过流量计精度要求，及时进行更换并送检。

表 1　流量计检查校对统计

序号	井号	配注	原流量计	标准流量计	原流量计	标准流量计	原流量计	标准流量计	误差值	日误差量	流量计允许差值
1	泉 241-33	15	0.5	0.5	0.75	0.76	1.02	1.01	0.01	0.24	0.3
2	泉 241-34	20	0.90	0.92	1.50	1.52	2.00	2.02	-0.02	-0.48	0.40
3	泉 241-31	15	0.50	0.50	1.18	1.16	2.64	2.61	0.03	0.72	0.30
4	泉 241-28	20	0.89	0.91	1.20	1.23	1.77	1.79	-0.02	-0.48	0.40
5	泉 241-9	5	0.21	0.21	0.35	0.35	0.52	0.52	0.00	0.00	0.10
6	泉 241-55	10	0.30	0.30	0.45	0.47	0.80	0.81	0.20	0.48	0.30
7	泉 241-91	25	1.14	1.15	1.65	1.65	2.10	2.11	-0.01	-0.24	0.50

标准表头互换法操作简单、适用性强，可用于日常巡检时的定期检查。但存在无法同时记录两块流量计流量值，准确性较差的缺点。

3. 双流量计对比法

准备一块校验合格的流量计。自制简易流程，由进、出水管线、卡箍、带螺纹的短节组成。将其与合格流量计连接，安装在注水井口采油树生产阀门空头一端，如图 2 所示，关闭采油树总阀门，打开生产阀门，形成水流通道，通过手动调节安装在井口的高压流量自控仪执行器开度，使水流流经两块流量计，记录不同瞬时流量下标准流量计通过 $0.1m^3$ 水量时，原流量计通过的水量。通过计算可以检查对比注水井流量计是否计量准确，表 2 是泉 28-40 井流量计检测数据表，在瞬时流量 $1.0m^3/h$、$1.5m^3/h$ 时，流量计精度测算为 3，已超过流量计 2.0 精度范围，该流量计应送鉴定部门校验。

图 2　双流量计对比法

表 2 泉 28-40 井流量计检测数据表

井号	瞬时流量（标）m³/h	累计流量（标）m³	计量时间 h	累计流量（原）m³	日流量（标）m³	日流量（原）m³	流量差 m³	精度 %
泉28-40	0.50	0.100	0.200	0.102	12.000	12.240	0.240	2
	1.00	0.100	0.100	0.103	24.000	24.720	0.720	3
	1.50	0.100	0.067	0.103	36.000	37.080	1.080	3
	2.00	0.100	0.050	0.102	48.000	48.960	0.960	2

后期又改进了工艺，采用高精度标准流量计，由高压软管连接到井口流量计后端的注水井放空（压力表）阀门上，进一步提高了检测精度。

此方法适用性广、准确度高，可用于对注水量控制较为严格的水井的流量计检测，也可以作为前两种检测方法的复测，以提高检测的准确性。

五、应用效果

以上方法在十几口注水井的故障判断中取得了较好效果，检测了曹31-3x、曹31-10x 分注井流量计的准确性，排除了流量计故障，为水井出砂砂埋故障的判断提供了数据支持；对泉28-40 井流量计检测，发现流量计瞬时流量偏低，及时清洗流量计，恢复流量计计量的准确性。

3 种检查方法相互补充，对注水井流量计进行检查比对，可以有效确定流量计是否计量准确，为更好地分析水井存在问题提供了准确数据，与以往拆下后送鉴定站标定相比较，有以下 3 个优点：

（1）能够快速发现注水井存在的问题，及时解决问题。

（2）提高注水井开井时率。减少因设备问题关井造成的水井欠注问题。

（3）在一个鉴定周期内（2 年），减少了拆装流量计的次数，降低了员工的工作强度，节约了鉴定费用。全年减少不必要流量计校验 15 井次，节约校验费用：15×2300＝34500(元)。

六、技术创新点

将 3 种校验方法配合使用，用校验合格的流量计，制成简易流程，可安装在大多数注水井采油树上，提供了一种较为准确的检查对比方法，可推广应用性强。

智能恒流配水装置表芯拆装故障及处理

李凤申

(新疆油田准东采油厂)

一、问题的提出

昌吉油田吉 7 井区是注水开发的深层稠油区块，注水是油田持续开发的命脉，定期检查、清洗水表芯是提高注水质量的有力保证。2013 年进入滚动开发阶段，至今先后投用 201 口注水井，目前注水流量控制设备为智能恒流配水装置，表芯分为磁电式和叶轮式两种。随着开发年限的推进和注水量的需求不断提升，检查、清洗水表芯作业量增加，操作故障呈上升趋势，严重影响了正常注水。

二、故障现象

（1）操作用时长，需要人员多，检查清洗表芯作业需要 120~240min，并且需要 2~3 人配合完成。

（2）操作不平稳设备损坏。常规取表芯操作需要用敲击表芯端面，导致智能恒流配水装置损坏。

（3）存在安全隐患。由于空间狭小，操作人员敲击操作存安全隐患。

三、故障原因

1. 智能恒流配水装置结构与工作原理

智能恒流配水装置是由连接上流管柱法兰、水表芯、水表固定螺栓、水表本体、连接下流管柱法兰、流量调节器、水表数显屏、数显屏与表芯接头等部件组成（图1）。该装置具有结构紧凑、控制水量精确、操作简便、使用寿命长等特点，广泛应用于橇装注水井设备上。

智能恒流配水装置内部表芯叶轮或磁感应探头将流过表芯的水量传输水

表数显屏并显示注水水量,同时调节器控制表芯开度,控制注入井内水量大小,达到所需要的注水量。

图1 智能恒流配水装置结构图

2.原因分析

1) 工具不配套

智能恒流配水装置安装在注水橇单井注水管线上,用扳手敲击表芯端面使表芯与本体松动,表芯被震出(图2),由于操作人员的敲击力与表芯受力不均,导致水表芯拆卸困难或安装不到位。

2) 操作空间小

注水橇空间狭小,单井管线之间距离在300mm之间,在拆卸表芯时,操作人员操作困难,需要2~3人配合。

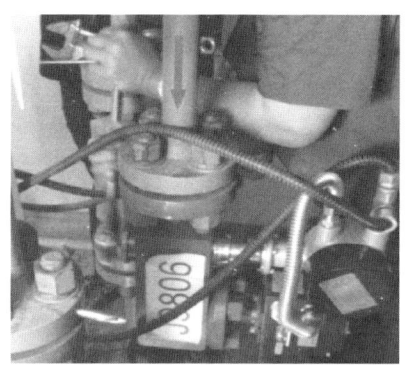

图2 水表芯拆装操作示意图

四、故障处理

针对以上问题,按照改变表芯受力方式,采用中心点受力的思路,研制水表芯拆装工具,取消扳手敲击操作,通过扳手旋转丝杆将表芯推出或推进。

水表芯拆装工具采用分体式设计，由推力顶丝、承力杆、滑动顶板、滑动固定装置、固定承力杆组成。其工作原理是：滑动固定装置将固定承力杆固定在水表本体上，旋转推力顶丝，推动滑动顶板前移，将表芯推动前行，达到取出或安装表芯的目的（图3、图4）。

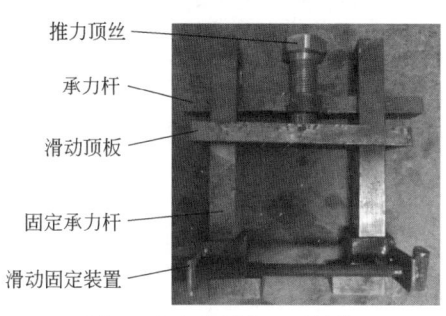 

图3　水表芯拆装工具结构　　　　图4　水表芯拆卸操作图

五、应用效果

水表芯拆装工具目前已加工制作5套，实现了1人操作，作业用时平均缩短2.5h，降低水表的损坏率，提高了注水井注水时率。

1. 经济效益

加工费用：加工制作智能水表芯专用拆装工具5套，600元×5=0.3(万元)；应用专用水表芯拆装工具后，水表损坏比上年少4台，4×2万元=8(万元)。

节约费用：8-0.3=7.7(万元)。

2. 社会效益

消除了水表芯拆卸、安装困难的故障，减少了检查、清洗水表芯操作时间，提高了工作效率，消除了操作安全隐患。

六、技术创新点

水表芯拆装工具采用分体式设计，改变拆卸、安装表芯时的受力方式。

自动控制电路故障原因及处理

门 虎 许立平 马卫东

(新疆油田石西油田作业区)

一、问题的提出

抽油机控制器（RPC）作为油田自动化的主要设备，可实现多路参数的检测。根据参数的变化来控制抽油机的运行，可实现抽油机的空抽、间出、负荷超限、连抽带喷等多种控制。当控制器连接电动机、变压器、继电器、电磁阀等工业电气设备时，这些设备为感性负载，投切时会产生很高的反电势，这不仅可能损坏元件，而且会产生高频的电磁波干扰其他电路，通过电源直接侵入控制器设备中。因为电感线圈中的电流变化必然产生感应电动势，电流变化率越高，产生的感应电动势越大。这种感应电动势的低频分量将通过某种路径传导到探测电路中，而高频分量将会通过辐射而耦合到探测电路中，成为严重的电磁干扰。

二、故障现象

新疆油田使用3种抽油机控制器：ECHO5302、ECHO5303、ECHO5318控制器，在油田大规模停电，抽油机设备在来电启停控制中，ECHO5303、ECHO5318抽油机控制器经常出现设备死机、参数错误、通信故障、抽油机无法启动等现象（图1），而ECHO5302抽油机控制器此类现象较少。

控制器故障主要现象为：

（1）当交流接触器通断时造成I/O总线失效，特别是当交流接触器断电时，最易出现此故障。此故障的现象是显示屏不通信，或主控制器采集数据不变，主控制器STAT灯闪烁，但主控制器COM1、COM2口工作仍正常。

（2）当交流接触器通断时造成主控制器死机复位。此故障的现象是所有的指示灯灭后再亮。这种现象出现的并不频繁，较I/O总线失效少。

（3）当交流接触器通断时造成部分模块（如调理模块、I/O模块等）无法正常工作。此故障的现象是模块数据采集超界或不变，或模块烧坏等。此类故障多出现在与强电连接的模块上。

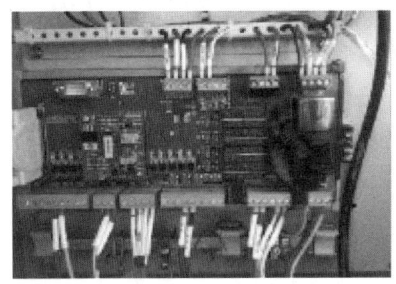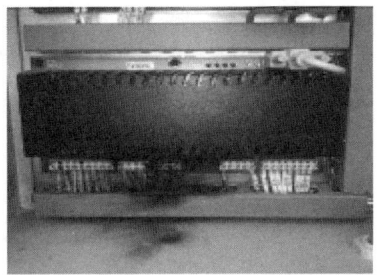

图1 采集控制模拟损坏

三、故障原因

对现场所使用三种控制器控制电路进行分析，ECHO5302抽油机控制器在控制电路采用在控制输出和交流接触器之间加中间继电器的控制方法。其中间继电器加有泄流二极管，用于断电时泄放交流继电器线圈中储存的能量，避免产生高压脉冲（图2）。

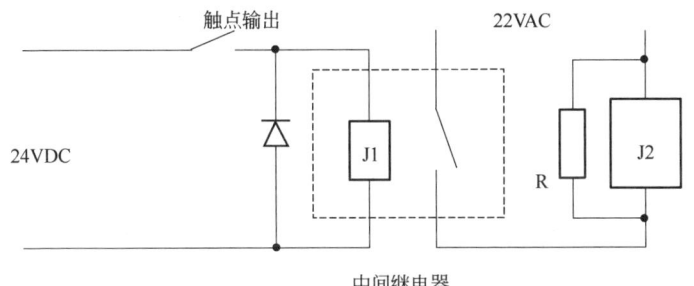

图2 ECHO5302抽油机控制器控制电路

ECHO5303、ECHO5318抽油机控制器在控制电路采用在控制输出和交流接触器之间采用光电隔离固态继电器（Solid State Relay，简称SSR）隔离输出。由于交流接触器等感性负载在通断电时，会在其两端产生反向电压，特别是在其断电时线圈内的能量无法释放，产生很大的反向电压。此反向电压能量不大，持续时间很短，但幅度很高，因此会产生很强的干扰，通过线路或辐射影响控制器的工作。而固态继电器在驱动感性和容性负载时输出电路容易受反向电压和浪涌电流的影响，稳定性差、灵敏度高，易产生误动作（图3）。

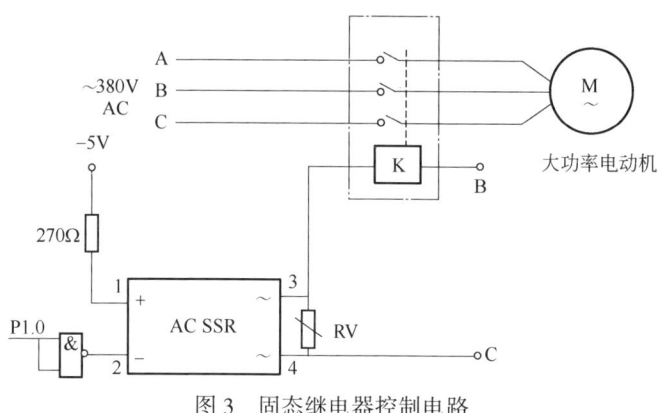

图 3 固态继电器控制电路

四、故障处理

采用以压敏电阻设计过压保护电路,解决 ECHO5303、ECHO5318 两种抽油机控制器易受干扰的问题。

压敏电阻是一种在一定电流电压范围内电阻值随着电压而变的电阻,也称为突波吸收器,是半导体电阻器的一个品种。其作用是:当电路出现过电压时,达到其电压阈值,从而击穿导通电路,当电压正常后,可恢复正常。压敏电阻常用来和电子元件以及保护电路并联,当有过载加载到电路中,压敏电阻就会及时将过载吸收,从而可以让保护电路和电子元件免遭破坏。

1. 反向电压释放器设计

1)压敏电阻选择

交流接触器线圈为 220V 时,压敏电阻在 470V 左右。压敏电阻选择过小则过于灵敏、易损坏;过大则失去保护作用。

2)压敏电阻选择与测试

首先确定抽油机控制器控制电路在线圈工作电压为 220V 交流,在工作范围内选择不同阈值的压敏电阻进行高电压测试(表1)。

表 1 压敏电阻高电压测试表

	型号规格	压敏电压,V	实测反向电压值,V	实测击穿时间,s	动作测试结果	结论
1	CNR J10D531K	458~534	498	∞	工作电压在 234V 时无动作;反向电压为 498V 时 5min 以上无动作	否定

续表

	型号规格	压敏电压，V	实测反向电压值，V	实测击穿时间，s	动作测试结果	结论
2	CNR J10D501K	431~503	498	65	工作电压在234V时无动作；反向电压为498V时65s以上动作	否定
3	CNR J10D471K	404~470	498	1	工作电压在234V时无动作；反向电压为498V时1s内动作	选用
4	CNR J10D381K	323~371	334	1	工作电压在234V时无动作，反向电压后为331V时小于1s动作	否定

根据表中工作电压及动作时间选定 CNR J10D471K 型压敏电阻，在工作电压内保持高阻抗状态，在电压升至电阻耐压值时导通泄压至接地端，可保证工作人员不会因电阻爆裂而被炸伤。

3）电路设计

将压敏电阻分别接入电路启动停止线路中，与接地端跨接。同时可以兼顾启停电路火线、零线中电压变化，安全可靠，保证压敏电阻在反向电压过高时导通接地端进行分压。

该装置组成：控制器触点输出、中间继电器、压敏电阻 R_1、压敏电阻 R_2、控制器接地、压敏电阻 R、交流接触器线圈 J_2（图4）。

其中控制器触点输出、中间继电器、交流接触器线圈 J_2 组成控制回路，用来控制设备的切断和运行。压敏电阻 R_1、压敏电阻 R_2、控制器接地、压敏

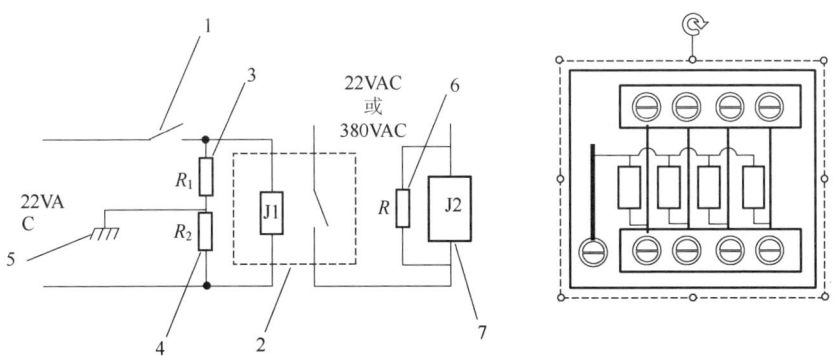

图4 控制器触点输出的保护电路及模块设计图

1—控制器触点输出；2—中间继电器；3—压敏电阻 R_1；
4—压敏电阻 R_2；5—控制器接地；6—压敏电阻 R

电阻 R 在控制回路中组成保护电路，用来将中间继电器、交流接触器线圈 J2 中的反向电压进行泄压，排除对控制器的干扰。

五、应用效果

购置 CNR J10D471K 型压敏电阻，根据线路、模块设计进行制作（图5）。在设备输出端子上通过引脚安装，进行测试，在高电压 500V 时，可以通过压敏电阻泄压，符合设计要求。

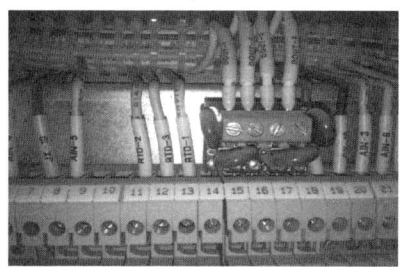

图 5　安装应用

在石西油田、莫北油田现场 200 台 ECHO5303 抽油机控制器进行了安装，经过近年来的使用，所安装的保护装置未发生控制器死机、启停故障等现象。

保护装置的投入使用，有效遏制了因感性负载反向电压造成的经济损失，提高了自动化设备的稳定性。该装置原理及结构简单、安装简单易行，成本仅为 20 元，可以对控制器进行大规模安装、推广使用。

六、技术创新点

当两端的电压等于或超出压敏电阻的敏感电压时，高脉冲被旁路引至控制器接地端，电压回落后，压敏电阻阻值又恢复到无穷大，从而保护了后级电路，不被高电压或高脉冲击坏；反向电压释放器电路简单，可接入控制器输出的启动、停止控制回路中。此技术装置模块已获实用新型专利（专利号：ZL201420620335.9），保护电路已获发明专利（专利号：CN105591373B）。

安全环保类

自吸式加温油罐污染问题的处理

孙 雷 林 伟 刘兆华

(新疆油田准东采油厂)

一、问题的提出

在油田开发初期,常用单井油罐进行生产,其具有流程简单、快速投产的优势。西泉油区共使用38座油罐,其中有25口井采用30m³自吸式加温油罐(图1),该罐在使用过程中易发生油气外溢,造成环境污染。

图1 30m³自吸式加温油罐

二、故障现象

30m³自吸式加温油罐在现场使用中,主要存在以下3个问题。

1. 罐口周围污染

进罐管线入口位于油罐底部且进口方向朝下,距离罐口盖板较近,在进油时,原油中大量的伴生气上升至液面发生翻腾、喷溅,从盖板四周溢出。随着罐内液位的增高,溢出现象越严重,从而在罐口盖板处造成污染(图2)。

图 2　罐口周围油气外溢造成的污染

2. 呼吸阀处污染

该罐上设有 1 个 100mm 高的呼吸阀。生产过程中,大量雾状气体从呼吸阀孔眼排出,气体中的小油滴在大气中凝结,造成呼吸阀周围污染(图 3)。

图 3　呼吸阀处污染

3. 液位计钢丝绳孔直径过大造成污染

油罐液位计孔径为 φ150mm，在液面波动较大时，浮子带动钢丝绳摆动，易发生钢丝绳跳槽现象；同时，液位计罩处有大量雾状气体外溢，油滴凝结后造成污染（图4）。

图4 液位计处污染、钢丝绳易跳槽

三、故障原因

1. 主要因素

自吸式加温油罐多处发生污染的主要因素有以下3点：

(1) 进罐管线口离罐口较近且进口方向朝下；
(2) 罐内气体不能及时排出；
(3) 液位计孔直径过大，钢丝绳易跳槽。

2. 原因分析

(1) 进罐管线入口与罐口距离较近（图5），管线进罐后连接弯头朝向罐底，距罐底 200mm（图6）。当液位高于出油口时，原油中的气体析出液面，形成喷溅，使原油从盖板缝隙中溢出，造成污染。

图5 进油口与罐口的水平距离

图 6 进油口现状

（2）罐内气体不仅有原油伴生气，还有对原油加温的蒸汽，这些混合气体由于油罐呼吸阀不能及时排出，使罐内外产生压差，气体会在罐的孔、洞、缝隙处溢出，造成污染。罐的呼吸阀设置在加温油罐的后部，呼吸阀高 200mm、ϕ50mm。呼吸阀上部均匀分布 22 个 ϕ5mm 的呼吸孔，顶部加一防风帽。呼吸孔不仅少且孔径小，整体高度低，无法将罐内的气体及时排出（图7）。

图 7 呼吸阀整体高度低、排气孔直径小

（3）液位计钢丝绳孔直径过大，罐内液面波动较大时，由于没有钢丝绳、滑轮固定防跳装置，易发生钢丝绳跳槽现象。同时，孔径大也会造成液位计罩处油气聚集，形成污染。

四、故障处理

1. 对原进罐管线进行改造

将进罐管线由焊接连接改为螺纹连接，焊接 ϕ50mm 油管接箍，根据油井气量大小，可将出油管线加长至 2m 或 1.2m，增加了出油口和罐口的距离。在管线末端 0.8m 处打 18 个 ϕ50mm 孔眼（图8），减少了喷溅现象，从而有效降低了罐口周围污染的发生。

图 8　进油管线改造

2. 改造呼吸阀

根据烟囱的抽风原理,将高 100mm、φ50mm 呼吸阀改为高 500mm、φ65mm 呼吸阀,连接方式由焊接改为螺纹连接。管内加装 3 层钢丝纱网,对气体中的小油滴进行捕捉,顶部加装防风帽,解决了罐内气体不能及时排出的问题,杜绝了呼吸阀周围的污染(图 9)。

图 9　呼吸阀的改造与安装

3. 对液位计孔的改造

针对液位计孔直径过大和钢丝绳易跳槽的问题，研制了浮标密封定位器。浮标密封定位器上部采用200mm×200mm的不锈钢钢板，中心处开ϕ15mm圆孔，圆孔同轴下部是ϕ60mm、厚10mm的耐油橡胶，底部为与橡胶同外径的不锈钢板，其中心处开ϕ15mm的圆孔，用螺栓将这3层固定在一起。安装时，液位计钢丝绳从浮标密封定位器中心孔穿过，将浮标密封定位器套入罐的开孔处与罐体固定。

图10　浮标密封定位器安装

五、应用效果

改造后，杜绝了30m³自吸式加温油罐的污染问题，目前，西泉区块25座自吸式加温油罐全部进行了改造。

1. 经济效益

改造前：每年油罐清理成本为17.61（万元）；改造后：每年油罐清理成本为1.83（万元），25座油罐改造成本为25×1200＝3（万元）。年节约成本＝17.61－1.83－3＝12.78（万元）。

2. 社会效益

减少了环境污染及清理成本，降低了员工劳动强度。

六、技术创新点

根据油井气量大小，可调节罐内出油段管线长度及呼吸阀高度；加装液位计钢丝绳定位密封装置，有效解决了钢丝绳跳槽、油气外溢的问题。

采油树顶丝开关缓慢的原因及处理

杨培伦　王志强　李　晨

(华北油田第四采油厂)

一、问题的提出

顶丝是采油树的重要安全部件，其主要功能是固定油管悬挂器（图1）。油管悬挂器俗称油管挂，外形是上大下小的锥面，表面有两个O形密封圈和一道烤焊的紫铜密封圈。油井作业过程中出现井喷征兆时，将油管挂连接到油管上，下放置油管头的锥形斜面上，对称上紧采油树的四个顶丝，顶丝顶在油管挂上端的锥形斜面上（图2），防止油管上窜，密封油套环空，完成压井、控制住井喷的工作。由于操作工具等原因，造成关闭采油树顶丝的操作时间长，无法及时进行压井作业，增大了发生井喷的风险。

图1　油管悬挂器

图2　采油树顶丝顶住油管悬挂器

二、故障现象

油水井在作业过程中，出现井口溢流、井涌等井喷征兆时，需要马上进行抢喷作业。具体的做法是：迅速将防喷总成连接在油管上，下放油管，使油管挂座到油管头内，快速对角上紧采油树上的四个顶丝，密封油套环形空间，实现油套分离，关紧防喷器闸板，关死旋塞阀和放压闸门，实施压井作业，控制住井喷。在使用活动扳手关闭采油树顶丝过程中，存在以下问题：一是扳手易从顶丝上脱落；二是因井口流程的影响，操作过程中需要反复拆卸扳手，上紧四个采油树顶丝，耗时近2min。

三、故障原因

1. 井口流程的遮挡

顶丝与防喷器之间的距离为200mm，关开顶丝使用的扳手最小规格也要300mm。因防喷器（图3）及井口管线（图4）的遮挡，在使用扳手上紧顶丝的过程中，扳手每转动30°～90°的角度，就要重打一次，上紧一个顶丝需要转7~8圈，四个顶丝顶到位，需要倒几十次的扳手，既影响了采油树顶丝的开关速度，又增加了操作难度。

图3 防喷器影响了扳手的使用

图4 井口管线影响了扳手的使用

2.扳手易发生滑脱

抢险过程中,操作十分紧张,井底的压井液不断地从井口涌出,遮挡了抢险人员的视线,上紧采油树顶丝的过程中,不能及时对扳手的开度进行调整,造成扳手滑脱,频繁地重复打扳手,在上涌压井液的影响下,造成扳手打不紧而发生滑脱现象。

四、故障处理

为了解决活动扳手在关、开采油树顶丝过程中操作不便、用时长的难题,研制一种在使用中既不会滑脱又能连续旋转、使用方便、操作安全的新型采油树顶丝快速推进扳手。

1.初步设计与试验

1）设计与制作

通过测量得知,采油树顶丝的施力端为 19.5mm×35mm 的长方体。寻找直径 40mm、长 50mm 圆钢锭为原材,在钢锭的中心铣出一个边长 20mm、深 35mm 的正方形槽,做成一个采油树顶丝专用套筒,在套筒的底端面,焊上一个"7"字形手柄,制作出一个类似摇把的采油树顶丝专用套筒扳手（图5）,需要上紧或打开顶丝时,将套筒头套在采油树顶丝的施力端上,转动工具手柄,实现上紧或打开顶丝的功能。

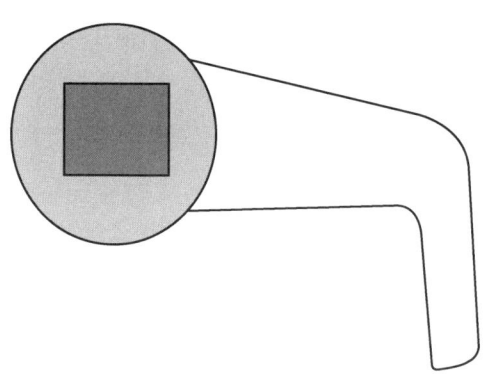

图 5　第一代顶丝扳手结构示意图

2）试验

制造好的扳手在试验过程中出现两个问题：顶丝到防喷器的距离只有200mm,专用扳手的手柄大于 190mm,在开关顶丝时不能实现连续开关,手柄过短,力臂长度不够,开关费力；使用过程中油泥易进入套筒中,影响了扳手使用。

2.改进及使用

(1) 在第一代顶丝扳手的基础上,设计出第二代顶丝扳手,其结构见图6。

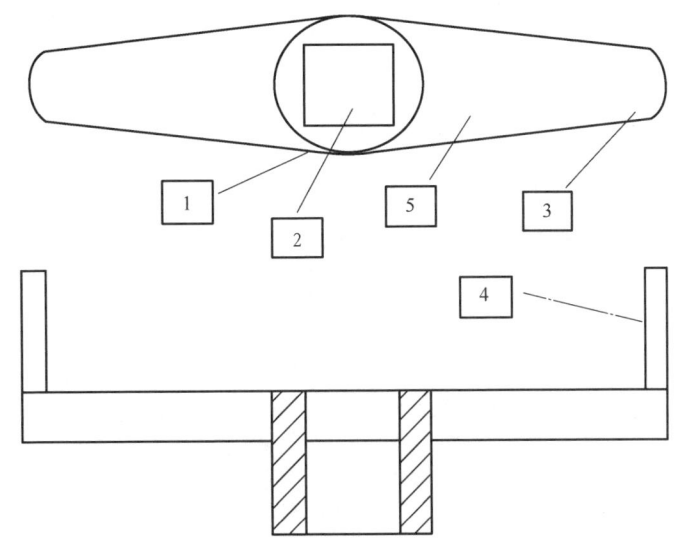

图 6 第二代顶丝扳手的结构示意图

1—直径 40mm、长 50mm 的圆钢锭;2—边长 20mm 的正方形通孔;3—采用弧形设计的加力臂末端;4—长 100mm、直径 16mm 的施力握杆;5—专用扳手的力臂

(2) 制作第二代采油树顶丝扳手(图7),制作好的采油树顶丝扳手见图8。

图 7 对扳手进行改进

图 8 制作好的扳手

（3）改进后的快速扳手采用双向手柄，手柄长度缩短为175mm，在开关顶丝时双手通过两个力臂给扳手施加力，解决了力量小的难题；缩短了力臂，实现了连续开关顶丝的操作，提高了开关速度，同时两手操作，防止了扳手脱出现象的发生。顶丝的套筒头做成通孔，油泥等杂质不会堵在套筒内，便于工具的安装和使用。通过对工具的改进，操作起来更加安全、快捷（图9）。

图9　采油树扳手在现场使用

五、应用效果

研制的采油树顶丝快速推进扳手，已经在华北油田采油四厂推广应用。

1. 经济效益

年创效4万元，具体计算：每口井在作业过程中可以节约20min的时间，全厂一年作业600井次，增加油井生产时间，600×20＝12000min＝200h，每吨原油均价2400元，单井日均产油2t。每年创效＝0.24×200×2/24＝4（万元）。

2. 社会效益

提高了井控速度，降低了操作者的劳动强度，为控制住井喷赢得了时间。避免了因扳手与井口发生磕碰，产生火花，引发着火事故的风险。

六、技术创新点

采油树顶丝快速推进扳手采用套筒设计，使用过程不会发生从顶丝脱出或打滑现象；双力臂设计，实现了连续旋转，提高了顶丝的开关速度。研究成果已获实用新型专利（专利号：ZL 2013 2 0051188.3）。

抽油井光杆密封器漏油原因分析与处理

王进俭

(新疆油田准东采油厂)

一、问题的提出

抽油机井光杆密封器内密封填料失效，造成井口油气泄漏，对井口设备与井场造成污染。除了需要人工清理油污，擦洗井口设备，还要频繁地更换密封填料，既影响生产，又增加了操作人员的劳动强度，给现场安全生产和环境治理带来很大的困扰。

二、故障现象

抽油机光杆密封器发生油气泄漏，如果未及时发现处理，会使井口密封失效，发生刺漏现象，不仅造成环境污染，还对油田生产带来极大的安全隐患和经济损失。

三、故障原因

1. 光杆损伤

光杆在小修井作业、调整防冲距、调冲程等操作时，频繁使用光杆卡子造成光杆损伤。抽油机在运行过程中，受损伤的光杆加剧了密封填料的磨损，缩短了密封填料的使用寿命，从而造成光杆密封器漏油。

2. 光杆与井口不对中

（1）抽油机安装时，驴头垂直切线与井口中心线不重合，超过允许误差，造成光杆偏磨，密封填料漏油。

（2）抽油机运行时由于底座下陷等原因使光杆与井口不对中出现偏磨现象，缩短了密封填料的使用寿命，造成光杆密封器漏油。

3. 光杆腐蚀

井内液体对光杆造成腐蚀，使光杆与密封填料的密封效果变差，造成光杆密封器漏油。

4. 光杆质量不合格

光杆在出厂时材质韧度、刚度等指标不合格，光杆容易变形、腐蚀、拉伤，造成密封填料漏油。

5. 密封填料不合格

密封填料更换质量差、密封填料选择不当、光杆密封器松紧调整不当等，造成井口光杆密封器漏油。

6. 未及时调整更换密封填料

巡检时未及时调整、更换密封填料，造成密封填料漏油。

7. 光杆密封器密封填料腔室容积小

密封填料腔室容积太小，密封填料添加得少，密封填料使用周期短，造成井口光杆密封器漏油。

四、故障处理

1. 光杆损伤

小修井作业、调整防冲距、调冲程等操作时，选用合适的光杆卡子，避免使用卡子用力过猛，造成光杆咬伤。操作后，要仔细将光杆上的毛刺去除，保持光杆表面光滑。

2. 光杆与井口不对中

（1）在安装抽油机时严格把关，安装完毕要按照《抽油机安装质量验收》标准验收，保证光杆与井口对中。

（2）及时修复下陷的底座基础，确保底座水平合格，保证光杆与井口对中。

3. 光杆腐蚀

对于井内管杆腐蚀严重的井，定期向井内加注防腐效果好的防腐剂或选用防腐光杆。

4. 光杆质量不合格

使用质量合格且适合油田地质情况的光杆。

5. 更换密封填料质量不合格

选择合适密封填料，有针对性地加强更换密封填料操作培训，光杆密封器压盖松紧调整合适，确保密封填料更换质量。

6. 未及时调整更换密封填料

提高巡检质量，及时更换密封填料。

7. 光杆密封器密封填料腔室容积小

针对光杆密封器内填料空间相对较小，研制了一种防喷溅光杆密封器压盖，解决密封填料漏油后污染问题。

1）结构设计

防喷溅光杆密封器压盖由下压盖，集油腔室，导油管，刮油帽、上压盖等组成（图1、图2）。当油气水从光杆密封器漏出后，上压盖内的刮油帽将油气挡住，使油气水向下落至集油腔内，顺着集油腔下方的导油管流出至排污桶内，避免污染井口设备和井场。

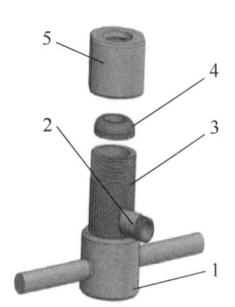

图1 防喷溅光杆密封器压盖结构图
1—下压盖；2—导油管；3—集油腔室；
4—刮油帽；5—上压盖

图2 防喷溅光杆密封器压盖实物图

2）现场安装使用

防喷溅光杆密封器压盖在高含水、密封填料容易漏的井进行现场安装试用，起到了非常好的防漏油防污染效果。

3）推广使用

目前，彩南作业区已经批量加工安装防喷溅光杆密封器压盖70口井（图3）。

五、应用效果

防喷溅光杆密封器压盖设计合理、操作简单，方便日常维护，当巡检人员发现接油桶内有油水混合液后，可以调紧密封填料下压盖，避免了密封填

图 3　防喷溅光杆密封器压盖使用图

料刺漏后造成的环境和设备的污染。

1. 经济效益

1）加工费用

70 套防喷溅光杆密封器压盖加工费用：70 套×200 元/套＝1.4(万元)。

2）节约成本

每年清理井口油污需 4.2 万元。

年经济效益＝成本费用－加工费用＝4.2－1.4＝2.8(万元/年)。

2. 社会效益

防喷溅光杆密封器压盖的现场使用效果良好，减少了井口光杆密封器油气泄漏造成的设备和环境污染，降低了员工的劳动强度。

六、技术创新点

在原有的光杆密封器压盖上增加集油腔室、导油管、刮油帽、上压盖等组件，避免了光杆密封器漏油后污染井口设备和井场。该装置已获得实用新型专利授权（专利号：ZL 2014 2 0680275.X）。

稠油高压油井泄压故障处理

李海军　张　涛　李爱华

（新疆油田新港公司）

一、问题的提出

当稠油高压油井出现井下故障，需进行修井作业时，因油井套管压力较高，不符合井控要求，无法及时修井，成为积压井，影响油井产量。

二、故障现象

辖区内每年有 70~130 口待修高压油井的积压期超过 10d 以上，因套管压力高，现场不具备外排条件，划入非计关井进而转成长期积压井，部分井积压时间最长达到 6 个月而无法上修。因此，高压待修油井亟待解决的问题是井筒泄压难。

三、故障原因

稠油热采井在转轮吞吐自喷期结束或汽驱受效后，井底压力、温度较高，油井转抽或井下出现故障，需进行修井作业时，因油井套管压力较高无法及时修井。传统的高压井泄压排液方式有两种：井口方罐泄压（图1）、齿轮泵泄压

图1　井口方罐泄压

(图2)。这两种泄压方式,都需要不同程度地频繁动用特车或者其他车辆,并且泄压效率低下、费用高昂,在安装泄压设备时,程序复杂,安装现场和泄压现场存在安全隐患。

图2　齿轮泵泄压

四、故障处理

经过实践论证,用硬质管线连接高低压井(图3),实现高压井连续快速泄压排液,且实现无人值守,使积压井得以及时上修。例如,93704井初期采用硬管线连接高低压井排液,后期采用软管线连接高低压井排液(图4)的方法,成功排液。

图3　硬管线连接高低压井排液

图4　软管线连接高低压井排液

1. 连接高低压井排液的方法

(1)采用硬管线组合的管线连接方式,可以很方便地实现高低压井井距在3~70m大范围的泄压排液过程。

（2）在高压井套管处用管线连接到周边低压井（普通正常抽油井）进行排液泄压。

（3）随着新井的不断加密投产，各个油井之间的井距越来越近，大多数（占90%）井距在3~50m之间，从而为高低压井的管线连接泄压方式提供了便利条件。

（4）80%的油井动液面较低，50%以上的油井供液不足，这样泄入低压井的液体不会对原来的低压井产生大的影响。因为沉没度提高，现场计量低压井产量平均约提高约20%。

以上便利条件均为实现高压井管线排液奠定了良好基础。

2. 选井条件

（1）自喷已经没有产量，而修井又压不住井，欲进行高压井泄压的井，原油黏度小于104mPa·s均可。

（2）所选低压井应与高压井之间距离较近，动液面距离井口大于100m，且套压接近或等于0，自然地势低于或者等于高压井，无气窜现象。

五、应用效果

2017年1—11月，累计采用管线泄压共计76井次，有效率100%。

1. 经济效益

76口高压油井采用管线泄压综合创效36.8万元。

2. 社会效益

该方法实现了高压井连续快速泄压排液，无须值守，24h排液，快捷地解决高压井的泄压问题，提高了油井生产时率。杜绝了高压井泄压过程中的安全隐患，达到降本增效的目的。

六、技术创新点

高低压井排液的方法，通过将高压油井压力排泄至低压井内，实现了连续快速泄压排液，管线可反复使用，减少了躺井率，提高了油井开井率和生产时率。

稠油缓冲罐飘油污染难题的解决

张玉华　刘世国　曾志强

（新疆油田风城油田作业区）

一、问题的提出

蒸汽吞吐热采方式是开发风城超稠油的主要手段。在现场生产过程中首先向生产井注入高温、高压蒸汽，开井生产时采出的液量由管汇进入非密闭的缓冲罐，由于采出液温高、"汽大"，部分原油随着高温蒸汽从缓冲罐顶部以雾状排出，当遇到外部冷空气时，蒸汽中的油液混合物出现凝结，油滴四处飘落，形成"飘油现象"，污染环境（图1）。

图1　现场"飘油现象"

二、故障现象

缓冲罐"飘油现象"使罐体及周边管线、房屋附着油污，对环境造成污染，10个缓冲罐一年污染面积达$979m^2$。在清理缓冲罐油污过程中，清理工作量大，2017年全年共清理30次，累计消耗清洗剂128桶，消耗人工149人次，清理费用9800元/罐·次。因此，针对如何将蒸汽携带的雾状油滴分离出来并捕获,是亟待解决的问题。

三、故障原因

为了进一步了解蒸汽含油情况,查阅了 2015 北油田节能监测中心在重 32 井区 1 号转油站 2 号缓冲罐蒸汽排放监测数据。

检测结果显示:该缓冲罐外排蒸汽含油为 4166mg/L,含油率为 0.042%,日排出液量 37464kg/d,日排出液含油量为 156.246kg/d,是造成环境污染的根本原因。

四、故障处理

1. 设计思路

受吸油烟机的原理启发,油烟经过油网和涡轮旋转进行分离、过滤后,将油烟凝集成油滴收集到油杯,而缓冲罐携油蒸汽外排时也可以在缓冲罐出口处安装滤油装置,捕获蒸汽中的油滴。

研制多级过滤蒸汽滤油装置,分为 3 个部分:下筒体、过渡段、上壳体。该装置通过法兰连接安装在缓冲罐罐顶,下筒体从罐口进入缓冲罐内部。下端采用底面密封,蒸汽从侧面滤网进入,内部有 10 层不锈钢丝网滤芯,使蒸汽在过滤腔里长时间停滞,滤油效果好。上壳体采用不锈钢滤网过滤球以及改性纤维球进行过滤蒸汽中携带的原油,不同位置采用 5~20 目的过滤网(图 2)。

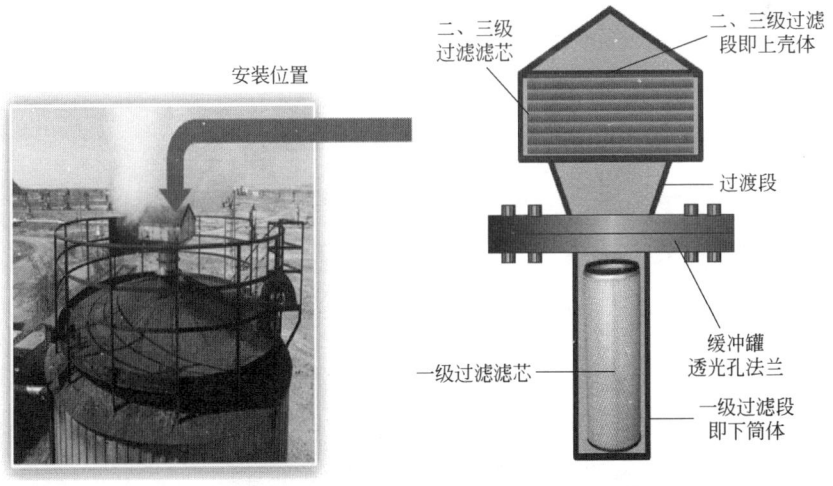

图 2 缓冲罐携油蒸汽滤油装置示意图

2. 结构原理

(1) 一级过滤为网板过滤。材料为 20 目组合过滤网，筛网材质为 304 不锈钢，钢丝直径 0.5mm，网板为 2mm 六角冲孔网板。其功能为：含油气流流经过滤网，将小油滴吸附到过滤网上，附着油滴的网又提高了吸附油的效率，油滴由小变大直至滴落流下，同时具有稳定气流作用。

(2) 二级过滤为丝网滤芯过滤。材料为 5 目过滤网，筛网材质为 304 不锈钢，钢丝直径 0.75mm。其功能为：含油气流流经过滤网，油气中小油滴吸附到丝网，油滴由小变大直至滴落流下，稳定气流作用。

(3) 三级伞网过滤。其功能为：使油气中小油滴吸附到伞网顶端，油滴由小变大沿斜面流下滴落，同时分散稳定气流。

(4) 四级过滤为吸附球。材料为塑料过滤球，具有耐酸、耐碱、耐高温、粒度均匀、坚硬耐磨、吸附截污力强。其功能为：使油气中小油滴吸附到吸附球，油滴由小变大直至滴落，同时分散稳定气流。

(5) 五级过滤为粗网过滤。其功能为：使油气中小油滴吸附到粗网，油滴由小变大直至滴落；分散稳定气流；限制吸附球跳动空间。

(6) 六级过滤为纤维吸附球。材料为改性纤维球，对油及有机物的吸附能力增强。其功能为：使油气中小油滴吸附到纤维吸附球，油滴由小变大直至滴落同时吸附油气中的大分子，吸除异味。

(7) 七级过滤为 20 目粗网过滤。其功能为：使油气中小油滴，微小油滴吸附到细网过滤捕油，油滴由小变大直至滴落，吸除异味。

(8) 八级过滤为细网过滤。其功能为：使油气中小油滴，微小油滴吸附到细网过滤捕油，油滴由小变大直至滴落（图3）。

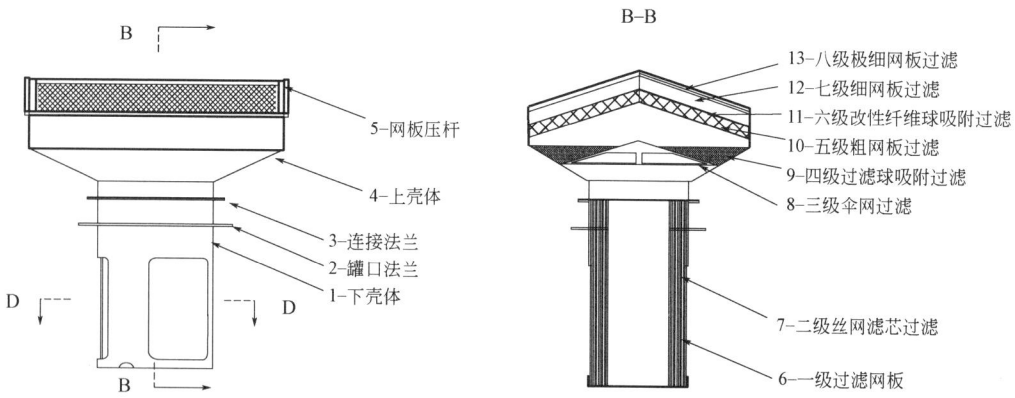

图 3　多级过滤蒸汽滤油装置原理图

3. 方案实施

在风城采油二站 23 号转油站井开展了现场安装试验。

在采油二站 23 号站，缓冲罐滤油装置经过多级过滤捕油，蒸汽含油率降低到 0.04%，经计算罐体憋压 0.00872MPa，可忽略不计，解决了缓冲罐"飘油现象"（图 4、图 5、图 6、图 7）。

图 4　安装丝网滤芯

图 5　安装吸附球

图 6　安装改性纤维球

图 7　23 号站安装试验

五、应用效果

风城油田作业区在采油一站、采油二站、采油三站50个缓冲罐进行安装滤油装置,各站抽出5个缓冲罐并作了统计(图8、图9、表1)。

图8 安装后污染情况

图9 改性纤维球使用一周对比图

表1 稠油缓冲罐滤油装置安装记录表

安装地点		安装日期	测试日期	测试时间 h	冷凝液总质量 kg	冷凝液含油质量 kg	冷凝液综合含油率 %
采油一站	1号	10.1	10.15	1	690	0.28	0.041
	12-10号	10.3	10.16	1	350	0.25	0.071
	14号	10.4	10.17	1	620	0.25	0.040
	15-12号	10.5	10.20	1	610	0.24	0.039
	45-39号	10.6	10.21	1	580	0.22	0.038

续表

安装地点		安装日期	测试日期	测试时间 h	冷凝液总质量 kg	冷凝液含油质量 kg	冷凝液综合含油率 %
采油二站	23号	10.10	10.22	1	695	0.36	0.052
	22号	10.10	10.23	1	650	0.3	0.046
	17-14号	10.11	10.20	1	950	0.41	0.043
	19-16号	10.12	10.21	1	980	0.22	0.022
	20-17号	10.13	10.22	1	1020	0.41	0.040
采油三站	36-30号	10.14	10.23	1	560	0.25	0.045
	35-29号	10.10	10.22	1	612	0.22	0.036
	37-31号	10.12	10.20	1	633	0.22	0.035
	39-33号	10.13	10.21	1	468	0.15	0.032
	38-32号	10.13	10.22	1	475	0.16	0.034
平均					660	0.26	0.04

从表1可看出，应用缓冲罐携油蒸气滤油装置后，蒸汽含油率降低到0.04%。

1. 经济效益

缓冲罐每年每个单罐按擦洗3次计算，每次擦洗费用为10000元，每年每个缓冲罐的擦洗费用为3万元。目前共安装50套，每年共节约费用50套×3万元=150万元。

使用该装置后，每罐每年防止原油散失37.23t，原油价格按照1036元/t计算：37.23×1036=3.86万元。安装50套，原油产生价值50×3.75万元=193万元。

节约擦洗费用及回收原油产生效益：150万元+193万元=343万元。

每套装置加工及材料费成本为3万元，50套为150万元。

净效益：343万元-150万元=193万元。

2. 社会效益

缓冲罐携油蒸汽滤油装置避免了"飘油现象"对周围环境造成的污染问题，消除了因清理污染而产生的高处作业风险，避免了因清理污染而产生的含油棉纱（危废）处置问题。

六、技术创新点

多级过滤蒸汽滤油装置通过法兰连接安装在缓冲罐罐顶,通过八级过滤,利用不锈钢滤网、过滤球以及改性纤维球等过滤蒸汽中携带的原油,不同位置采用 5~20 目的过滤网过滤蒸汽中小油滴,解决了缓冲罐"飘油现象"。

螺杆泵光杆密封装置漏液故障处理

李凤申

(新疆油田准东采油厂)

一、问题的提出

昌吉油田吉 7 井区 2013 年进入滚动开发阶段,至今先后投用 396 台螺杆泵,目前螺杆泵光杆密封装置主要采用皮带填料密封。随着开发年限的推进,光杆密封装置漏液故障逐年增加,并呈上升趋势,安全环保问题愈发凸显。

二、故障现象

1. 光杆密封装置溢出油液污染井口频繁

根据统计,2017—2018 年,吉 7 井区 221 口螺杆泵井先后出现光杆密封装置漏液的故障(图 1)。

图 1 螺杆泵光杆密封装置漏液现状

2. 清理工作量大

光杆密封装置处溢出油液污染井口后，巡检人员需要处理井口污染，平均处理时间为90min/井次。

3. 操作时间长

由于拆卸光杆密封填料装置空间狭小，光杆与井口同心度不好，仅取出密封填料需要50min以上，紧固光杆密封装置需要20min。

三、故障原因

1. 光杆密封装置结构与工作原理

光杆密封装置是由压盖、密封环、密封填料、本体、溢流孔、导流管、收集装置等部件组成（图2）。该装置具有结构紧凑、散热性好等特点，广泛应用于螺杆泵设备上。

旋紧光杆密封装置压盖，使密封填料与光杆密封，杂物及油液通过溢流孔、导流管流进收集容器内，定期对收集容器内的油液进行回收，保证收集容器内液位在合理范围。

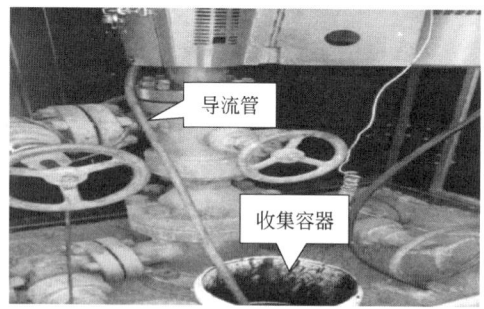

图2 光杆密封装置及导流油液收集结构图

2. 原因分析

光杆密封装置的导流管和收集装置是胶质和塑料材质，不能保温加热，在低温的外部环境下，稠油黏度大、油液流动阻力大，致使光杆密封装置憋压，密封填料失去密封作用，油液从光杆密封装置溢出污染井口。

1) 光杆密封装置及井口污染

（1）收集容器形状不统一不能有效固定，收集容器随意摆放，油液满后溢出污染井口。

（2）塑料材质容器不能保温加热，冬季稠油流动阻力增大，收集容器内的油液液面埋没了导流管排出口，导流管排出口被油液堵死，光杆密封装置憋压，密封填料失去密封作用，油液从光杆密封装置处溢出污染井口。

2) 收集油液再处理困难

收集的油液进入塑料材质的容器内后很难再全部取出，大部分油液黏附在容器壁内，容器回收处理增加了成本，造成原油损失。

四、故障处理

针对光杆密封装置油液收集和外排存在的问题，改变收集、外排方式和收集、外排容器的材质来解决以上问题。

1. 研制专用收集、外排容器

选用钢质材料制作专用的收集、外排容器，加设电热带保温，降低容器中油液黏度，减少油液流动阻力。

2. 改变收集容器内的油液收集方式

通过井口套管气将收集容器内的油液吹扫至单井集油管线内。

3. 工作原理

专用收集、外排容器工作见图3。油液通过溢流管流进收集装置进口（冬季开电热带保温加热），关闭收集容器出口控制阀，打开套管气阀，将收集的

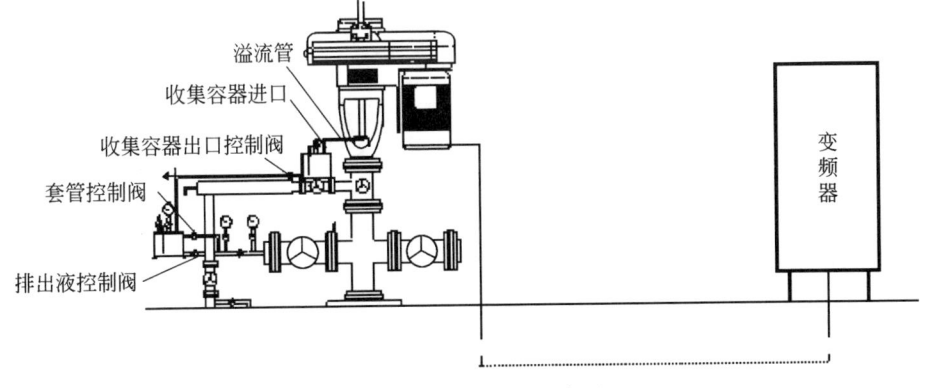

图3 光杆密封装置示意图

油液吹扫至单井集油管线内。

五、应用效果

螺杆泵光杆密封装置油液导流收集装置解决了井口密封失效油液污染井口、油液不能有效回收的问题，分体式安装，便于拆卸，适用于狭小空间操作，降低了员工劳动强度，提高了开井时率（图4）。

图4　光杆密封装置油液导流收集、外排装置安装图

1. 经济效益

目前，已推广应用50井次，减少停井作业时间共计3d，平均单井日产油量4t，按本单位吨油成本1800元计算，增效2.16万元。

2. 社会效益

利用井口自产气将收集容器内的油液吹扫至井口集油管线内，井口自产气得到合理利用的同时油液也得到统一回收，降低了劳动强度，减少了环境污染。

六、技术创新点

将敞口式废油收集改为密闭式废油收集，节约了能源，减少了治污费用。

清蜡测试堵头漏油故障处理

史建国　索斯拉涛玛　王新期

(新疆油田采油二厂)

一、问题的提出

自喷井在生产周期内，需要机械清蜡和测试作业。在作业过程中都要通过钢丝起下清蜡钻具或测试仪器，使得钢丝与清蜡测试堵头中的密封填料产生磨损，导致密封失效造成漏油故障。

二、故障现象

由于密封填料使用时间长、胶质老化等原因，使清蜡堵头内的密封填料不能有效密封，密封填料的松紧要通过人工转动堵头上的油杯进行调节。调节不当时，井内高压的油气介质会通过钢丝与密封填料之间的间隙溢出，甚至造成油杯螺纹脱出的极端风险。因为此类现象发生在钢丝连续作业过程中，作业不能停止，会将一些油水混合物带出落到保温箱或操作平台中，污染环境、增加劳动强度，并且有一定的安全隐患。

三、故障原因

清蜡、测试期间需要使用清蜡堵头，现用的堵头由丝堵和中间的橡胶密封填料组成，靠上部油杯螺纹压紧密封填料实现密封。但其中的橡胶密封填料经钢丝摩擦后孔道增大，井筒内介质向外溢出，造成污染。

四、故障处理

为了解决以上问题，研制了双孔防喷堵头，由调节螺丝、丝堵、堵头座主体相互配合构成，从下到上依次形成密封填料室、卸压室、卸压孔、防喷孔4部分（图1）。

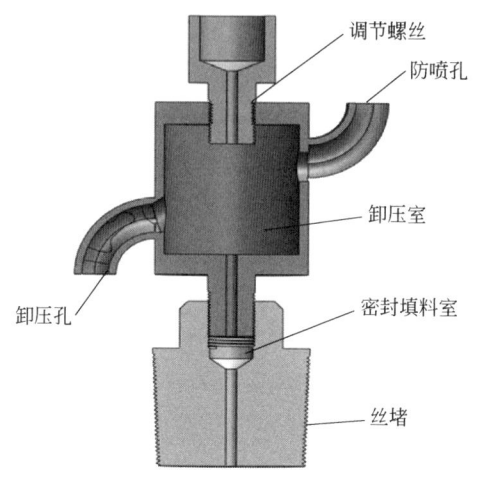

图 1 双孔防喷堵头结构图

其工作原理是丝堵上部两侧设有裸露在外的卸压孔和防喷孔，中部为空腔，调节螺丝与丝堵螺纹连接，二者连接后形成卸压室；堵头座主体被分隔成上下两个腔体，下腔体呈向外扩张的喇叭口状；丝堵有外螺纹，堵头座主体的上腔体与丝堵螺纹连接，二者连接后形成密封填料室。丝堵的外螺纹处设计有密封槽，堵头座主体下部有外螺纹，外螺纹处也设计有密封槽。由于密封填料的作用使井内液体不能直接喷出，少量进入卸压室的流体气液分离，气体由防喷孔排出，液体由卸压孔流出，实现防止向外溢油的功能（图2）。

图 2 双孔防喷堵头实物图

五、应用效果

双孔防喷堵头具有设计简单、安装方便、现场适用性强的特点。2018年4月，在20口自喷井上安装试用，有效杜绝了清蜡测试堵头起放钢丝时漏油的故障，能够有效杜绝环境污染，减轻员工劳动强度，降低能耗。

六、技术创新点

双孔防喷堵头在原清蜡堵头的基础上改进为由密封填料室、卸压室、卸压孔、防喷孔4部分组成的新型防喷堵头，有效杜绝油井清蜡、测试过程中起放钢丝时漏油造成的环境污染。

现场抽油杆临时存放问题及处理

李海军　费红卫　徐新平

（新疆油田新港公司）

一、问题的提出

在稠油生产中，随着油井生产周期的延长，油井出现稳产期短、产量递减快，生产时率低的问题。为了保持油井稳产，就需要对稠油井进行修井转轮，修井作业较频繁，而在修井过程中，需起出抽油杆、油管等作业，每次起出的抽油杆会在井口放置一段时间。这期间，易发生抽油杆被其他人挪用或者丢失的情况（图1）。

图1　抽油杆现场摆放

二、故障现象

抽油井在修井作业过程中，将抽油杆从井内提出后，摆放在井场，原有的抽油杆桥在现场常呈平面排列摆放，不易于清点数量。抽油杆挪用或丢失时有发生。

三、故障处理

抽油杆从井内起出后,为防止丢失,不沾染泥土,整齐摆放且易于清点数量,设计制作了抽油杆防盗支撑架。

1. 抽油杆防盗支撑架结构

抽油杆防盗支撑架主要由顶盖、特制防盗螺栓、卡板、升降螺杆、抽油杆支撑体、抽油杆入口和中尾部支撑组成(图2)。

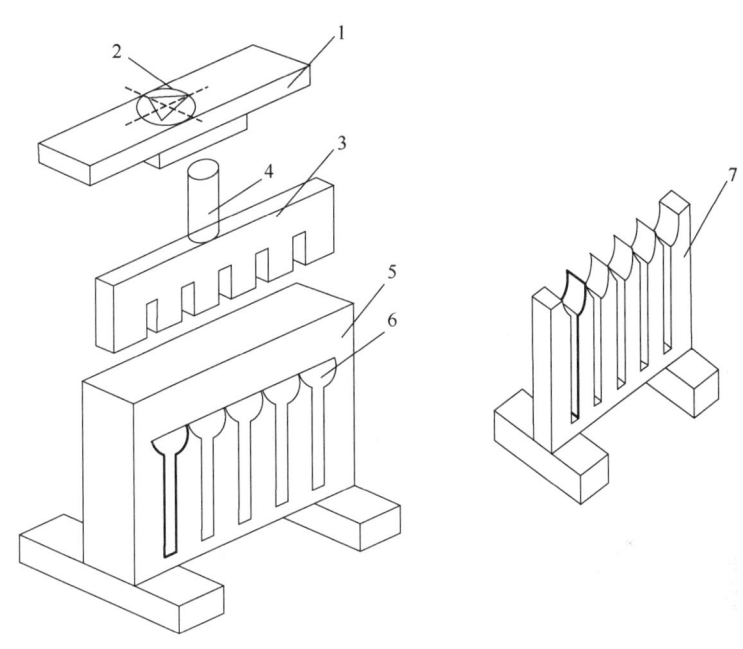

图2 抽油杆防盗支撑结构示意图
1—顶盖;2—特制防盗螺栓;3—卡板;4—升降螺杆;
5—抽油杆支撑体;6—抽油杆入口;7—中尾部支撑

2. 工作原理

井内起出的抽油杆从抽油杆入口放置于防盗支撑内,一排可放置10根,放满后,使用特制的防盗扳手将卡板旋下,使卡板卡紧抽油杆,抽油杆从入口处无法取出,起到防盗的作用。每排固定数量摆放,便于清点抽油杆数量。与中、尾部支撑配合使用,使抽油杆摆放平直。取出抽油杆时,运用防盗扳手将卡板旋起,即可取出抽油杆(图3)。

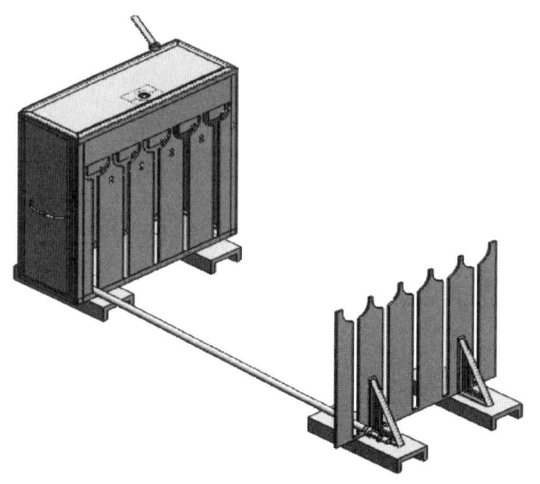

图 3　工作原理效果图

四、应用效果

从现场应用的情况来看,抽油杆防盗支撑架起到了支撑、防盗、便于清点的作用,使抽油杆在现场的挪用和丢失得到有效控制(图4)。

(1) 节约成本,每口措施井节约拉运费0.3万元。

(2) 便于清点,操作人员在巡检时方便清点数量。

(3) 防盗,抽油杆整齐排列摆放,需专用工具才能取出抽油杆,避免了抽油杆挪用丢失。

(4) 规范管理,使抽油杆能够按照要求进行保管,延长了抽油杆的使用寿命。

图 4　抽油杆防盗支撑架在现场的应用

五、技术创新点

抽油杆防盗支撑架实现了抽油杆在井场定置摆放，便于清点抽油杆数量和避免挪用、被盗。防盗支撑架已获实用新型专利（专利号：ZL 2011 2 00173099.7）。

新井临时投产问题及处理

曹 晔 柏晓东 马 克

（新疆油田石西油田作业区）

一、问题的提出

石西油田作业区随着油田的发展，油区范围已形成南北长约 100km，东西宽约 50km 的生产战线。新区块开发，因为没有集油、输油系统，新井投产后，生产出的原油直接进入单罐储存，单罐投产作为新井投产的主要方式，具有不可替代性。按现有的单罐投产流程，施工需要大量的人力、物力，推土罐基、焊接管线，后期油井进系统生产后遗留的黄土罐基、焊接输油管线等作业工作量大、投产时间长，这种方式已经不适应目前的生产管理要求。

二、存在问题

（1）投产时间长，生产时率损失，平均投产需 3d，影响新井产量。

（2）环境破坏、污染，地表植被被破坏，后期油井进系统生产后，井场废弃罐基、废旧管线残余（图1、图2）。

图1　临投现场

(3) 因为场地限制，需要交叉作业，存在较大的安全隐患。

(4) 推土机、运输车辆等特种设备费用高，堆砌黄土罐基不能重复利用等。

图 2　废弃罐基

三、问题原因

(1) 拉运黄土、推土机堆砌土罐基、罐基表面固化、输油管线焊接、连接管线等作业工作量大。对新井投产单罐建设调查，发现筑罐基是耗时最长，平均用时 2d。管线连接需要 1d，是影响新井投产周期的主要因素（表 1）。

表 1　石南区块部分新井投产情况调查统计表

井号	投产日期	进输油系统日期	建产耗时，d	单井日产油量，t
石 603	2016.5	2017.12	4	15
石 618	2016.9	2017.9	3	21
石 620	2017.4	2017.12	3.5	18
SN2043	2017.5	2017.8	3.5	17

(2) 推土机堆砌土罐基，地表植被被破坏；后期油井进系统生产后，井场清理不干净，井场黄土罐基堆积未平整恢复，废旧输油管线切割后残留未回收，管线内油污流出污染地面，造成环境污染。

(3) 因为场地限制，修井作业、抽油机安装、井口连头、单罐吊装等作业集中施工，存在一定安全隐患。

(4) 堆砌黄土罐基需要 150m³ 黄土，需要推土机工作 12h，装载机平整

4h，总计用时16h；电气焊接管线需要焊接20余个焊口，由熟练工操作焊接单个焊口耗时需0.5h，总计耗时约为12h；另外吊罐和附件设备安装总计用时约为6h。人工、电气焊、推土机、吊车等特种设备费用，一口新井投产的现场施工费用约5万元以上。

四、问题处理

以"快投产、多产油、削成本"为目标，同时更具安全性以及减少环境污染，满足现场生产要求作为可行的总体新思路，设计了一种新型标准化快速临投一体化流程（图3）。

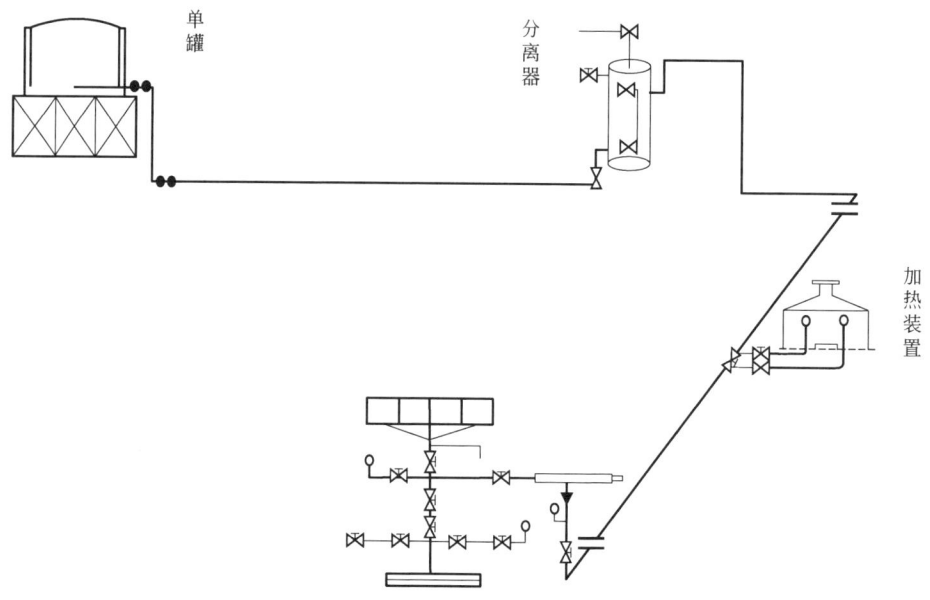

图3 标准化快速临投一体化流程示意图

设计的标准化快速临投一体化流程组件包括：组合式钢架罐基、大罐、标准化输油管线及各种快速连接接头、分离器、加热设备、井口嘴子套等（图4）。

（1）提高生产时率：选用组合式钢架罐基，对传统的现场焊接输油管线流程连接方式进行改进和标准化，采用提前预制管线、快速接头等标准化组合件，体现出快速连接。

（2）保护环境：采用新型组合式钢架罐基，不破坏地表植被，不用地面平整恢复。

（3）杜绝安全隐患：新流程输油管线走向靠井场边布置，保证了压裂、

 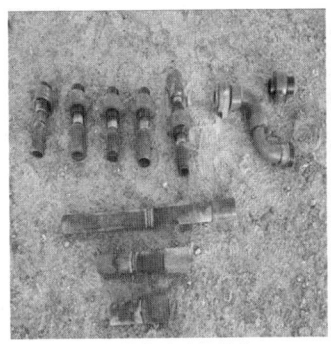 

(a) 组合式钢架罐基和大罐　　　(b) 各种快速连接接头　　　(c) 井口嘴子套

图 4　临投一体化流程组件

酸化、修井等大型作业场地利用和安全,同时,不用井口电焊连头,避免交叉作业。

（4）降低成本：后期油井进系统生产后,分解拆卸的流程组件,组合式钢架罐基、标准化管线快速接头等组件,最后回收分类摆放下口新井备用,大幅节约了成本。

五、应用效果

2018 年 1 月,新型快速临投一体化流程在禾 8 井正式投用,通过现场统计验证：全套流程组装只需 3h。新型单罐临投井投产工艺流程由于弃用了老式黄土罐基,从而节省黄土采购、运输以及需要的推土机等设备的费用；采用快速接头等方式连接管线可以减少电气焊施工所产生的额外费用；新型的组合流程设备、配件可以循环利用,节约成本。

1. 经济效益

节约特种车辆费用：吊车 200×3＝600(元)；电气焊 80×12＝960(元)。

黄土筑罐基费用：43000(元)。

两天产油收益：以原油价格 3000 元/t、新井两天产油量约 20t,测算为 60000(元)。

单口新井建产创效＝600+960+43000+60000＝104560(元)。

2. 社会效益

新型单罐投产工艺相较于之前的投产流程,全程不需要用到推土机和电气焊,避免了动土、动火操作,设备和人员更具安全性。摒弃了以往的简易黄土罐基,避免了对于沙漠地形地貌的破坏,同时也省去了弃用单罐时需要对黄土罐基的恢复作业,为油田环保做出贡献。

六、技术创新点

新型标准化组合流程,各个组合部件标准化,实现了快速连接;通过预制分离器、加热炉等装置安装预留口,流程实现了分块、按需安装,节约投产时间;整套流程全部提前预制,提高了安全性。组合式钢架罐基、各种固定长度的管线及接头等组件可重复使用,节约成本,保护环境。

修井液落地污染问题及处理

李海军　费红卫　许勇军

（新疆油田新港公司）

一、问题的提出

油井在修井检泵过程中，因井筒内无泄油装置，在上提油管时，每提出和卸开一根油管，就会将油管中存有的混合液喷溅至井口，对环境造成严重污染（图1）。

图1　井口井液

二、故障现象

油井在修井上提管柱过程中，套管内液面下降，油管内液体随管柱提升发生溢流，造成环境污染。《新疆油田公司井下作业井控实施细则》第二十七条规定："每提5~10个单根管柱应补灌修井液一次，井深小于200m的井需采取连续灌液"。灌入液的体积应该大于等于井下提出管柱的体积。

现场的灌液方法是员工用水桶远距离提水到井口，然后顺着防喷器与油管外壁的间隙，缓慢倒水入井，操作难度大，工作任务繁重工效低（图2）。

图2 现场员工进行人工灌液

三、解决方案

为有效解决此类问题，设计研制集液灌液装置，结构由集液箱、变向导流槽、升降支撑、引流管等构件组合而成（图3）。

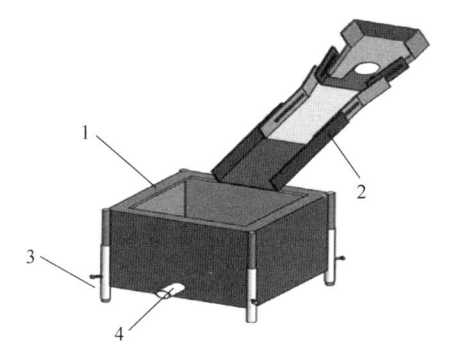

图3 集液灌液装置结构示意图
1—集液箱；2—变向导流槽；3—升降支撑；4—引流管

工作原理：集液灌液装置集液箱的上端靠近防喷器，当油管被卸开的瞬间，油管内的液体沿着导流板进入集液箱内，再由集液箱下端出口，经软管、套管闸门流入井内。集液箱的出口高于罐底8cm，便于油管内泥沙等固态物质沉淀，而不至于流入井内。可调式集液箱的升降支撑便于随时调整集液箱高度；防溅盖板可以有效防止高动能的液体喷出集液箱；专用推杆可以准确和方便地控制油管内液体泄油位置；可调式导流槽可以随意调整集液箱到防喷器（井口）之间的距离，当油管下端在井口与集液箱之间移动时，可以防止原油落地。

水罐和集液箱近距离摆放，只需把水导入集液箱，即可完成灌液工序，无须人工远距离提水，操作简单，且无损失水量（图4）。

图4 集液灌液装置现场使用效果

四、应用效果

1. 经济效益

油井修井过程中使用集液灌液装置，已累计完成施工85井次。共节约环境污染治理费用4.25万元，创综合经济效益6.61万元。

2. 社会效益

集液灌液装置有效杜绝了修井提管柱过程中的环境污染，减少了环境治理工作量，加快了施工进度，缩短了修井作业时间，降低了员工劳动强度。

五、技术创新点

集液灌液装置安装在井口，当油管内液体泄出，由集液装置的引流管通过软管连接到套管闸门上，供液体及时流入井内，实现了施工过程中液体入井不落地。

油气管线破漏故障应急处理

李海军　李爱华　孙晓英

（新疆油田新港公司）

一、问题的提出

油气集输管线在生产运行的过程中，由于油液的高温高压和输送介质特性等各种原因易造成管汇腐蚀破裂、输送介质泄漏的问题，而造成油区的污染。为防止造成大面积污染，在施工队伍对破漏点进行修复的准备工作前期，对管线破漏点采取临时封堵，以达到不动火而对管线泄漏点进行快速堵漏的目的。

二、故障现象

油井从井口到集输联合站都是通过管汇进行油气输送，在输送的过程中，油气管线因各种原因造成管线腐蚀、介质泄漏，从发现到对其实施整改也需要一定的时间，其间泄漏量会增大，造成大面积污染。而现场一直无专用封堵工用具，通常采用的处理方法是用木质棍棒或软金属等进行封堵，在操作过程中泄漏介质会喷溅到人员身上，且存在泄漏点堵塞不牢固的隐患。漏点一经发现，还须对管线漏点进行快速预处理来减少泄漏量。

三、解决方案

针对上述问题，研制管线快速堵漏工具，由管汇夹板、卡紧螺栓、顶紧螺杆、堵漏块和导流孔等5部分组成（图1）。

工作原理：通过卡紧螺栓和顶紧螺杆将两块夹板固定在管线上，在夹板中部的中心螺孔内装有顶紧螺杆，在顶紧螺杆的顶端固定有一个堵漏块，堵漏块为圆柱形，堵漏块的一端有圆锥面，通过旋紧顶紧螺杆而使堵漏块有效地封堵漏点。

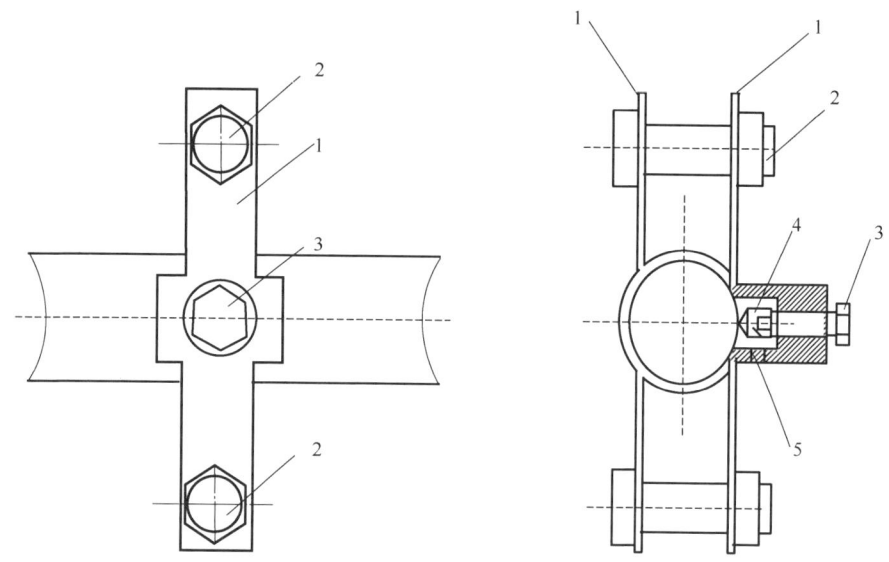

图1 管线快速堵漏工具结构示意图
1—管汇夹板；2—卡紧螺栓；3—顶紧螺杆；4—堵漏块；5—导流孔

通过对漏点运用特制的管线封堵材料，针对不同的漏点形状，运用螺杆顶紧的方式进行封堵。在操作过程中为防止原油喷溅到操作人员身上，专门设计了防喷板，且在工具上加装了泄漏介质喷溅的导流孔，实现安全操作。

四、应用效果

在6起管汇的漏点采取堵漏工具进行临时堵漏，从现场应用的情况来看，起到了快速堵漏的作用，实现了可靠的物理封堵（图2），防范大面积污染。封堵最大孔径为8mm，适用管汇范围50~150mm。

图2 现场使用情况

五、技术创新点

通过对漏点运用特制的管线封堵材料，针对不同的漏点形状，运用螺杆顶紧的方式进行封堵，解决管线出现漏点后运用快速堵漏工具实现对管汇漏点的临时封堵处理。

计量站灭火器存放失效故障及处理

白保军

(新疆油田百口泉采油厂)

一、问题的提出

干粉灭火器是油田生产现场常用消防器材之一。GB4402—1998《手提式干粉灭火器》规定，干粉灭火器的存放温度为-10℃至45℃。生产现场要求灭火器放置于室外灭火器箱内。而生产现场冬季最低气温在-20℃以下，夏季最高气温在40℃左右，普通铁质灭火器箱不具备保温和隔热性能，所以在气温影响下，造成灭火器失效或超压的现象。

二、故障现象

2017年1月对放置在计量站室外的灭火器状况进行统计（表1）。

表1　2017年1月计量站灭火器室外存放情况统计表

日期	计量站站号	灭火器数量	灭火器箱内温度	灭火器的状况
3日	百16号站	2具	-28℃	2具失效
4日	百17号站	2具	-27℃	2具失效
5日	百18号站	2具	-29℃	2具失效
6日	百19号站	2具	-27.5℃	1具失效
7日	百23号站	2具	-30℃	1具失效
8日	百31号站	2具	-27℃	2具失效
9日	百20号站	2具	-28℃	2具失效
10日	百21号站	2具	-28.5℃	2具失效

从表1可以看出，在严寒的冬季，灭火器放置在室外极易发生失效现象。2017年7月，对放置在计量站室外的灭火器状况进行统计（表2）。

表2　2017年7月计量站灭火器室外存放情况统计表

日期	计量站站号	灭火器数量	灭火器箱内温度,℃	灭火器的状况
3日	百16号站	2具	42	2具处于超压状态
4日	百17号站	2具	43	1具处于超压状态
5日	百18号站	2具	41	2具处于超压状态
6日	百19号站	2具	40	2具处于超压状态
7日	百23号站	2具	39.5	2具处于超压状态
8日	百31号站	2具	40	2具处于超压状态
9日	百20号站	2具	38.9	2具处于超压状态
10日	百21号站	2具	39.5	2具处于超压状态

从表2中可以看出，在炎热的夏季，灭火器放置在室外极易发生灭火器压力表超压现象。

三、故障原因

干粉灭火器钢瓶内充有一定量带压的二氧化碳气体或氮气，作为喷射干粉的动力。由于气体具有热胀冷缩的特性，在冬季受外界温度的影响，气体压力下降，观察干粉灭火器压力表，指针指向红色，显示压力不足，造成灭火器失效。反之在炎热的夏季受外界温度的影响，气体压力上升，干粉灭火器压力表显示超压现象。

四、故障处理

借鉴保温箱的隔温作用，采用保温箱材料制作灭火器箱与计量站房间连接，利用室内温度使灭火器箱保持在一定温度范围内。

保温灭火器箱工作原理：利用废旧保温箱作为原材料制作保温灭火器箱，采用顶部开窗的方式，将其安装在计量间或配水间的外墙，从室内开透气孔，与保温灭火器箱连通，起到冬季提供热源、夏季降低箱内温度的目的，减少因气温影响造成的灭火器失效与超压问题（图1）。

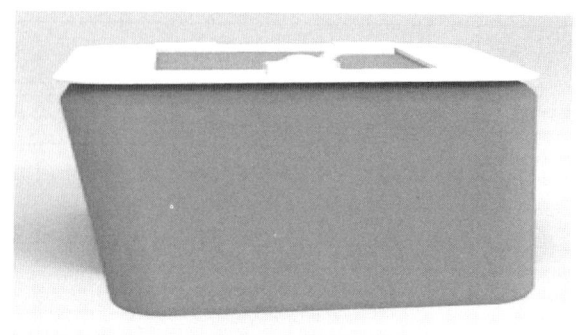

图 1 保温灭火器箱效果图

五、应用效果

保温灭火器箱在油田现场中的使用（图 2），解决了灭火器受室外温度影响问题。按 2017 年更换失效灭火器 14 具计算，每具成本 800 元，共计更换费用为 11200 元。通过采用保温灭火器箱以后，再未因气温影响更换灭火器。

图 2 现场应用效果场景图

六、技术创新点

利用保温材料制作灭火器箱，与计量间、配水间相连接在一起，解决了灭火器在室外存放问题。

抽油机减速箱机油渗漏故障原因与处理

肉孜麦麦提·巴克 王 成 张 辉

(新疆油田重油开发公司)

一、问题的提出

游梁式抽油机是油田机械采油中的主要设备,减速箱是游梁式抽油机的重要组成部分,目前重油开发公司普遍使用CYJ3型、CYJ4型游梁式抽油机,其减速箱液位检查均使用上限、下限液位螺栓(图1)。在日常巡检和维护保养时,无法直接观测机油液位,补充或更换机油后,容易出现渗漏现象。此外,抽油机使用年限均已超过20年,减速箱的输入轴、中间轴、输出轴(以下简称三轴)机油渗漏现象较多。

图1 减速箱液位螺栓及渗漏部位

二、故障现象

减速箱机油渗漏常见现象有以下两类:

（1）抽油机运转中，机油从减速箱盖板向外渗漏，污染减速箱箱体（图2）。

图2　减速箱盖板机油渗漏污染

（2）减速箱输入轴、中间轴、输出轴有机油渗漏（图3）。

图3　减速箱三轴处机油渗漏污染

三、故障原因

1. 减速箱工作原理

减速箱将电动机的高速旋转，通过三轴两级减速输出为低速旋转运动。减速箱采用飞溅式润滑，齿轮在转动过程中将机油甩起、流到润滑部位。因此，合理的机油液位是减速箱传动部分润滑的重要保证。减速箱三轴的端头由密封垫圈和端盖压紧密封。

2. 减速箱机油渗漏的原因分析

1）从减速箱盖板向外渗漏

减速箱合理的机油液位是在上限和下限液位螺栓之间，当液位高于上限液位螺栓孔时，大量机油被齿轮甩到减速箱盖板上，造成减速箱盖板渗漏机油，若盖板密封垫老化或破损，渗漏加剧。因此，机油从盖板处渗漏的主要原因是减速箱油量过多。

减速箱机油量不足就会引起减速箱齿轮加速磨损，严重时导致减速箱报废（图4），因此机油加多成为普遍现象。由于上限、下限液位螺栓检测机油液位方法烦琐（图5），不能随时观察机油液位是否合适。

图4　减速箱齿轮磨损报废

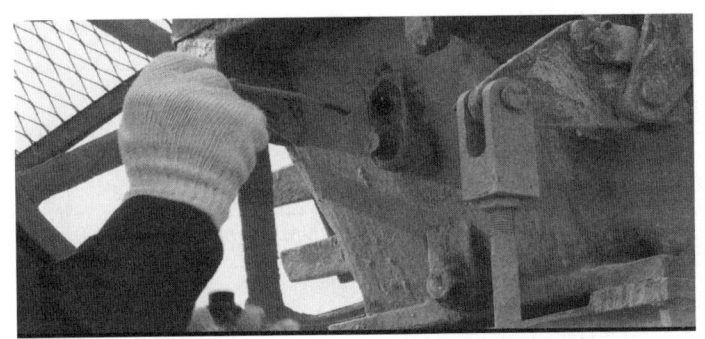

图5　目前检测减速箱机油液位方法（卸上限液位螺栓）

2）减速箱三轴处渗漏

因抽油机使用年限长，三轴端部的密封垫圈老化、破裂，机油润滑不足加速轴径磨损，间隙变大，造成三轴处机油渗漏（图6）。

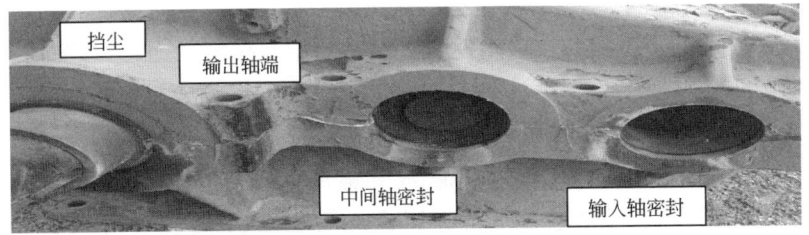

图6　减速箱输入轴、中间轴、输出轴端部结构图

3）呼吸阀及油道堵塞造成的渗漏

呼吸阀孔堵塞会使减速箱内部的压力升高，造成减速箱各部位机油渗漏；

减速箱回油孔道堵塞后，轴承处润滑的机油不能回流到油箱内，造成三轴处机油渗漏。

四、故障处理

1. 减速箱盖板渗漏的处理

为了及时有效地检测减速箱机油液位，设计了抽油机减速箱可视油窗。可视油窗利用现有的下限液位螺栓孔，根据 U 形管原理来设计，主要由连接端和视窗两部分组成，连接端与减速箱下限液位螺栓孔通过螺纹连接，依靠橡胶垫密封，视窗与连接端之间通过螺纹连接，依靠橡胶垫密封，在连接端侧面的四个方向上钻有 4 个直径为 5mm 的排气孔，由内六角螺栓堵好，在现场安装时利用密封胶涂抹在内六角螺栓螺纹上密封（图7），安装到位后，卸下视窗上方的内六角螺栓，安装上排气管（图8），即完成安装。可视油窗结构简单可靠，观察清晰明了。

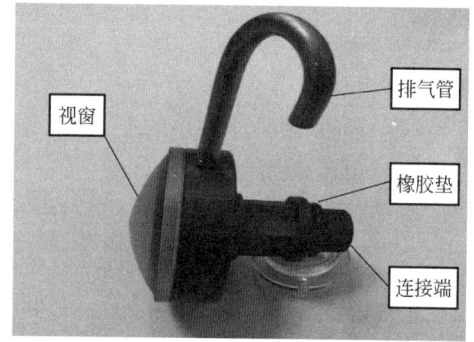

图7　可视油窗正面效果　　　　图8　安装排气管后的可视油窗

2. 减速箱三轴渗漏处理

对于三轴的轻微渗漏，生产现场一般是使用硅橡胶平面密封剂对三轴的渗漏缝隙进行挤胶密封，做法是：先用清洗油清洁干净渗漏处的油污，用布擦干缝隙表面，然后在缝隙周围均匀挤胶即可。

针对减速箱输入轴和输出轴不严重渗漏的现象，生产现场也可以通过用拆散的单股石棉绳、密封生料带等涂抹黄油缠绕在轴径部位（图9），再用平口螺丝刀塞入轴径与端盖缝隙里（图10），在一段时间内可有效防止机油渗漏。

对于三轴严重渗漏的故障，进行减速箱大修，打开减速箱箱体上盖，取下端盖，更换密封垫圈，并检查轴径磨损情况，清洗导油槽。

图 9　用生料带缠绕输出轴径

图 10　生料带涂黄油塞入缝隙

3. 呼吸阀及油道堵塞造成的渗漏处理

CYJ3 型、CYJ4 型游梁式抽油机，减速箱呼吸孔在盖板两侧呈"Z"形（图 11），不易堵塞，如堵塞后可卸开盖板清理孔道。

图 11　盖板两侧呼吸孔

由于油道堵塞无法直接观测，在减速箱大修时对油道进行清洗处理。

五、应用效果

1. 抽油机减速箱可视油窗的应用效果

抽油机减速箱可视油窗在九六区的96895井、96603井和克浅10井区的23128井进行了安装使用。日常巡检中，随时可以观察机油液位，目视效果清晰，不用上抽油机底座装卸液位螺栓，无滴漏污染（图12、图13）。

图12　96895井减速箱可视油窗

图13　克浅23128井减速箱可视油窗

2. 三轴处挤胶密封或用石棉绳、生料带密封防机油渗漏效果

三轴处挤胶密封或用石棉绳、生料带密封防机油渗漏法在重油开发公司各采油作业区生产过程中进行了实践应用，取得了较好的防渗效果，降低了机油渗漏污染（图14、图15）。

图 14 TD98142 井挤胶密封效果

图 15 95950 井缠绕生料带防渗效果

六、技术创新点

可视油窗根据 U 形管原理设计，能直接观测到减速箱机油液位，在上限、下限液位螺栓减速箱和单液位螺栓减速箱均可适用；对于密封圈破损不严重和轴况较好的三轴渗漏利用常规的密封材料进行封堵，有效防止机油渗漏。